普通高等教育"十一五"国家级规划教材

"十二五"职业教育国家规划教材
经全国职业教育教材审定委员会审定

固体废物处理与处置

第四版

庄伟强　刘爱军　主编

岳钦艳　主审

化学工业出版社
·北京·

内容简介

本书是"十二五"职业教育国家规划教材、普通高等教育"十一五"国家级规划教材。全书共分8章,对固体废物的收集、运输、处理、处置和资源化与综合利用等方面进行了详细的介绍。内容包括:固体废物的概念、来源、分类、危害及管理;固体废物的收集、运输及贮存;固体废物的预处理(压实、破碎、分选、脱水)的基本原理、方法、设备等;固体废物的固化与化学处理;固体废物的焚烧和热解技术;固体废物微生物分解的基本原理和方法;固体废物的最终处置。

本书贯彻生态文明思想,践行绿水青山就是金山银山的理念,推动绿色发展,促进人与自然和谐共生,充分体现了党的二十大精神进教材。

本书为高等职业教育环境保护类及相关专业的教材,也可供环境类专业以及从事相关工作的技术人员参考。

图书在版编目(CIP)数据

固体废物处理与处置 / 庄伟强,刘爱军主编. —4版. —北京:化学工业出版社,2022.6(2024.11重印)
普通高等教育"十一五"国家级规划教材
"十二五"职业教育国家规划教材
ISBN 978-7-122-40887-7

Ⅰ.①固… Ⅱ.①庄…②刘… Ⅲ.①固体废物处理 - 高等职业教育 - 教材 Ⅳ.①X705

中国版本图书馆CIP数据核字(2022)第034896号

责任编辑:王文峡
责任校对:边 涛　　　　　　　装帧设计:韩 飞

出版发行:化学工业出版社(北京市东城区青年湖南街13号　邮政编码100011)
印　　装:河北京平诚乾印刷有限公司
787mm×1092mm　1/16　印张14¾　字数370千字　2024年11月北京第4版第4次印刷

购书咨询:010-64518888　　　　　　　　　　售后服务:010-64518899
网址:http://www.cip.com.cn

凡购买本书,如有缺损质量问题,本社销售中心负责调换。

定　价:48.00元　　　　　　　　　　　　　　　　　　　　版权所有　违者必究

高职高专环境类专业规划教材
编审委员会

顾　　　问　刘大银

主 任 委 员　沈永祥

副主任委员　许　宁　王文选　王红云

委　　　员　（按姓名汉语拼音排序）

白京生　陈　宏　冯素琴　付　伟　傅梅绮
顾　玲　郭　正　何际泽　何　洁　胡伟光
扈　畅　蒋　辉　金万祥　冷士良　李党生
李东升　李广超　李　弘　李洪涛　李旭辉
李耀中　李志富　牟晓红　沈永祥　司　颐
宋鸿筠　苏　炜　孙乃有　田子贵　王爱民
王春莲　王红云　王金梅　王文选　王小宝
王英健　魏振枢　吴国旭　徐忠娟　许　宁
薛叙明　杨保华　杨永红　杨永杰　尤　峥
于宗保　袁秋生　岳钦艳　张柏钦　张洪流
张慧利　张云新　赵连俊　智恒平　周凤霞
朱惠斌　朱延美　庄伟强

第四版前言

　　环境、资源、人口问题已被国际社会公认为是影响21世纪可持续发展的三大关键问题。随着经济的高速发展，污染物的排放量迅速增加，环境污染已成为制约经济进一步发展的重大因素。作为污染源之一的固体废物，和废气、废水、噪声一样，是造成环境污染的重要原因之一。固体废物污染的防治十分重要。为满足经济发展对环境保护专业高等职业技术教育人才的需求，在全国高职高专环境类专业规划教材编审委员会的支持下，化学工业出版社组织了系列教材的编写、审定工作，《固体废物处理与处置》为本套教材之一。本教材充分考虑高等职业教育对教材的要求，以学生为本，注重对专业素质和能力的培养。在保证专业教学内容科学合理的基础上，结合社会对环境类专业的要求，突出了技术传授和能力培养。

　　本书贯彻生态文明思想，践行绿水青山就是金山银山的理念，推动绿色发展，促进人与自然和谐共生，充分体现了党的二十大精神进教材。

　　本书在编写过程中，主要遵循了以下几个原则。一是体现职业教育特色，突出能力培养。编制时重点介绍固体废物处理与处置的基本概念、原理和方法，特别考虑了加入工程实例、技能训练的教学，通过现场教学、课堂讨论和练习等教学方式，强化理论与技术相结合，理论与实际相结合，提高学生分析、解决实际问题的能力；每章结尾编写复习思考题，发挥学生主体作用，培养学生独立思考和自学的能力。二是突出教材内容的新颖性、实用性和系统性。取材尽力介绍固体废物处理较成熟的工艺和先进的技术与设备，特别是突出了固体废物处理过程中物质再循环的指导思想，并充分体现可持续发展、清洁生产、绿色技术等生态环境理念，使教材内容上具有较好的新颖性；三是加强教材的政策性和环保法规教学。本教材将中国保护环境、治理固体废物的政策放在重要位置。教材内容突出固体废物、工业固体废物、城市垃圾、处置、减量化、资源化、无害化等法律概念，加强了环保法规常识内容。四是符合教学大纲要求，跨行业、宽口径。教材内容符合教学要求。内容涵盖矿业、工业、农业、城市垃圾及其他固体废物的处理，拓宽了学生的知识面。

　　《固体废物处理与处置》（第三版）于2015年出版。近年，固体废物的处理与处置技术取得了很大进展，教材中部分数据和标准已显得陈旧或不适宜，尤其是新技术、新标准和新规范的发布，迫切需要对某些内容进行修改，以适应高等职业教育的需要。

　　教材注重对专业素质和能力的培养。本书在第三版教材的基础上，遵循产教融合，适当更新部分内容，删除了部分过时、陈旧的材料，增加了部分国内外固体废物处理与处置的新技术和新方法。

　　全书共分8章。第1章主要介绍固体废物的概念、来源、分类以及污染及其控制和固体废物管理内容、原则、制度和标准；第2章介绍了固体废物和城市垃圾收集、运输及贮存、城市垃圾转运站的设置；第3章介绍了固体废物预处理（压实、破碎、分选、脱水）的基本原理、目的、方法、设备；第4章介绍了固体废物处理的固化和化学处理的目的、基本原理和方法；第5章介绍了固体废物处理的热处理（焚烧、热解）的目的、原理、方法、设备和影响因素；第6章介绍了固体废物处理的微生物分解（好氧堆肥、厌氧发酵）的原理、过程、方法、设备和影响因素；第7章主要讲述了固体废物资源化的概念、原则和途径，讲述了工业、矿业、城市垃圾、放射性、危险固体废物及厨余垃圾综合利用的典型实例；第8章介绍了固体废物处置的概念、要求及方法，卫生土地填埋和安全土地填埋定义、场地选择、场地设计、填埋方法和填埋操作。

本书为高等职业教育环境保护类及相关专业的教材，也可供环境类专业培训及供从事环境保护工作的技术人员参考。由于各地的固体废物治理情况不同，因此，选用者在使用本教材时可按各自要求予以增删。

本书第1、2、4、6、7、8章由庄伟强修订，第3章由刘爱军修订，第5章由赵开荣修订。全书由庄伟强统稿，岳钦艳教授主审。本书在编写过程中参考了大量资料和许多学者的研究成果，另外，本书的出版得到了化学工业出版社及高职高专环境类专业规划教材编审委员会的支持和指导，编者在此对他们一并表示感谢。

由于编者水平有限，时间仓促，书中不妥之处在所难免，敬请专家、同行和广大读者批评指正。

编者

目 录

1 绪 论 … 1

1.1 固体废物的概念与分类 … 2
- 1.1.1 固体废物的概念 … 2
- 1.1.2 固体废物的来源 … 3
- 1.1.3 固体废物的分类 … 3

1.2 工业固体废物的来源及性质 … 4
- 1.2.1 工业固体废物的来源 … 4
- 1.2.2 冶金工业固体废物 … 4
- 1.2.3 化学工业固体废物 … 4
- 1.2.4 其他工业固体废物 … 5

1.3 城市垃圾的来源及性质 … 5
- 1.3.1 城市垃圾的来源 … 5
- 1.3.2 城市垃圾的分类 … 5
- 1.3.3 城市垃圾的组成 … 6

1.4 固体废物的污染及其控制 … 6
- 1.4.1 固体废物的污染途径 … 6
- 1.4.2 固体废物污染危害 … 7
- 1.4.3 固体废物污染控制 … 8

1.5 固体废物的管理与技术政策 … 9
- 1.5.1 固体废物管理现状 … 9
- 1.5.2 固体废物管理内容 … 10
- 1.5.3 "三化"原则和"全过程"管理原则 … 10
- 1.5.4 固体废物管理制度 … 11
- 1.5.5 固体废物管理标准 … 12

复习思考题 … 13

2 固体废物的收集、运输及贮存 … 14

2.1 固体废物的收集 … 15
- 2.1.1 收集原则 … 15
- 2.1.2 收集方法 … 15
- 2.1.3 固体废物的标记 … 16

2.2 固体废物的运输 … 16
- 2.2.1 包装容器的选择 … 16
- 2.2.2 运输方式 … 17
- 2.2.3 运输管理 … 17

2.3 城市垃圾的收集与运输 … 17
- 2.3.1 收集方式 … 18
- 2.3.2 收集系统 … 19
- 2.3.3 收集路线设计 … 25

2.4 城市垃圾转运站的设置 … 26
- 2.4.1 垃圾转运的必要性 … 26
- 2.4.2 转运站类型 … 27
- 2.4.3 转运站设置要求 … 29
- 2.4.4 转运站选址要求 … 30
- 2.4.5 转运站工艺设计计算 … 30

复习思考题 … 32

3 固体废物的预处理　　33

- 3.1 固体废物的压实 34
  - 3.1.1 压实的原理和目的 34
  - 3.1.2 压实设备 35
  - 3.1.3 压实流程 36
  - 3.1.4 压实器的选择 36
- 3.2 固体废物的破碎 37
  - 3.2.1 破碎的原理和目的 ... 37
  - 3.2.2 固体废物的机械强度 ... 37
  - 3.2.3 破碎的方法 38
  - 3.2.4 破碎比、破碎段与破碎流程 38
  - 3.2.5 破碎设备 39
  - 3.2.6 低温破碎 42
  - 3.2.7 湿式破碎 43
  - 3.2.8 半湿式选择性破碎分选 43
- 3.3 固体废物的分选 44
  - 3.3.1 筛分 44
  - 3.3.2 重力分选 46
  - 3.3.3 磁力分选 48
  - 3.3.4 电力分选 50
  - 3.3.5 浮选 51
  - 3.3.6 分选回收技术实例 ... 53
- 3.4 固体废物的脱水 54
  - 3.4.1 水分及分离方法 54
  - 3.4.2 浓缩脱水 55
  - 3.4.3 机械脱水 56
- 复习思考题 59

4 固体废物的固化与化学处理　　60

- 4.1 概述 61
  - 4.1.1 固化处理的机理 61
  - 4.1.2 固化处理的基本要求 61
- 4.2 固化处理的方法 62
  - 4.2.1 水泥固化 62
  - 4.2.2 石灰固化 64
  - 4.2.3 塑性材料固化法 65
  - 4.2.4 自胶结固化 66
  - 4.2.5 玻璃固化 67
- 4.3 固体废物的化学处理 ... 68
  - 4.3.1 中和法 68
  - 4.3.2 氧化还原法 68
  - 4.3.3 沉淀法 69
  - 4.3.4 吸附法 70
  - 4.3.5 离子交换法 70
- 复习思考题 71

5 固体废物的热处理　　72

- 5.1 固体废物的焚烧 73
  - 5.1.1 焚烧处理的目的 73
  - 5.1.2 固体废物的热值 73
  - 5.1.3 固体废物的燃烧过程 74
  - 5.1.4 固体废物的焚烧系统 75
  - 5.1.5 焚烧设备 77

5.1.6 焚烧能源的回收利用 80
5.1.7 焚烧过程污染物的产生与防治 81
5.2 固体废物的热解 82
　5.2.1 热解的原理和特点 82
　5.2.2 热解的方式 83
　5.2.3 热解的主要影响因素 83
　5.2.4 热解工艺与设备 83
　5.2.5 热解处理实例 86
复习思考题 87

6 固体废物的微生物分解　　88

6.1 概述 89
　6.1.1 微生物在环境物质中的循环作用 89
　6.1.2 可降解的固体有机废物及其微生物群落 90
6.2 好氧堆肥 91
　6.2.1 好氧堆肥原理 91
　6.2.2 堆肥过程参数 92
　6.2.3 堆肥的工艺过程 94
　6.2.4 堆肥的方法 95
　6.2.5 堆肥的腐熟度 95
　6.2.6 堆肥的农业效用 97
6.3 厌氧发酵 97
　6.3.1 厌氧发酵的原理 97
　6.3.2 厌氧发酵的影响因素 98
　6.3.3 厌氧发酵工艺 99
　6.3.4 厌氧发酵设备 99
　6.3.5 城市粪便的厌氧发酵处理实例 101
6.4 污泥的处理 101
　6.4.1 概述 102
　6.4.2 污泥的浓缩 102
　6.4.3 污泥的消化 102
　6.4.4 污泥的调理 104
　6.4.5 污泥的机械脱水 104
　6.4.6 污泥的干燥与焚烧 104
复习思考题 105

7 固体废物的资源化与综合利用　　106

7.1 资源化概述 107
　7.1.1 资源化的概念 107
　7.1.2 资源化的国内外现状 107
　7.1.3 资源化的原则 108
　7.1.4 资源化的基本途径 108
　7.1.5 资源化系统 109
7.2 工业固体废物的综合利用 110
　7.2.1 高炉渣的综合利用 110
　7.2.2 钢渣的综合利用 116
　7.2.3 粉煤灰的综合利用 122
　7.2.4 硫铁矿烧渣的综合利用 131
　7.2.5 铬渣的综合利用 139
　7.2.6 碱渣的综合利用 143
7.3 矿业固体废物的综合利用 145
　7.3.1 概述 145
　7.3.2 煤矸石的综合利用 146
7.4 城市垃圾的综合利用 153
　7.4.1 城市垃圾的组成 153

- 7.4.2 城市垃圾的处理 154
- 7.4.3 城市垃圾的回收利用 156
- 7.4.4 废电池的回收与综合利用 156
- 7.4.5 医疗废物及其处置技术 163
- 7.5 放射性固体废物的综合利用 166
  - 7.5.1 放射性固体废物的来源 166
  - 7.5.2 放射性固体废物的处理 167
  - 7.5.3 放射性固体废物的回收利用 168
- 7.6 危险废物的综合利用 168
  - 7.6.1 危险废物的定义 168
  - 7.6.2 危险废物的来源 168
  - 7.6.3 危险废物的性质 169
  - 7.6.4 危险废物的收集 169
  - 7.6.5 危险废物的运输 170
  - 7.6.6 危险废物的贮存 170
- 7.7 厨余垃圾的综合利用 170
  - 7.7.1 厨余垃圾定义及分类 170
  - 7.7.2 厨余垃圾处理的现状 171
  - 7.7.3 厨余垃圾存在的主要问题 171
  - 7.7.4 下一步采取的措施 171
  - 7.7.5 厨余垃圾处理处置原则 172
  - 7.7.6 厨余垃圾处理方法 .. 173
- 复习思考题 173

8 固体废物的最终处置　　175

- 8.1 概述 176
  - 8.1.1 处置的定义及分类 .. 176
  - 8.1.2 海洋处置 176
  - 8.1.3 深井灌注处置 179
  - 8.1.4 土地填埋处置 180
- 8.2 卫生土地填埋 181
  - 8.2.1 概述 181
  - 8.2.2 场地的选择 182
  - 8.2.3 场地的设计 182
  - 8.2.4 填埋方法 187
  - 8.2.5 填埋操作 188
- 8.3 安全土地填埋 189
  - 8.3.1 概述 189
  - 8.3.2 场地的选择与勘察 .. 190
  - 8.3.3 环境影响评价 192
  - 8.3.4 填埋场的结构 193
  - 8.3.5 填埋场地面积的确定 194
  - 8.3.6 地下水保护系统 194
  - 8.3.7 地表径流控制 195
  - 8.3.8 填埋操作 196
  - 8.3.9 封场 196
  - 8.3.10 辅助设施 197
  - 8.3.11 场地监测 197
- 8.4 浅地层埋藏处置 199
  - 8.4.1 概述 199
  - 8.4.2 场地选择 199
  - 8.4.3 场地的设计 200
  - 8.4.4 沟槽式浅地层埋藏 201
- 复习思考题 201

附录 203

附录一 中华人民共和国固体废物污染环境防治法 203

附录二 危险废物鉴别标准 217

附录三 固体废物产生源及可能产生的废物提示表 221

附录四 主要工业行业固体废物排放系数参照表 221

附录五 固体废物管理相关标准清单 223

参考文献 226

1 绪 论

 知识目标

1. 掌握固体废物及其处理和处置的定义。
2. 掌握无害化、减量化和资源化的定义。
3. 了解固体废物对环境有何危害。
4. 了解固体废物管理现状及其内容。
5. 了解我国固体废物管理制度和管理标准。

 能力目标

1. 掌握固体废物的分类。能够举出相应实例。
2. 掌握城市垃圾的组成主要影响因素。

 素质目标

1. 培养学习者的生态环境意识。
2. 培养学习者的固体废物资源化意识。

阅读材料

美国腊夫运河事件

1942年，美国一家电化学公司购买了腊夫运河（Love Canal）大约1000m长的废弃运河，当作垃圾仓库来倾倒工业废弃物。该公司在11年的时间里，向河道内倾倒的各种废弃物达800万吨，其中致癌废弃物达4.3万吨。1953年，这条已被各种有毒废弃物填满的运河被公司填埋覆盖好后转赠给了当地的教育机构。此后，纽约市政府在这片土地上陆续开发了房地产，盖了大量的住宅和一所学校。

厄运从此降临在居住这些住宅的人身上。

从1977年开始，这里的居民不断发生各种怪病，孕妇流产、儿童夭折、婴儿畸形、癫痫、直肠出血等病症也频频发生。1987年，这里的地面开始渗出一种黑色液体，引起了人们的恐慌。经有关部门检验，这种黑色污液中含有多种有毒物质，对人体健康会产生极大危害。这件事激起了当地居民的愤慨，当时的美国总统卡特宣布封闭当地住宅，关闭学校，并将居民撤离。事出之后，当地居民纷纷起诉，但因当时尚无相应的法律规定，该公司又在多年前就已将运河转让，诉讼失败。

直到20世纪80年代，环境对策补偿责任法在美国议院通过后，这一事件才有定论，以前的电化学公司和纽约政府被认定为加害方，共赔偿受害居民经济损失和健康损失费达30亿美元。

腊夫运河事件是典型的固体废物无控填埋污染事件。

1.1 固体废物的概念与分类

1.1.1 固体废物的概念

固体废物是指在生产、生活和其他活动中产生的丧失原有利用价值或者虽未丧失利用价值但被抛弃或者放弃的固态、半固态和置于容器中的物品、物质，以及法律、行政法规规定纳入固体废物管理的物品、物质。这里所说的生产建设，不是具体的某个建设工程项目的建设，而是指国民经济建设而言的生产及建设活动，是一个大范围的概念，包括工厂、矿山、建筑、交通运输、邮电等各业的生产和建设活动；这里所说的日常生活是指人们居家过日子，吃、住、行等活动，亦包括为保障人们居家生活提供各种社会服务及保障的活动；这里所说的其他活动，主要是指商业活动及医院、科研单位、大专院校等非生产性的，又不属于日常生活活动范畴的正常活动。

固体废物是相对某一过程或某一方面没有使用价值，而并非在一切过程或一切方面都没有使用价值。另外，由于各种产品本身具有使用寿命，超过了寿命期限，也会成为废物。因此，固体废物的概念具有**时间性**和**空间性**，一种过程的废物随着时空条件的变化，往往可以成为另一种过程的原料，所以废物又有"放在错误地点的原料"之称。

固体废物处理就是通过物理处理、化学处理、生物处理、焚烧处理、热解处理、固化处理等不同方法，使固体废物转化为适于运输、贮存、资源化利用以及最终处置的一种过程。**物理处理**是通过浓缩或相变化改变固体废物的结构，使之便于运输、贮存、处理或处置。其方法包括压实、破碎、分选和脱水等。**化学处理**是采用化学方法使固体废物中的有害成分发生转化达无害化。其方法包括氧化、还原、中和等。**生物处理**是利用微生物的作用使固体废物中的有机物降解使其达到无害化或综合利用。其方法主要包括好氧处理和厌氧处理。**焚烧处理**是利用燃烧反应使固体废物中的可燃性物质发生氧化反应达到减容并利用其热能的目的。**热解处理**是将固体废物中的有机物在高温下裂解获取轻质燃料。如废塑料、废橡胶的热解。**固化处理**就是采用一种固化基材，将固体废物包覆以减少其对环境的危害，使之能较安全地运输和处置。固化处理主要用于放射性固体废物的处理。

处置是将固体废物焚烧或用其他改变固体废物的物理、化学、生物特性的方法，达到减少已产生的固体废物数量、缩小固体废物体积、减少或者清除其危险成分的活动,或者将固体废物最终置于符合环境保护规定要求的场所或者设施并不再回取的活动。从处置的定义可以看出固体废物的处置实际包括处理和处置两部分。经过处理后的固体废物可大大地降低废物的数量,回收了其中贮存的能源及有用的物质,同时也缓解了废物对环境污染造成的压力即实现了固体废物的资源化、减量化,而要根本实现其无害化则需要对采用当前技术尚不能处理的有害废物进行妥善的安置,使其存在不影响人类的生存活动。

1.1.2 固体废物的来源

固体废物的来源大体上可分为两类:一类是生产过程中所产生的废物(不包括废水和废气),称为**生产废物**;另一类是在产品进入市场后在流动过程中或使用消费后产生的固体废物,称为**生活废物**。人们在资源开发和产品制造过程中,必然产生废物,任何产品经过使用和消费后也会变成废物。

1.1.3 固体废物的分类

固体废物来源广泛,种类繁多,组成复杂。从不同的角度出发,可进行不同的分类。按其**化学组成**可分为有机废物和无机废物;按其**危害性**可分为一般固体废物和危险性固体废物;按其**形状**可分为固体废物(粉状、粒状、块状)和泥状废物(污泥);通常按其**来源**的不同分为矿业固体废物、工业固体废物、城市垃圾、农业固体废物和放射性固体废物五类。表1-1列出了各类发生源产生的主要固体废物。

表1-1 固体废物的分类、来源和主要组成物

分 类	来 源	主 要 组 成 物
矿业固体废物	矿山、选冶	废矿石、尾矿、金属、废木、砖瓦灰石等
工业固体废物	冶金、交通、机械、金属结构等	金属、矿渣、砂石、模型、芯、陶瓷、边角料、涂料、管道、绝热和绝缘材料、胶黏剂、废木、塑料、橡胶、烟尘等
	煤炭	矿石、木料、金属
	食品加工	肉类、谷类、果类、蔬菜、烟草
	橡胶、皮革、塑料等	橡胶、皮革、塑料、布、纤维、燃料、金属等
	造纸、木材、印刷等	刨花、锯末、碎木、化学药剂、金属填料、塑料、木质素
	石油、化工	化学药剂、金属、塑料、橡胶、陶瓷、沥青、油毡、石棉、涂料
	电器、仪器、仪表等	金属、玻璃、木材、橡胶、塑料、化学药剂、研磨料、陶瓷、绝缘材料
	纺织服装业	布头、纤维、橡胶、塑料、金属
	建筑材料	金属、水泥、黏土、陶瓷、石膏、石棉、砂石、纸、纤维
	电力	炉渣、粉煤灰、烟尘
城市垃圾	居民生活	食物垃圾、纸屑、布料、木料、庭院植物修剪、金属、玻璃、塑料、陶瓷、燃料灰渣、碎砖瓦、废器具、粪便、杂品
	商业、机关	管道、碎砌体、沥青及其他建筑材料、废汽车、废电器、废器具、含有易爆易燃腐蚀性放射性的废物,以及类似居民生活栏内的各种废物
	市政维护、管理部门	碎砖瓦、树叶、死禽畜、金属锅炉、灰渣、污泥、脏土等
农业固体废物	农林	稻草、秸秆、蔬菜、水果、果树枝条、糠秕、落叶、废塑料、人畜粪便、禽类、农药
	水产	腥臭死禽畜、腐烂鱼虾贝壳、水产加工污水、污泥
放射性固体废物	核工业、核电站、放射性医疗单位、科研单位	金属、含放射性废渣、粉尘、污泥、器具、劳保用品、建筑材料

工业固体废物是指来自各工业生产部门的生产和加工过程及流通中所产生的废渣、粉尘、废屑、污泥等。例如:冶金工业中的高炉渣、钢渣、铁合金渣、铜渣、锌渣、铅渣、镍

渣、铬渣、汞渣等；电力工业中的粉煤灰、炉渣、烟道灰；石油工业中的油泥、焦油、页岩渣；化学工业中产生的硫铁矿烧渣、铬渣、碱渣、电石渣、磷石膏等；食品工业排弃的谷屑、下脚料、渣滓；其他工业产生的碎屑、边角料等。矿业固体废物主要指来自矿业开采和矿石洗选过程中所产生的废物，主要包括煤矸石、采矿废石和尾矿。城市垃圾是指在城市日常生活中或者为城市日常生活提供服务的活动中产生的固体废物以及法律、行政法规规定视为城市垃圾的固体废物，如生活垃圾、建筑垃圾、废纸、废家具、废塑料等。农业固体废物主要指农林生产和禽畜饲养过程所产生的废物，包括植物秸秆、人和牲畜的粪便等。放射性固体废物包括核燃料生产、加工产生的废物以及同位素应用、核研究机构、医疗单位、放射性废物处理设施产生的废物，如尾矿、污染的废旧设备、仪器、防护用品、废树脂等。

1.2 工业固体废物的来源及性质

1.2.1 工业固体废物的来源

工业固体废物是指在工业生产过程中产生的固体废物。按行业可分为如下几类。

① 冶金工业固体废物：产生于金属冶炼过程，如高炉渣、钢渣等。

② 电力工业固体废物：产生于燃煤发电过程，如粉煤灰、炉渣等。

③ 石油、化学工业固体废物：产生于石油加工过程和化工生产过程，如油泥、硫铁矿烧渣等。

④ 轻工业固体废物：产生于轻工业生产过程，如废纸、废塑料、废布头等。

⑤ 其他工业固体废物：产生于机械加工过程，如金属碎屑、电镀污泥等。

1.2.2 冶金工业固体废物

（1）来源

冶金工业固体废物主要包括高炉渣、钢渣、铁合金渣、烧结、有色金属冶炼及铝工业固体废物。

（2）产生量

① 高炉渣固体废物：通常每炼 1t 生铁可产生 0.3～0.9t 高炉渣。

② 钢渣固体废物。

a. 转炉钢渣，一般生产 1t 钢产生 0.13～0.24t 钢渣；

b. 平炉钢渣，生产 1t 钢产生 0.17～0.21t 钢渣；

c. 电炉钢渣，以废钢为原料，生产特殊钢，目前，生产 1t 电炉钢产生 0.15～0.2t 钢渣。

③ 铁合金固体废物：1t 火法冶炼铁合金产生 1t 左右废渣。

④ 烧结固体废物：每生产 1t 烧结矿产生 0.02～0.04t 烧结粉尘。

⑤ 有色金属冶炼：目前，每年产生有色金属冶炼渣约 425 万吨。

⑥ 铝工业固体废物：每生产 1t 氧化铝产生 1～1.75t 赤泥。

1.2.3 化学工业固体废物

（1）来源

化学工业固体废物主要包括化肥工业、农药、染料、无机盐等。

（2）主要种类和性质

① 无机盐工业固体废物。

组成：主要含有 Cr、Pb、P、As、Cd、Zn、Hg 等元素的化合物，化学毒性较大。

污染源：主要有铬盐、黄磷、氰化物和锌盐等。

排量：铬渣年排量 10 万～12 万吨，历年积存铬渣 150 万～200 万吨；黄磷年排量 24 万～36 万吨；氰化物年排量 1.3 万～2.0 万吨；锌盐年排量 0.6 万～1.2 万吨。

② 氯碱工业固体废物。

成分：氯碱工业固体废物主要含汞盐、汞膏、废石棉隔膜、电石渣、废汞催化剂等。

排量：废石棉产量 0.4～0.5kg/t；汞膏排量较小，Hg 含量 97%～99%，Fe 1%；含汞催化剂排量 1.43kg/t，Hg 含量 4%～6%。

③ 磷肥工业固体废物。

成分：P、F、Si。

危害：占用大片土地，由于风吹雨淋，使废物中可溶性 F 和 P 进入水体，造成水体污染。

④ 纯碱工业固体废物。

产量：一般生产 1t 纯碱，产生废液 9～11m^3，其中含固体废物约为 0.2～0.3t。年产废液 1300～1400m^3，废渣 30 万～40 万吨。

⑤ 硫酸工业固体废物。

产量：生产 1t 硫酸，约产生出硫铁矿烧渣 0.7～1.5t。

1.2.4　其他工业固体废物

（1）种类

包括煤矸石、粉煤灰、水泥厂窑灰、放射性废物等。

（2）产生量

① 煤矸石：是指夹在煤层中的岩石，是采煤和选矿过程中产生的固体废物。产量约为原煤的 20%，年排放 1.5 亿吨，历年积存 13 亿吨。

② 粉煤灰：主要以粉煤为燃料的火力发电，城市供热的粉煤锅炉中产生的固体废物。

③ 水泥厂窑灰：仅大、中型水泥厂窑灰总量大于 300 万吨。

④ 放射性废物：放射性废物来自核能开发、核技术应用和伴生放射性矿物开采利用。其产量占工业固体废物产量的 3%～5%。主要来源于黑色金属冶炼行业，约占 90%。

1.3　城市垃圾的来源及性质

1.3.1　城市垃圾的来源

城市居民家庭、城市商业、餐饮业、旅馆业、旅游业、服务业、市政环卫业、交通运输业、文教卫生业和行政事业单位、工业企业单位以及水处理污泥等。

1.3.2　城市垃圾的分类

（1）按资源回收利用和处理处置方式划分

可回收废品；易堆腐物；可燃物；无机废物。为资源回收利用和选择合适的处理处置方法提供依据。

(2) 按垃圾产生或收集来源划分

食品垃圾（厨房垃圾），居民住户排出垃圾的主要成分；普通垃圾（零散垃圾），纸类、废旧塑料、罐头盒等；庭院垃圾，包括植物残余、树叶及其他清扫杂物；清扫垃圾，指城市道路、桥梁、广场、公园及其他露天公共场所由环卫系统清扫收集的垃圾；商业垃圾，指城市商业、服务网点、营业场所产生的垃圾；建筑垃圾，指建筑物、构筑物兴建、维修施工现场产生的垃圾；危险垃圾，医院传染病房、放射治疗系统、实验室等场所排放的各种废物；其他垃圾，以上所列以外的场所排放的垃圾。为城市垃圾分类收集、加工转化、资源回收以及选择合适的处理处置方法提供依据。

1.3.3 城市垃圾的组成

城市垃圾的组成受多种因素影响。主要有自然环境、气候条件、城市发展规模、居民生活习性、经济发展水平等。

一般来说，垃圾成分在工业发达国家，有机物多，无机物少；在不发达国家，无机物多，有机物少；在中国，南方城市较北方城市，有机物多，无机物少。表1-2为21世纪初我国部分城市垃圾的组成。

表1-2　21世纪初中国17个城市的垃圾组成　　单位：%

城市	有机废物					无机废物			其他
	厨余	废纸	纤维	竹、木制品	塑料、橡胶	废金属	玻璃、陶瓷	煤灰、水泥、碎砖	
北京	39.00	18.18	3.56		10.35	2.96	13.02	10.93	
上海	70.00	8.00	2.80	0.89	12.00	0.12	4.00	2.19	
广州	63.00	4.80	3.60	2.80	14.10	3.90	4.00	3.80	
深圳	58.00	7.91	2.80	5.19	13.70	1.20	3.20	8.00	
天津	50.11	5.53	0.68	0.74	4.81				3.00
南京	52.00	4.90	1.18	1.08	11.20	1.28	4.09	20.64	2.58
无锡	41.00	2.90	4.98	3.05	9.83	0.90	9.47	25.29	3.00
常州	48.00	4.28	1.70	1.01	10.02	1.10	5.80	25.09	3.50
南通	40.05	4.20	1.72	1.31	8.90	0.82	5.10	34.40	2.30
合肥	44.97	3.57	2.98	2.52	10.22	0.80	4.24	28.40	2.00
九江	47.27	4.18	1.93	1.00	12.50	0.54	3.50	27.08	4.50
武汉	39.16	4.33	1.33	3.20	7.50	0.69	6.55	32.74	2.00
宜昌	29.54	1.22	0.73	1.05	1.18	0.41	8.03	55.84	1.00
重庆	38.76	1.04	0.97	1.58	9.10	0.53	9.03	37.99	
肇庆	50.00	2.10	1.89	4.10	12.60	2.50	4.35	22.46	
清远	53.00	2.00	1.51	3.20	11.12	2.40	2.10	24.67	

从表1-2可知，经济发达、生活水平较高的城市，有机物如厨余、纸张、塑料、橡胶的含量均较高。以厨余为例，上海70%，广州63%，深圳58%，清远53%，南京52%。塑料、橡胶含量一定程度地受地区生活水平与城市性质影响，如广州14.1%，深圳13.7%，肇庆12.6%，九江12.5%，均居17座城市前列，后两座城市为国内著名的风景旅游城市。以燃煤为主的北方城市，受采暖期影响，垃圾中煤渣、沙石所占份额较多。

1.4 固体废物的污染及其控制

1.4.1 固体废物的污染途径

固体废物的污染不同于水、大气，水、大气污染可以直接污染环境，而固体废物是各种污染物的终态，浓缩了许多污染物成分，人们容易产生一种固体废物稳定、污染慢的错觉，但在自然条件影响下，固体废物中的部分有害成分可以通过水、大气、土壤等途径进入环境，给人类造成潜在的、长期的危害。因而，在固体废物处理处置不当时，会通过不同的途径危害人体健康。例如，工矿业固体废物所含化学成分能形成化学物质型污染，人畜粪便和生活垃圾是各种病原微生物的孳生地，能形成病原体型污染。其传播疾病途径如图 1-1 所示。

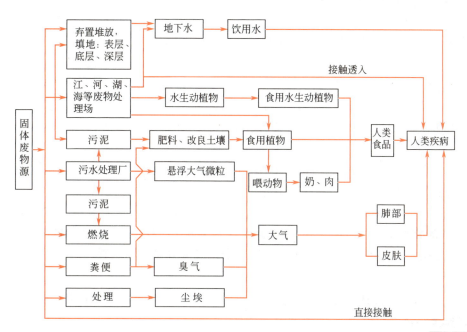

图 1-1　固体废物传播疾病的途径

1.4.2　固体废物污染危害

固体废物污染危害

固体废物对人类环境的危害，主要表现在以下几个方面。

（1）侵占土地

固体废物不加利用时，需占地堆放。堆积量越大，占地也越多。据估算，每堆积 1 万吨废物，约占地 1 亩（15 亩 =1 公顷，后同）。

中国许多城市利用市郊堆存城市垃圾，也侵占了大量农田，同时，大量废物的排放和堆积，将严重地破坏地貌、植被和自然景观。

（2）污染土壤

废物堆放或没有适当的防渗措施的垃圾填埋，其中的有害成分很容易经过风化雨淋地表径流的侵蚀渗入土壤之中。土壤是许多细菌、真菌等微生物聚居的场所。这些微生物形成了一个生态系统，在大自然的物质循环中，担负着碳循环和氮循环的一部分重要任务。由于有害成分进入土壤，能杀灭土壤中的微生物，使土壤丧失腐解能力，导致草木不生。例如，在 20 世纪 80 年代，中国内蒙古包头市的某尾矿堆积如山，造成坝下游的大片土地被污染，使一个乡的居民被迫搬迁。

20 世纪 70 年代，美国某州曾用混有四氯二苯对二噁英的废渣铺设路面，造成严重污染。

土壤中 TCDD 含量达 3×10^{-7}，污染深度达 60cm，致使牲畜大批死亡，居民备受许多种疾病折磨。最后，美国政府花 3300 万美元买下了该镇的全部地产，还赔偿了居民搬迁等的一切损失。

（3）污染水体

固体废物随天然降水和地表径流进入江河湖泊，或随风飘迁落入水体使地面水污染；随渗沥水进入土壤则使地下水污染；直接排入河流、湖泊或海洋，又能造成更大的水体污染。

美国的 Love Canal 事件是典型的固体废物污染水体事件。

（4）污染大气

固体废物一般通过如下途径污染大气：一些有机固体废物在适宜的温度和湿度下被微生物分解，释放出有毒气体；以细粒状存在的废渣和垃圾，在大风吹动下会随风飘逸，扩散到很远的地方，造成大气的粉尘污染；固体废物在运输和处理过程中，产生有害气体和粉尘。

煤矸石自燃会散发出大量的 SO_2、CO_2、NH_3 等气体，造成严重的大气污染。陕西某地由于煤矸石自燃产生的 SO_2 量曾达 37t/d。

采用焚烧法处理固体废物，也会污染大气。据报道，美国约有 2/3 固体废物焚烧炉由于缺乏空气净化装置而污染大气。有的露天焚烧炉排出的粉尘在接近地面处的浓度达到 $0.56g/m^3$。据统计，美国大气污染物中有 42% 来自固体废物处理装置。

（5）其他危害

某些特殊的有害固体废物排放，除以上各种危害外，还可能造成燃烧、爆炸、接触中毒、严重腐蚀等特殊损害。

1.4.3 固体废物污染控制

固体废物污染控制需从两方面考虑：一是防治固体废物污染；二是综合利用废物资源。主要控制措施如下。

（1）改革生产工艺

① 采用清洁生产。生产工艺落后是产生固体废物的主要原因，因而首先应当结合技术改造，从改革工艺着手，采用无废或少废的清洁生产技术，从发生源消除或减少污染物的产生。例如，传统的苯胺生产工艺是采用铁粉还原法，该法生产过程产生大量硝基苯、苯胺的铁泥和废水，造成环境污染和巨大的资源浪费。南京某厂开发的流化床气相加氢制苯胺工艺，便不再产生铁泥废渣，固体废物产生量大大减少，还大大降低了能耗。

② 采用精料。原料品位低、质量差，也是造成固体废物大量产生的主要原因。如一些选矿技术落后、缺乏烧结能力的中小型炼铁厂，渣铁比相当高，如果在选矿过程提高矿石品位，便可少加造渣熔剂和焦炭，并大大降低高炉渣的产生量。一些工业先进国家采用精料炼铁，高炉渣产生量可减少一半以上。因此，应当进行原料精选，采用精料，以减少固体废物的产生量。

③ 提高产品质量和使用寿命，使其不过快地变成废物。

（2）发展物质循环利用工艺

发展物质循环利用工艺，使第一种产品的废物成为第二种产品的原料，使第二种产品的废物又成为第三种产品的原料等，最后只剩下少量废物进入环境，以取得经济、环境和社会的综合效益。

（3）进行综合利用

有些固体废物含有可以回收利用的成分。如高炉渣（含有 CaO、MgO、SiO_2、Al_2O_3 等成分）可用来制砖和水泥。再如，硫铁矿烧渣、废胶片、废催化剂中含有 Au、Ag、Pt 等贵金属，只要采用适当的物理、化学熔炼等加工方法，就可以将其中有价值的物质回收利用。

（4）进行无害化处理与处置

危险固体废物用焚烧、热解等方式，改变废物中有害物质的性质，可使之转化为无害物质或使有害物质含量达到国家规定的排放标准。

1.5 固体废物的管理与技术政策

1.5.1 固体废物管理现状

《中华人民共和国固体废物污染环境防治法》于 1995 年 10 月 30 日正式公布。它对固体废物防治的监督管理、固体废物特别是危险废物的防治、固体废物污染环境责任者应负的法律责任等都作了明确的规定。该法的颁布与实施标志着中国对固体废物污染的管理从此走上了法制化的轨道，但由于各项行之有效的配套措施尚待完善，各工矿企业部门对固体废物处理尚需一个适应过程；特别是有害固体废物任意丢弃，缺少符合标准的有害固体废物填埋场。因此，根据中国对固体废物的管理实践，并借鉴国外的经验，可从以下两个方面做好中国的固体废物管理工作。

（1）划分有害固体废物与非有害固体废物的种类

① **名录法**　是根据经验与实验，将有害固体废物的品名列成一览表，将非有害固体废物列成排除表，用以表明某种固体废物属于有害固体废物或非有害固体废物，再由国家管理部门以立法形式予以公布。此法使人一目了然，方便使用，但由于废物种类繁多，难免发生遗漏。

② **鉴别法**　是在专门的立法中对有害废物的特别性及其鉴别分析方法以"标准"的形式予以规制，依据鉴别分析方法，测定废物的特性，如易燃性、腐蚀性、反应性、放射性、浸出毒性以及其他毒性等，进而判定其属于有害固体废物或非有害固体废物。

（2）完善固体废物法和加大执法力度

固体废物管理的主要方法是建立固体废物管理法，美国《资源保护和回收法》（RCRA）（1984 年）和《全面环境责任承担赔偿和义务法》（CERCLA）（1986 年）是迄今世界各国比较全面的关于固体废物管理的法规。前者强调设计和运行必须确保有害废物得到妥善管理，对于非有害废物的资源化也作出了较全面的规定；后者强调处置有害废物的责任和义务。英国的《污染控制法》有专门的固体废物条款。日本的《废物处理和清扫法》规定了全体国民的义务和废物处理的主体，不仅企业有适当处理其产生的固体废物的义务，公民也有保持生活环境清洁的义务。德国制定了各种环境保护法规，管理更加完善，如 85% 的固体废物都被送往 15 个大型中心处理站去销毁、回收利用、循环或土地填埋。

中国国土广阔，各地经济、人口发展很不平衡，自然条件千差万别，又面临着较为严峻的资源形势和固体废物污染形势，因此当务之急，就是要加大执法力度，认真贯彻执行固体废物法，运用法律手段加强固体废物管理。

1.5.2 固体废物管理内容

固体废物的管理包括固体废物的产生、收集、运输、贮存、处理和最终处置等全过程的管理，即在每一个环节都将其作为污染源进行严格的控制。以下按固体废物管理程序简述管理内容。

（1）产生者

对于固体废物产生者，要求其按照有关规定，将所产生的废物分类，并用符合法定标准的容器包装，做好标记，登记记录，建立废物清单，待收集运输者运出。

（2）容器

对不同的固体废物要求采用不同容器包装。为了防止暂存过程中产生污染，容器的质量、材质、形状应能满足所装废物的标准要求。

（3）贮存

贮存管理是指对固体废物进行处理处置前的贮存过程实行严格控制。

（4）收集运输

收集管理是指对各厂家的收集实行管理。运输管理是指收集过程中的运输和收集后运送到中间贮存处或处理处置厂（场）的过程所需实行的污染控制。

（5）综合利用

综合利用管理包括农业、建材工业、回收资源和能源过程中对于废物污染的控制。

（6）处理处置

处理处置管理包括有控堆放、卫生填埋、安全填埋、深地层处置、深海投弃、焚烧、生化解毒和物化解毒等。

1.5.3 "三化"原则和"全过程"管理原则

《中华人民共和国固体废物污染环境防治法》确立了废物污染防治的"三化"原则和"全过程"管理原则。

（1）固体废物污染防治的"三化"原则

我国固体废物污染控制工作起步较晚，技术力量及经济力量是有限的。在 20 世纪 80 年代中期提出了"资源化""无害化"和"减量化"作为控制固体废物污染的技术政策，并确定今后较长一段时间内以"无害化"为主。我国固体废物处理利用的发展趋势必然是从"无害化"走向"资源化"，"资源化"是以"无害化"为前提的，"无害化"和"减量化"应以"资源化"为条件，这是毫无疑问的。

固体废物"减量化"是指通过适当的技术，一方面减少固体废物的排出量。在废物产生之前，采取推行清洁生产技术，采用清洁原料的先进工艺等从生产源头控制固体废物的产生措施。另一方面减少固体废物容量。在废物排出之后，对废物进行分选、压缩、焚烧等加工工艺，通过适当的手段减少和减小固体废物的数量和体积。

固体废物"无害化"是指通过采用适当的技术对废物进行处理，使其对环境不产生污染，不致对人体健康产生影响。

固体废物"资源化"是指从固体废物中回收有用的物质和能源，加快物质循环，创造经济价值的广泛的技术和方法。它包括物质回收，物质转换和能量转换。近40年来，世界资源正以惊人的速度被开发和消耗，有些资源已经接近枯竭。根据推算，世界石油资源已探明的储量和消耗量的增长，只需五六十年将耗去全部储量的80%；世界煤炭资源按已探明的储量的消耗推算，也将在2350年耗去储量的80%。目前，工业发达国家出于资源危机和环境治理的考虑，已把固体废物"资源化"纳入资源和能源开发利用之中，逐步形成了一个新兴的工业体系——资源再生工程。如欧洲各国把固体废物资源化作为解决固体废物污染和能源紧张的方式之一，并将其列入国民经济政策的一部分，投入巨资进行开发。日本由于资源缺乏，将固体废物"资源化"列为国家的重要政策，当作紧迫课题进行研究。美国把固体废物列入资源范畴，将固体废物资源化当作固体废物处理的替代方案。我国固体废物"资源化"起步较晚，在20世纪90年代把八大固体废物"资源化"列为国家的重大技术经济政策。

固体废物"资源化"应遵循的原则是：技术上可行，经济效益好，就地利用产品，不产生二次污染，符合国家相应产品的质量标准。

（2）"全过程"管理原则

经历了许多事故与教训之后，人们越来越意识到对固体废物实行"源头"控制的重要性。由于固体废物本身往往是污染的"源头"，故需要对其产生收集、运输、利用、贮存、处理、处置实行全过程管理，在每一环节都将其作为污染源进行严格的控制。因此，解决固体废物污染控制问题的基本对策是避免产生（clean）、综合利用（cycle）、妥善处置（control）的所谓**"3C 原则"**。另外随着循环经济、生态工业园及清洁生产理论和实践的发展，有人提出了**"3R 原则"**，即通过对固体废物实施减少产生（reduce）、再利用（reuse）、再循环（recycle）策略实现节约资源、降低环境污染及资源永续利用的目的。

根据以上原则，可以将固体废物从产生到处置的全过程分为五个连续或不连续的环节进行控制。其中，各种产业活动中的清洁生产是第一阶段，在这一阶段，通过利用科学改进生产工艺等减少固体废物的产生。同时，对生产过程中产生的固体废物，尽量进行系统内的回收利用，这是管理体系的第二阶段。对于已产生的固体废物，则进行第三阶段（系统外的回收利用）、第四阶段（无害化、稳定化处理）以及第五阶段（固体废物的最终处置）。

1.5.4 固体废物管理制度

（1）分类管理

固体废物具有量多面广、成分复杂的特点，需对城市垃圾、工业固体废物和危险废物等分类管理。《中华人民共和国固体废物污染环境防治法》第八十一条规定："收集、贮存危险废物，应当按照危险废物特性分类进行。禁止混合收集、贮存、运输、处置性质不相容而未经安全性处置的危险废物。贮存危险废物应当采取符合国家环境保护标准的防护措施。禁止将危险废物混入非危险废物中贮存。从事收集、贮存、利用、处置危险废物经营活动的单位，贮存危险废物不得超过一年；确需延长期限的，应当报经颁发许可证的生态环境主管部门批准；法律、行政法规另有规定的除外。"

（2）工业固体废物申报登记制度

为了使环境保护部门掌握工业固体废物的种类、产生量、流向以及对环境的影响等情况，从而进行有效的固体废物全过程管理，《中华人民共和国固体废物污染环境防治法》要求对工业固体废物实施申报登记制度。

（3）固体废物污染环境影响评价制度及其防治设施的"三同时"制度

环境影响评价制度和"三同时"制度是我国环境保护的基本制度，《中华人民共和国固体废物污染环境防治法》强调了这一制度。

（4）排污收费制度

固体废物污染与废水、废气污染有着本质的不同，废水、废气进入环境后可以在环境当中经物理、化学、生物等途径稀释、降解，并且有着明确的环境容量。而固体废物进入环境后，不易被环境所接受，其稀释降解往往是个难以控制的复杂而长期的过程。因此，固体废物是严禁不经任何处理与处置排入环境当中的。固体废物排污费的交纳，是针对那些在按规定或标准建成贮存设施、场所前产生的工业固体废物而言的。

（5）限期治理制度

为了解决重点污染环境问题，对没有建设工业固体废物贮存或处理处置设施、场所或已建设施、场所但不符合规定的企业和责任者，实施限期治理、限期建成或改造。期限内仍不达标的，可采取经济手段甚至停产的手段进行处罚。

（6）危险废物经营许可证制度

危险废物的危险特性决定了并非任何单位和个人都可以从事危险废物的收集、贮存、处理、处置等经营活动。必须由具备达到一定设施、设备、人才和专业技术能力并通过资质审查获得经营许可证的单位进行危险废物的收集、贮存、处理、处置等经营活动。

（7）危险废物转移报告单制度

这一制度是为了保证运输安全、防止非法转移和处置，保证废物的安全监控，防止事故的发生。

1.5.5 固体废物管理标准

我国的固体废物管理标准基本由生态环境部与住房和城乡建设部在各自的管理范围内制定。住房和城乡建设部主要制定有关垃圾清扫、运输、处理处置的标准。生态环境部制定有关污染控制、环境保护、检测方面的标准。

（1）方法标准

主要包括固体废物样品采样、处理及分析方法的标准。例如《危险废物鉴别标准 反应性鉴别》《危险废物鉴别标准 易燃性鉴别》《危险废物鉴别标准 浸出毒性鉴别》《危险废物鉴别标准 急性毒性初筛》《危险废物鉴别标准 腐蚀性鉴别》等。

（2）污染控制标准

污染控制标准是固体废物管理标准中最重要的标准，是环境影响评价制度、"三同时"制度、限期治理和排污收费等一系列管理制度的基础。它可分为废物处置控制标准和设施控制标准两类。

① 废物处置控制标准。它是对某种特定废物的处置标准、要求。例如《含多氯联苯废物污染控制标准》即属此类标准。

② 设施控制标准。目前已经颁布或正在制定的标准大多属于这类标准，如《一般工业固体废物贮存、处置场污染控制标准》《生活垃圾填埋场污染控制标准》《生活垃圾焚烧污染控

制标准》《危险废物填埋污染控制标准》等。

（3）综合利用标准

为推进固体废物的资源化，并避免在废物资源化过程中产生二次污染，生态环境部制定了一系列有关固体废物综合利用的规范和标准，如医疗废物、废塑料等废物综合利用的规范和技术规定。

 复习思考题

1. 何谓"固体废物""危险废物""处理""处置""无害化""减量化""资源化"？
2. 固体废物按来源的不同可分为哪几类？各举 2~3 例说明。
3. 工业固体废物按来源的不同可分为哪几类？
4. 城市垃圾按其产生或收集来源可分为哪几类？
5. 城市垃圾的组成主要受哪些因素影响？
6. 固体废物对环境有何危害？
7. 简述固体废物管理现状及其内容。
8. 何谓"三化"原则和"全过程"管理原则。
9. 简述我国固体废物管理制度和管理标准。

2 固体废物的收集、运输及贮存

 知识目标

1. 掌握固体废物的收集原则和收集方法。
2. 掌握生活垃圾的分类和收集方式。
3. 了解生活垃圾的收集系统。

 能力目标

1. 能够注意到固体废物运输过程中存在的问题。
2. 掌握转运站设计应考虑的因素。
3. 掌握转运站选址时应注意事项。

 素质目标

1. 培养学习者的生态环境意识。
2. 培养学习者的固体废物资源化意识。
3. 培养学习者精益求精和团队协作的精神。

 阅读材料

世界最大的垃圾处理公司

美国废物管理公司靠处理垃圾年入 145 亿美元。该公司成立于 1968 年，主要业务范围涵盖固废处置全产业链，包括收集、转运、处理，再利用、资源回收等服务。公司目前在美国和加拿大地区为市政、商业、工业及居民客户提供废品管理服务，包括收集、转运、再利用、资源回收等服务。

公司 2017 年垃圾处理量高达 1.13 亿吨，实现营业收入 145 亿美元，EBIT 和 EBITDA 分别为 26 和 40 亿美元。公司 2017 年固废营业收入居全球第一，领先第二名威立雅达 70%。截至 2018 年 5 月 23 日，公司市值达 357 亿美元。

2.1 固体废物的收集

2.1.1 收集原则

固体废物的收集是一项困难而复杂的工作,特别是城市垃圾的收集更为复杂。由于固体废物的种类繁多,产生源较分散,不但有固定源,还有流动源,同时后期的处理方法工艺也不相同,因此各类固体废物的具体收集方法、途径也各有特点。

固体废物收集总的原则是:收集方法应有利于固体废物的后期处理,同时兼顾收集方法的可行性。其主要内容是提倡固体废物分类收集,一般要求:危险废物与一般废物分开;工业废物与生活垃圾分开;泥态与固态分开;污泥应进行脱水处理。另外还要根据处理、处置或利用的要求,采取具体的相应收集措施,需要包装或盛放的废物,要根据运输要求和废物的特性,选择合适的容器与包装设备,同时附以确切明显的标记。

对工业固体废物,根据固体废物"谁污染,谁治理"的处理原则。一般情况下,产生固体废物较多的工厂在厂内外都建有自己的堆场,收集运输工作由工厂负责,零星、分散的固体废物(工业下脚废料及居民废弃的日常生活用品)则由商业部门所属废旧物资系统负责收集。

对于城市垃圾,《中华人民共和国固体废物污染环境防治法》第四十三条明确规定:"县级以上地方人民政府应当加快建立分类投放、分类收集、分类运输、分类处理的生活垃圾管理系统,实现生活垃圾分类制度有效覆盖……"

对于危险废物,《中华人民共和国固体废物污染环境防治法》第八十一条明确规定:"收集、贮存危险废物,应当按照危险废物特性分类进行。禁止混合收集、贮存、运输、处置性质不相容而未经安全性处置的危险废物。贮存危险废物应当采取符合国家环境保护标准的防护措施。禁止将危险废物混入非危险废物中贮存。从事收集、贮存、利用、处置危险废物经营活动的单位,贮存危险废物不得超过一年;确需延长期限的,应当报经颁发许可证的生态环境主管部门批准;法律、行政法规另有规定的除外。"

2.1.2 收集方法

按收集物的存放形式来分,收集方法可分为混合收集与分类收集。

混合收集只适合于某些种类单一、稳定,性质明确的废物的收集,如某些行业工业废物、矿业废物、某些农业废物。该法有一定的局限性,如果固体废物的成分复杂,性质不太明确,不加区分地混合在一起收集,不仅不利于后期处理,而且还可能释放毒气、生成危险品等,造成新的危害。但该收集方法的优点也很明显,劳动强度较小,便于操作,还可利用废物的性质使其相互作用,减小危害性或更有利于处理、处置。也正是由于该法容易操作,在经济力量、技术水平不太发达,以及垃圾分类观念不太强的地区,不管该法是否适用,在客观上都普遍适用。

分类收集,是根据废物的性质、后期处理方法的不同,将不同的废物分开收集存放。该法不仅可以方便地从废物中回收资源,而且还可减少处理固体废物的工作量和处理处置费用,降低对环境的潜在危害,一般应对固体废物采取分类收集,目前,城市垃圾要求分类收集。

从收集时间来分,收集方法可分为定期收集与随时收集。定期收集是指按固定的周期收集,一般适合于产生废物量较大的大中型厂矿企业;随时收集是根据废物产生者的要求随时收集，一般适合于小型企业。

如果固体废物处置设施太小，固体废物产生地点距处置设施较远或本身没有处置设施的地区，为便于收集管理，可设立中间贮存站。中间贮存站有双重作用：一是收集来自分散的固体废物；二是对某些固体废物进行解毒、中和、干燥脱水等处理。因此中间贮存站既有固体废物收集和暂时贮存设施，又有解毒、中和等处理设施。另外，中间贮存站还应建立固体废物的"积攒"资料卡，严格执行固体废物的操作管理程序。

2.1.3 固体废物的标记

由于不同类型固体废物的处理、处置方法不同，其危害、危险性也不同，为了便于识别和管理，一般要求固体废物的产生者除按规定收集、按运输要求包装外，还要根据废物种类进行标记，尤其是危险性废物。如美国环保局是按危险废物的成分、工艺加工过程和来源进行分类列表，对各种危险废物规定了相应的编码，同时规定了几种主要危险特性的标记，以便识别管理。几种主要特性的标记如下：易燃性（I）；急性毒性（H）;腐蚀性（C）;毒性（T）;反应性（R）;EP 毒性（E）。

中国环保部门目前没有统一的固体废物种类标记，在实行垃圾分类收集的不同地方，其分类方法也不完全一致，在垃圾桶上多用汉字及直观的图形来标示，对于危险性废物，可参照使用铁路交通部门制定的 12 种危险物品标志方法。

随着中国固体废物污染环境防治法的颁布施行及其他条例和标准体系的不断完善，关于固体废物的鉴别、分类、收集、包装、标记、建档必将科学化、标准化。

2.2 固体废物的运输

固体废物在收集后，要运送到处理厂、处置场进行处理、处置或综合利用。在贮存和运输过程中，应防止固体废物散落或产生新的污染物再次污染环境，必要时可进行压实处理，以及根据废物的特性和数量选择合适的包装容器。

2.2.1 包装容器的选择

包装容器的选择原则是：容器及包装材料应与所盛废物相容，要有足够的强度，贮存及装卸运输过程中不易破裂，废物不扬散、不流失、不渗漏、不释放出有害气体与臭味。

对欲进行焚烧的有机废物，如滤饼、泥渣等，宜采用纤维板桶或纸板桶作容器，这样，废物与包装容器可以一起进行焚烧处理。但是，由于纤维质容器容易受到机械损伤和水的浸蚀而发生泄漏，故可再装入钢桶中成为双层包装。钢桶应带活动盖，以便在焚烧处理之前把里面的纤维容器取出。

对于危险废物的包装容器，应根据其特性选择，注意其相容性是十分重要的。例如塑料容器不应用于贮存废溶剂。对于反应性废物，如含氰化物的废物，必须装在防湿防潮的密闭容器中，否则，如果装在不密闭的容器中一旦遇水或酸，就会产生剧毒气体——HCN。对于腐蚀性废物，为防止容器腐蚀泄漏，必须装在衬胶、衬玻璃或衬塑料的容器中，甚至用不锈钢容器。对于放射性废物，必须选择有安全防护屏蔽的包装容器。

总之，固体废物可选择的包装容器有汽油桶、纸板桶、金属桶、油罐等许多种。这些容器在使用时容易损坏，故在贮存运输中应经常检查。

2.2.2 运输方式

固体废物的运输可直接外运，也可经过收集站或转运站运走。

在中国，固体废物的运输可根据产生地、中转站距处置场地距离、要采取的处置方法，废物的特性和数量选择适宜的运输方式，可以进行公路、铁路、水运或航空运输。

对于非危险性固体废物，可用各种容器盛装，用卡车或铁路货车运输。

对各种类型的危险废物，最好的方法是使用专用公路槽车或铁路槽车，槽车应设有各种防腐衬里，以防运输过程中的腐蚀泄漏。

对于要进行远洋焚烧处置的固体废物，选择专用的焚烧船运输。

2.2.3 运输管理

《中华人民共和国固体废物污染环境防治法》第二十条规定："产生、收集、贮存、运输、利用、处置固体废物的单位和其他生产经营者，应当采取防扬散、防流失、防渗漏或者其他防止污染环境的措施，不得擅自倾倒、堆放、丢弃、遗撒固体废物。禁止任何单位或者个人向江河、湖泊、运河、渠道、水库及其最高水位线以下的滩地和岸坡以及法律法规规定的其他地点倾倒、堆放、贮存固体废物。"

固体废物的运输者是废物的产生者和处置或利用者之间的纽带，因此，从事固体废物的运输者必须向当地环境保护行政主管部门申请，接受专业培训，经考核合格后，领取经营许可证，方能从事固体废物的运输工作，同时应当制定在发生意外事故时采取的应急措施和防范措施。

在运输前，经营者要认真验收运输的废物是否与运输货单相符，决不容许有互不相容的废物混入，检查包装容器是否符合要求，查看标记是否清楚准确，尽可能熟悉产生者提供的偶然事故的应急处理措施。为了保证运输的安全性，运输者必须按有关规定装载和堆积废物，若发生撒落、泄漏及其他意外事故，运输者必须立即采取应急补救措施，妥善处理，并向环境保护行政主管部门呈报。在运输完后，经营者必须认真填写运输货单，包括日期、车辆车号、运输许可证号，所运的废物种类、司机签名等，以便接受主管部门的监督管理。

在运输危险固体废物时，对装卸操作人员和运输者，要进行专门的培训，并进行有关固体废物管理；特别是危险废物的装卸技术和运输中的注意事项等方面的知识教育，同时配备必要的防护工具，以确保操作人员和运输者的安全。

危险废物的运输最常用的方法是公路运输。运输者拥有专用或适宜的运输车辆和受过培训的司机。运载指定危险废物的车辆，应标有适当的危险符号。运输者必须持有有关运输材料的必要资料，并制定有废物泄漏情况下的应急措施，防止意外事故发生。

环境保护行政主管部门应定期或不定时对从事运输固体废物的经营者进行检查，保证运输工作正常进行。

2.3 城市垃圾的收集与运输

城市垃圾主要是城市生活垃圾，就是那些在城市日常生活中或者为城市日常生活提供服务的活动中产生的固体废物，以及法律、行政法规规定视为城市生活垃圾的固体废物。除生活垃圾外，城市垃圾还包括商业垃圾、建筑垃圾、粪便以及污水处理厂的污泥等。商业垃圾与建筑垃圾原则上都是由单位自行清除。粪便的收集按其住宅有无卫生设施分成两种情况：具有卫生设施的住宅，居民粪便的小部分进入污水厂做净化处理，大部分直接排入化粪池；没有卫生设施而使用公共厕所的居民粪便，由环卫专业队伍负责清除运输，运出市区后，经密封发酵处理作肥料使用。

中国大多数城市的生活垃圾收集都是采用传统的收集方法，一般是由垃圾产生源送到垃圾收集点，统一由环卫工人将收集点的垃圾用垃圾车集中到转运站，然后用转运车辆将转运站的垃圾运到郊外的最终处理场或填埋场处置，形成收集—转运—集中处理的固定模式。对于大型团体产生的大宗生活垃圾一般由本单位自设容器收集，送往转运站或处理场。而医院垃圾由于其特殊性，通常要由医院进行必要处理后，再送到处置场所。

由于每个城市的社会背景、发展现状、经济实力等各不同，采用的收集方式、转运方案，以及配置的收集工具、运输车辆、中转站设施等也有所不同，因而，形成了各不相同的垃圾收运系统。下面主要讨论生活垃圾的收集问题。

2.3.1　收集方式

实行垃圾源头分类收集，是提高垃圾的资源利用价值、减少处理工作量，最终实现垃圾无害化的有效途径，也是今后发展的方向。因此20世纪70年代的发达国家以及90年代的中国都提出了垃圾分类收运和处理的对策，《垃圾强制分类制度方案》和《中华人民共和国固体废物污染环境防治法》等明确了垃圾分类的要求。目前中国正在实施分类收集，个别城市仍采用传统的混合收集方式收集生活垃圾。按照收集的程序和所使用工具的不同，混合收集方式又可分为定点收集、定时收集两种方式。

（1）定点收集方式与容器

定点收集方式是指收集容器放置于固定的地点，一天中的全部或大部分时间可供居民使用的收集方式，是最普遍的垃圾收集方式。采用这种收集方式要求占用一定的空间来设立收集点，收集点的多少及具体位置要根据居民的居住情况来设立，收集点既要靠近住宅区便于居民使用，又要不影响市容，同时还要靠近垃圾清运车辆的收集路线，交通相对方便，以便清运收集垃圾的车辆经过。另外，收集容器应有较好的密封隔离效果及美观的外形，以避免收集过程中产生公共卫生问题或影响市容。

定点收集方式按所使用的收集工具的不同可分为容器式和构筑物式。

① **容器式**　该方式因使用可移动的垃圾容器作为收集工具而得名。收集容器多半是桶式的，有圆形和方形两种，圆形的容积一般为 $0.1 \sim 1.1 m^3$，方形的容积可超过 $1.1 m^3$。也有容积超过 $10 m^3$ 的大型收集容器。

收集容器既要容积适度，又要与清运车上的自动倾倒设备相匹配，以便收运过程实现机械化，同时还应注意容器的结构材质，以保证使用性能和寿命。目前普遍使用的收集容器是钢质或塑料制品，其中塑料系列具有自重轻、耐腐蚀、易于保洁的优点，但不耐热，使用条件受限制；而钢质容器不怕热，结构强度大，可制成较大的容积，但也有易腐蚀、洗刷不便的缺点，一般在容器的内、外壁涂防腐层。

② **构筑物式**　该容器为固定构筑物，一般为砖、水泥结构，样式各异，容积为 $5 \sim 10 m^3$，不密封，该容器使用寿命长，费用低，但在高峰季节会发生垃圾满溢的情况，与周围环境敞开接触，易造成周围环境卫生状况的恶化；另外，清运时难度较大，不利于机械化使用。

大楼型居住区的垃圾楼道收集方式是构筑物式的一种特殊形式，垃圾楼道是高层建筑物中的一条垂直通道，每层都开一个倾倒口，底部配有垃圾贮存室，每个贮存室均看作是一个垃圾收集点的构筑物容器。这种收集方式大大节约了居民的家务劳动量，实现了容量化。

（2）定时收集方式及容器

定时垃圾收集方式是指垃圾收运车以固定的时间与路线行驶于居民区中，并收集路旁居民的垃圾，而不设置固定的垃圾收集点的收集方式。其收集容器可分为专用容器与普通容器。

① **专用容器**　专用容器是配合高级住宅区独家独院式的生活方式而设置的，是一种小型移动式垃圾桶或者是一次性袋式垃圾容器。

② **普通容器**　一般为小型的垃圾收集车（1t 以下的汽车或人力拖车）。每天定时定线路巡回于收集路线上（一般一天 1～2 次），居民将垃圾定时定点倒入车内完成收运过程，然后运往转运站。在转运站集中到一定数量后再运输。

此外，有一种特殊的混合收集方式，叫垃圾管道真空收集系统，于 20 世纪 70 年代首先在瑞典建成，以后陆续在德国、俄罗斯、日本、法国、芬兰等国家建成投入使用，有一定的代表性。该系统主要有中心收集站（有风机、空气过滤器、旋风分离器、压缩机、垃圾专用容器以及其他辅助装置）、管道和各种控制阀组成。居民通过垃圾通道倾倒的垃圾在垃圾吸送阀门的控制下一日数次被风机的气流动力所带动，以很高的速度"吸进"旋风分离器，从分离器排出的垃圾经压缩机压缩到集装箱内，由专用车辆送到垃圾处理场。为了节省投资，或由于周围环境的限制，有些系统用真空垃圾收集车代替中心收集站，形成垃圾管道收集车真空收集系统。

垃圾管道真空收集系统的优点是：管道密封性好，对环境无污染，方便用户，改善用户的生活环境，管道一般都埋在地下，不占地面空间，操作控制完全自动化，减少工人的劳动强度和数量，但也有投资和操作费用昂贵，设施复杂，大型垃圾投入垃圾管道容易造成堵塞，维护工作量大的缺点。因此，这种收集运输方法目前还仅有少数发达国家使用。

（3）分类收集

垃圾分类收集的具体做法是：先根据本地区的垃圾组成情况，将垃圾分成几个分类组，居民在排放垃圾时，按其类别放入有明显标志的相应的垃圾袋内，然后再送到收集点放入相应的容器中，而收运人员也将其分类运输，最后按不同性质回收和处理，完成垃圾清运过程。

一般将垃圾分为可回收物、有害垃圾、易腐垃圾等几个主要分类组，其中，可回收物还可根据需要分成玻璃、磁性或非磁性金属、塑料等成分，以提高资源利用价值。目前分类收集的废物有纸、塑料、橡胶、金属、玻璃、破布等。拾荒者常将垃圾桶内未分类的废物进行分类收集，卖给回收公司。

通过改造，可以很容易地使传统的垃圾收集方式，符合分类收集的要求。以定点容器为例，只要在收集点增加一定数量的、有不同标记的收集容器，即可满足分类收集的要求。但目前，中国仅在个别城市进行试验推行，在推行垃圾分类收集中最大的困难是：居民垃圾分类知识的普及，以及如何使居民理解垃圾分类的重要性和必要性。

2.3.2　收集系统

生活垃圾的收集系统有两种方式：一是拖曳容器系统；二是固定容器系统。

拖曳容器系统的特点是收集点用来装垃圾的容器（垃圾桶或垃圾箱）较大，运送垃圾时，要通过用牵引车直接拖曳收集容器来完成，在具体操作运行时又可分为简便模式和交换模式。图2-1是拖曳容器系统的示意图，图中A、B、C、D分别为收集容器放置点，X为垃圾处置场或转运加工场，清运垃圾按数字顺序运作。

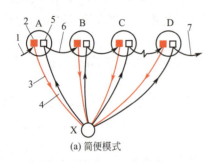 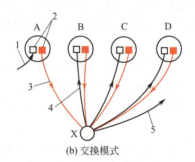

(a) 简便模式　　　　　　　　　　　　　　(b) 交换模式

1—牵引车从调度站出发到第一个收集点，开始一天的收集工作；2—提起装了垃圾的垃圾桶；3—拖曳装满垃圾的垃圾桶运往垃圾处置场；4—将倒空的垃圾桶拖回原放置点；5—放回的空垃圾桶；6—牵引车开至下一个垃圾桶放置点，重复上述工作；7—牵引车收工回调度站

1—牵引车拖着空垃圾桶从调度站出发到第一个收集点，开始一天的收集工作；2—放下空垃圾桶再提起装了垃圾的垃圾桶；3—拖曳装满垃圾的垃圾桶运往垃圾处理场；4—将倒空的垃圾桶拖到下一个收集点，重复上述工作；5—牵引车带着空垃圾桶回调度站

图 2-1　拖曳容器系统示意

固定容器系统是在垃圾收集点放置若干个小型垃圾桶，垃圾车沿一定的路线到各收集点，将垃圾桶中的垃圾倒进车斗内，垃圾桶放回原处，直至垃圾车装满或工作日结束，将车子开到处置场倒空垃圾车。图2-2是固定容器系统示意图。

收集过程耗用时间长短直接影响收集的效率和收集成本，为便于分析，将上述收集系统分解成四个单元来计算收集耗用的时间。即"拾取"时间、运输时间、在处置场所花费的时间、非生产性时间。

① "拾取"时间　"拾取"垃圾所耗用的时间，与收集类型有关。在拖曳系统简便模式中，"拾取"耗用的时间（P_{hcs}）包括三个部分：牵引车从放置点开到下一个放置点所需的时间（dbc）、提起装满垃圾的垃圾桶的时间（pc）和放下空垃圾桶的时间（uc）。在拖曳系统的交换模式中"拾取"耗用的时间包括提起装满垃圾的垃圾桶的时间和在另一个放置点放下空垃圾桶的时间。在固定容器系统中，"拾取"花费的时间是指在收集线路上将一个空垃圾车收集满垃圾所需要的时间，包括收集过程中将所有垃圾桶中的垃圾倒入垃圾车里所花费的时间和垃圾车在收集点之间运行的时间两部分。

图 2-2　固定容器系统示意

1—垃圾桶放置点；2—垃圾车从调度站出发到第一个收集站开始收集垃圾；3—将垃圾桶中的垃圾倒进垃圾车，并将空桶放回原处；4—垃圾车驶往下一个收集点；5—收集路线；6—处置场或中继站、加工场；7—垃圾车回调度站

② 运输时间　运输时间也与收集系统的类型有关。拖曳容器系统的运输时间是指牵引车将装满垃圾的垃圾桶从放置点拖到处置场和将空垃圾桶从处置场拖到垃圾桶放置点所需时间。在固定容器系统中，运输时间是指垃圾车装满后从收集线路的最后一个放置点开车到

处置场，倒空垃圾后再从处置场开车到下一个收集路线的第一个放置点所需的时间。但应注意，它们只考虑在路途中的运行时间，不包括在处置场的时间。

③ **在处置场所花费的时间**　在处置场所花费的时间包括在处置场等待卸车的时间和倒空垃圾的时间。

④ **非生产性时间**　非生产性时间是指相对收集操作过程这点来说的。它包括必需的和非必需的两种情况。所谓必需的非生产性时间主要是指收集过程中一些必不可少的环节所耗用的时间，如：a. 每天报到、登记、分配工作等花费的时间和每天结束检查工作等所用时间；b. 每天从调度站开车到第一个垃圾放置点和每日结束从处置场到调度站所需时间；c. 由于交通拥挤不可避免的时间损失；d. 在设备维护与修理上花费的时间。非必需的活动时间主要是指收集过程中从事一些与生产没有直接关系的事情所耗用的时间，包括午餐与未经许可的工间休息等。在实际工作中一般将两种情况一起考虑，用它们占整个收集过程所用时间的百分数表示，称为非生产性时间因子 W。W 值通常在 $0.1\sim0.25$ 之间变化，一般操作用 0.15 估算，在某些情况下，特别是长距离，如从调度站出发及回调度站花费时间较长，应从工作日的时间中扣除，但需调整 W 值。

（1）拖曳容器系统

在拖曳系统中，每收集一桶垃圾所需时间用式（2-1）表示：

$$T_{hcs}=\frac{P_{hcs}+S+h}{1-W} \tag{2-1}$$

式中　T_{hcs}——拖曳垃圾桶每个双程所需时间，h；
　　　P_{hcs}——每个双程拾取花费的时间，h；
　　　h——每个双程运输花费的时间，h；
　　　S——在处置场花费的时间，h；
　　　W——非生产性时间因子，%。

当拾取时间与处置场的时间相对稳定时，运输时间决定于车辆速度和运输距离。从大量的不同收集车的运输数据分析，发现运输时间可用下式近似表示：

$$h=a+bx \tag{2-2}$$

式中　h——每个双程运输的时间，h；
　　　a——经验常数，h；
　　　b——经验常数，h/km；
　　　x——每个双程的运输距离，km。

a、b 两个数值是经验取得，称为车辆速度常数，它们的数值与车辆速度极限有关，它们的关系见表 2-1 所示。

表 2-1　车辆速度常数数值

速度极限/(km/h)	a/h	b/(h/km)	速度极限/(km/h)	a/h	b/(h/km)
88	0.016	0.0112	40	0.050	0.025
72	0.022	0.014	24	0.060	0.042
56	0.034	0.018			

将式（2-2）代入式（2-1），得到每个双程的时间为：

$$T_{hcs} = \frac{P_{hcs}+S+a+bx}{1-W} \quad (2\text{-}3)$$

根据前述"拾取"时间的定义可知，拖曳容器系统每个双程的拾取时间为：

$$P_{hcs} = pc + uc + dbc \quad (2\text{-}4)$$

式中 pc——提起装满垃圾的垃圾桶所需要的时间，h；

uc——放下空垃圾桶所需要的时间，h；

dbc——牵引车驶于垃圾桶放置点之间需要的时间，h。

在计算每个双程拾取时间时，如果牵引车驶于垃圾桶放置点之间所需要的平均时间不知道，也可将垃圾桶间距作为 x 带入式（2-2），用计算出的 h 来估算 dbc。

如果一个工作日的工作时间已知，则可根据每个双程所需时间由下式计算出每天每辆车的双程旅程次数 N_d：

$$N_d = \frac{H}{T_{hcs}} = \frac{H(1-W)}{P_{hcs}+S+a+bx} \quad (2\text{-}5)$$

式中 H——一个工作日的时间，h/d。

其他符号意义同前。

每周需要收集垃圾的旅程次数，可根据收集范围内的垃圾产量和容器容积估算，公式如下：

$$N_w = \frac{V_w}{Cf} \quad (2\text{-}6)$$

式中 N_w——一周的旅程次数；

V_w——一周垃圾的产生量，m^3；

C——垃圾桶的平均大小，m^3；

f——垃圾桶的平均填充系数。

式（2-6）求得的 N_w 不一定是整数，由于在实际收集垃圾的过程中最小工作单元是一个双程旅程，不可能将垃圾收集一半扔在半路，因此，每周实际收集的旅程次数应对 N_w 取整，取整后的每周旅程次数用 t_w 表示。在取整时，若直接将小数部分舍去，则意味着一个或多个垃圾桶比平时满；若将小数部分进位到整数，则有一个或多个垃圾桶没有平时满，可根据具体情况取舍。

根据每周收集垃圾需要的双程旅程次数、每个双程旅程所需的时间和一个工作日的时间，可以求出每辆车每周需要工作日 D_w。

$$D_w = \frac{t_w T_{hcs}}{H} = \frac{t_w(P_{hcs}+S+a+bx)}{(1-W)H} \quad (2\text{-}7)$$

（2）固定容器系统

与拖曳容器系统相似，在固定容器系统中，每个双程旅程所需的时间用下式表示：

$$T_{scs} = \frac{P_{scs}+S+a+bx}{1-W} \quad (2\text{-}8)$$

式中 T_{scs}——每个双程旅程所需时间，h；

P_{scs}——每个双程旅程拾取花费的时间，h。

其他符号意义同前。

固定容器收集法的"拾取"时间 P_{scs} 与拖曳容器系统的"拾取"时间 P_{hcs} 内容不同，其中的出空垃圾桶所需时间受装卸方式的影响较大，计算方法也有所差别。分以下两种情况来讨论。

① **机械装卸垃圾的垃圾车** 一般用压缩机进行自动装卸垃圾，每个双程旅程拾取花费的时间 P_{scs} 由下式计算。

$$P_{scs}=C_t u_c+(n_p-1)dbc \qquad (2-9)$$

式中 C_t——每个双程旅程出空垃圾桶的数目；
u_c——每个垃圾桶出空垃圾所需时间，h；
n_p——每个双程旅程垃圾桶放置点的数目；
dbc——车辆行驶于垃圾桶放置点之间所花费的平均时间，h。

每个双程旅程出空垃圾桶的数目与车辆的容积和能达到的压缩比有关，其计算式如下：

$$C_t=\frac{Vr}{Cf} \qquad (2-10)$$

式中 V——垃圾车的容积，m^3；
r——压缩比；
C——垃圾桶的容积，m^3；
f——垃圾桶的平均填充系数。

每周需要收集垃圾的双程旅程次数，可根据收集范围内的垃圾产量和垃圾车的容积、压缩比估算，公式如下。

$$N_w=\frac{V_w}{Vr} \qquad (2-11)$$

式中 N_w——一周的旅程次数；
V_w——一周垃圾的产生量，m^3；
V——垃圾车的容积，m^3；
r——压缩比。

同拖曳容器系统一样，求得的 N_w 不一定是整数，每周实际收集的旅程次数 t_w 通过对 N_w 取整后得到，一般是将小数部分进位到整数。每辆车每周需要工作日 D_w 可按下式求得。

$$D_w=\frac{N_w P_{scs}+t_w(S+a+bx)}{(1-W)H} \qquad (2-12)$$

由于固定容器系统的"拾取"时间较长，为了提高计算精度，故在上式计算中，单独用根据垃圾量确定的 N_w 乘"拾取"时间，而没有简单地用取整后的 t_w 乘每个双程旅程需要的全部时间。

② **人工装卸垃圾的垃圾车** 人工装卸垃圾的车辆，一般用于住宅区的服务。

每辆车每天可完成的旅程次数 N_d 与一个工作日的工作时间 H 存在下列关系。

$$N_d=\frac{H}{T_{scs}}=\frac{H(1-W)}{P_{scs}+S+a+bx} \qquad (2-13)$$

如果一个工作日的工作时间 H 和每天完成的旅程次数 N_d 已知，则将上式变形，可求出一个双程旅程拾取花费的时间 P_{scs}。

$$P_{scs} = \frac{H(1-W)}{N_d} - (S+a+bx) \qquad (2-14)$$

在每个垃圾桶放置点的拾取时间按下式估算。

$$t_p = 0.72 + 0.18C_n + 0.014PRH \qquad (2-15)$$

式中　t_p——每个垃圾桶放置点的拾取时间，min；
　　　C_n——每个垃圾桶放置点上平均垃圾桶数；
　　　PRH——服务到居民家中收集点占全部放置垃圾桶的放置点的百分数，%。

每个双程旅程的垃圾桶放置点的数目 N_p，可由下式估算。

$$N_p = 60P_{scs} \times \frac{n}{t_p} \qquad (2-16)$$

式中　60——小时转化为分钟的系数；
　　　n——收集工人数。

其他符号意义同前。

每周收集垃圾的旅程次数，可根据下式进行计算。

$$N_w = \frac{T_p F}{N_p} \qquad (2-17)$$

式中　T_p——垃圾桶放置点总数；
　　　F——每周收集频率。

其他符号意义同前。

同样，求得的 N_w 不一定是整数，通过对 N_w 取整得到每周实际收集的旅程次数 t_w。将求得的 N_w、t_w、P_{scs} 和其他量代入式（2-12），即可得到人工装卸垃圾车的每周需要工作日 D_w。垃圾车的大小也可由下式计算。

$$V = V_p \times \frac{N_p}{r} \qquad (2-18)$$

式中　V——垃圾车的容积，m^3；
　　　V_p——垃圾桶的容积，m^3；
　　　N_p——每个双程旅程的垃圾桶放置点的数目；
　　　r——压缩比。

（3）收集车辆

无论哪种收集系统，其每周的劳动量均可由每周需要工作日 D_w 乘收集人员数而得。需要的收集车辆，可由每周需要工作日除以每周工作天数，将所得的商进位取整得到，如每周工作 5 天，$D_w/5$=0.7、1.2、3.7，则需要的垃圾收集车辆数分别为 1、2、4。

由于世界各国、甚至国内各城市的具体情况不同，车辆类型、性能、收集模式以及配备人员也有较大的差别，中国目前尚未形成垃圾收集车的分类体系，也未颁布有关收集车术语、型号和基本参数等方面的标准。所以，在选择收集车辆时，要注意借鉴发达城市的使用经验，同时结合当地的实际情况，作适当的调整。至于具体车辆种类和性能可参看其他书籍。

2.3.3 收集路线设计

在垃圾收集操作方法、收集车辆类型、收集劳动量及收集次数和时间等确定以后,就应着手设计收集路线,使劳动力与设备有效发挥作用。目前尚没有一个确定规则能适用于所有情况的收集路线的设计,一般是采用反复试算方法进行收集路线的设计。

路线设计的主要问题是收集车辆如何通过一系列的单行线或双行线街道行驶,以使整个行驶距离最小,或者说空载行程最小。路线设计的过程大体上分为四个步骤,下面以一个典型的功能利用区为例,简单介绍拖曳容器系统的收集路线设计方法。

第一步,在商业区、工业区或住宅区的大型地图上标出每个垃圾桶的放置点、垃圾桶的数量和收集频率(如果是固定容器系统还应标出每个放置点垃圾产生量)。根据面积大小和放置点的数目,将地区划分成长方形和方形的小面积。图 2-3 所示为典型功能利用区收集路线规划。

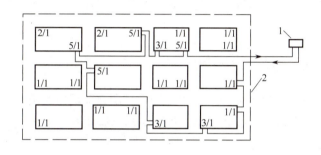

图 2-3 典型功能利用区收集路线规划
1—调度站或车辆停车场;2—功能区边界数字分数表示:
收集频率(每周收集次数)/垃圾桶数目

第二步,根据这个平面图,将每周收集相同频率的收集点的数目统计、分析,将每天需要出空的垃圾桶数目列出一张表。

收集区内共有收集点 21 个,其中收集频率为每周 5 次的有 4 个,每天都收集,每周共收集 20 次旅程;收集频率为每周 3 次的有 3 个,每周共收集 9 次旅程,考虑到前后两次收集时间间隔尽量接近,收集顺序尽量稳定,安排在星期一、三、五收集;收集频率为每周 2 次的有 2 个,每周共收集 4 次旅程,同样的考虑,安排在星期二、五收集(也可以安排在星期一、四);收集频率为每周 1 次的有 12 个,每周共收集 12 次旅程,考虑到每天的工作量(旅程次数)应大致相等,将其不等的安排到每天,最后得到每周共 45 次旅程,平均安排每天 9 次旅程。容器收集数据分析安排见表 2-2。

表 2-2 容器收集数据分析安排

收集频率	收集点数目	每周旅程次数	每日出空容器数				
			周一	周二	周三	周四	周五
1	12	12	2	3	2	5	0
2	2	4	0	2	0	0	2
3	3	9	3	0	3	0	3
4	0	0	0	0	0	0	0
5	4	20	4	4	4	4	4
总计	21	45	9	9	9	9	9

第三步,从调度站或垃圾车停车场开始设计每天的收集线路。图 2-3 中带箭头的线表示初步设计的周一收集路线示意图。

在设计线路时应考虑以下因素：①收集地点和收集频率应与现存的法规制度一致；②收集人员的多少应与车辆类型与现实条件相协调；③线路的开始与结束应邻近主要道路，尽可能地利用地形和自然疆界作为线路的疆界；④在陡峭地区，线路的开始应在道路倾斜的顶端，下坡时收集，便于车辆滑行；⑤线路上最后收集的垃圾桶应离处置场的位置最近；⑥交通拥挤地区的垃圾应尽可能地安排在一天的开始收集；⑦垃圾量大的产生地应安排在一天的开始时收集；⑧如果可能，收集频率相同而垃圾量小的收集点应在同一天收集或同一旅程中收集。利用这些因素可以制定出效率高的收集线路。

第四步，当各种初步线路设计后，应对垃圾桶之间的平均距离进行计算。应使每条线路所经过的距离基本相等或相近。如果相差太大应当重新设计。若不止一辆收集车辆时，应使驾驶员的负荷平衡。

固定容器系统的收集路线设计方法与拖曳容器系统基本相同，只是第二步以每日收集的垃圾量来平衡制表，此处不再赘述。现在，比较先进的设计方法是利用系统工程采取模拟方法，求出最佳收集线路。

2.4 城市垃圾转运站的设置

垃圾转运站是垃圾从产生到处理厂的中间转运场所，即城市垃圾一般先由环卫部门所收集清运到垃圾转运站，然后再在转运站把垃圾转运到垃圾处理厂。

2.4.1 垃圾转运的必要性

垃圾转运的必要性主要体现在以下几个方面。

① 收集到的城市垃圾最终要送到垃圾处理场进行无害化处理，但是随着城市规模的快速发展，很难在市区垃圾收集点附近找到合适的地方建立垃圾处理工厂。另外，从环境卫生角度考虑，垃圾处理点不宜离市区内居民区太近，因此，垃圾处理厂一般距离城区较远，城市垃圾必须经过远距离运输才能到达处理厂。

② 城市垃圾的产生量具有一定的可变性的特点。

③ 设立垃圾转运站的优点是可以有效地利用人力和物力，使垃圾收集车更好地发挥其效益，保证载重量较大的垃圾清运运输车辆能经济而有效地进行长距离清运，有助于降低垃圾清运的总距离。

垃圾转运站自身需要一定的基建费用，还需要投资购买大型的垃圾装卸、清运工具及其他必需的专用设备，这些投资必然也会在一定程度上增加清运费用。所以，当处理场远离收集路线时，是否需要设置转运站，主要视当地经济条件来确定。一般来说，垃圾清运距离长，设置转运站可以有效地降低城市垃圾管理系统运行总费用。

垃圾转运站对垃圾清运总费用的影响可以通过下面的计算进行评估分析。

移动容器方式清运操作费用方程（不设转运站）如下。

$$c_1 = a_2 l \tag{2-19}$$

固定容器方式清运操作费用方程（不设转运站）如下。

$$c_2 = a_2 l + p \tag{2-20}$$

转运站转运操作费用方程如下。

$$c_3 = a_2 l + b \tag{2-21}$$

式中 $c_n(n=1,2,3)$——垃圾清运总费用，元；
l——垃圾清运距离，km；
$a_n(n=1,2,3)$——单位距离垃圾的清运费用，元/km；
p——固定容器操作方式中集装点垃圾装卸及其他管理等费用，元；
b——转运站基建和操作管理增加到垃圾清运中的费用，元。

一般情况下，$a_1>a_2>a_3>b>p$。

利用上面三种清运操作费用方程作图（C-l 图）（如图 2-4 所示），从图中分析 $l>l_2$ 时，应用移动容器方式直接进行垃圾清运操作较为经济合理，不需设置转动站；当 $l_1<l<l_3$ 时，使用固定容器方式直接清运垃圾，费用合理，因此也不需设置转运站。

2.4.2 转运站类型

转运站可按不同的分类标准进行分类。常用的分类标准包括垃圾转运量大小、装卸方式、运输工具类型等。

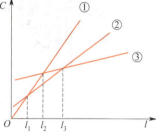

图 2-4 清运操作费用图
①—移动容器方式直接清运操作；
②—固定容器方式直接清运操作；
③—转运站转运操作

（1）按照转运站的垃圾日中转量大小划分

① 小型转运站：日转量 150t 以下；
② 中型转运站：日转量 150～450t；
③ 大型转运站：日转量 450t 以上。

（2）按装卸方式划分

① 直接倾卸装车：垃圾收集车直接将垃圾倒进转运站或集装箱内（不带压实装置）。该类转运站的优点是投资较低，装卸方法简单，设备事故少。缺点是装卸密度较低，运费较高。

② 直接倾卸压实装车：经压实机压实后直接推入大型清运工具。此类转运站装卸垃圾密度较大，能够有效降低运输费用，降低能耗。

③ 贮存待装：垃圾运到转运站后，选卸到贮存槽内或平台上，再装到清运工具上。这种方法优点是对城市垃圾的转运量的变化，特别是高峰期适应性好，即操作弹性好。缺点是需建大的平台贮存垃圾，投资费用较高，而且易受装载机械设备事故影响。

④ 复合型转运站：综合了装车和贮存待装式转运站的特点，这种多用途的转运站比单一用途的转运站更方便于垃圾转运。

（3）运输工具类型划分

① 高低货位方式：利用地形高度差来装卸垃圾，也可用专门的液压台将卸料台升高或大型运输工具下降。如图 2-5～图 2-7 所示。

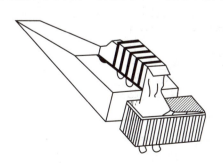

图 2-5 直接倾卸拖挂车

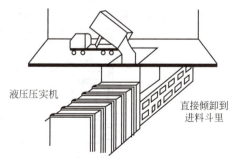

图 2-6 直接倾卸到进料斗里

② 平面传递方式：利用传送带，抓斗等辅助工具进行收集车的卸料和大型清运工具的装料，收集车和大型清运工具停在一个平面上，如图2-8所示。

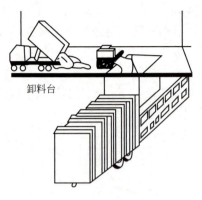

图2-7 高低货位装卸料转运

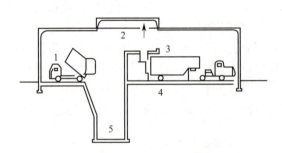

图2-8 抓斗作业传递方式
1—垃圾收集车；2—行车装料斗；3—重型车；
4—拖车装料挤压；5—垃圾池

（4）按大型清运工具不同划分

① 公路转运站：垃圾收集和清运运输工具是汽车等陆路运输车辆，位于公路干线附近。公路转运车辆是最主要的运输的工具，使用较多的公路转运车辆有半拖挂转运车、液压式集装箱转运车（如图2-9所示）。由于集装箱密封好，不散发臭味与溢流污水，故用集装箱收集和转运垃圾是较理想的方法。常用的集装箱收集车载重量为2t，在卡车底盘上安装集装箱装置。

图2-9 液压式集装箱转运车

② 铁路转运站：对于远距离输送大量城市垃圾的情况，特别是在比较偏远地区，公路清运困难，但却有铁路线，且铁路附近有可供填埋的场地时，铁路清运是有效的解决方法。铁路转运站地处铁路干线附近，便于列车进出，省掉了不方便的公路清运，减轻了停车场负担。铁路运输城市垃圾常用的车辆有：设有专用卸车设备的普通卡车，载重量为10～15t；大容量专用车辆，其载重量为25～30t。图2-10为一种铁路转运站示意图。

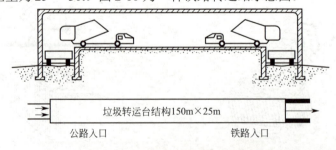

图2-10 铁路垃圾转运站示意图

③ **水路转运站**：通过水路可廉价清运大量垃圾，故也受到人们的重视。水路垃圾转运站需设在河流边，垃圾收集车可将垃圾直接卸入停靠在码头的驳船里，如图 2-11 所示。水路转运站需要设计良好的装卸专用码头。

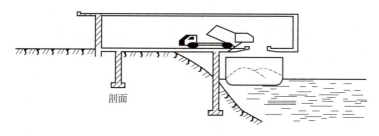

图 2-11 水路垃圾转运站示意图

2.4.3 转运站设置要求

在设置转运站时，要考虑的重要因素包括垃圾储存容量、地址选择、转动站类型、卫生设备、出入口以及其他附属设备，如铲车及布料用胶轮拖拉机、卸料装置、挤压设备和称量用地磅等。另外，转运站设置时，尽可能考虑到将其作为目前或未来某些资源回收利用的场所。

根据《环境卫生设施设置标准》(CJJ 27—2012)，对垃圾转运站设置要求如下：

（1）公路转运站一般要求

公路转运站的设置数量和规模取决于收集车的类型、收集范围和垃圾转运量，一般每 10～15km² 设置一座转运站，一般在居住区或城市的工业、市政用地中设置，其用地面积根据日转运量确定，见表 2-3。

表 2-3 转运站用地标准

转运量/(t/d)	用地面积/m²	附属建筑面积/m²	转运量/(t/d)	用地面积/m²	附属建筑面积/m²
150	1000～1500	100	300～450	3000～4500	200～300
150～300	1500～3000	100～200	>450	>4500	>300

（2）铁路转运站一般要求

当垃圾处理场距离市区路程大于 50km 时，可设置铁路转运站。此类转运站必须设置装卸垃圾的专用站台以及与铁路系统衔接的调度、通信、信号等系统。

（3）水路转运站一般要求

水路转运站设置要有供装卸垃圾、停泊运输船只以及其他必须展开作业所需的岸线。岸线长度应根据日垃圾装卸量、装卸生产率、船只吨位、河道状况等因素确定。其计算公式如下：

$$l = mq + l_{附} \quad (2-22)$$

式中 l——水路转运站岸线长度，m；

　　m——垃圾日装卸量，t；

　　q——岸线折算系数，m/t；

　　$l_{附}$——附加岸线长度，m。

另外，还应有一定的陆上面积用以安排车道、大型装卸机械、仓储、管理等项目的用地。所需陆上面积按岸线规定长度配置。一般规定每1m岸线配备不少于40m²的陆上面积。

（4）环境卫生要求

城市垃圾转运站操作管理不善，常给环境带来不利影响，引起附近居民的不满。故大多数现代化大型垃圾转运站都采用封闭形式，并采取一系列环保措施。

① 转运站周围一般设置防风网罩和其他栅栏，防止碎纸、破布及其他垃圾碎屑和飞尘等随风飘散到周围环境，造成负面影响。

② 转运站平时贮存的垃圾，要采取有效措施，避免垃圾飘尘及臭气污染周围环境。

③ 转运站内部运行严格按照相应的环境安全规范程序进行组织和管理，例如垃圾进出要严格管理，认真检查车辆是否得当，还有工人在进行操作作业时必须穿工作服、戴防尘面罩等。

④ 转运站一般均设有防火设施，以免垃圾长期堆放引发火灾。

⑤ 转运站要有防止垃圾产生的残液渗入地下的防渗处理等卫生设施，防止地下水遭到污染和破坏。

⑥ 转运站应采用多种预防措施，减小垃圾装卸机械、运输车辆等工作时的噪声，防止对周围居民生活形成噪声危害。

⑦ 转运站应最大限度地减少对周围环境造成的负面影响，采取综合防治污染措施。

⑧ 转运站应注重站内的绿化，绿化面积应达到10%～20%，充分实现与周围环境和谐共处。

2.4.4 转运站选址要求

转运站位置的合理与否，直接关系到其效能是否能最大限度发挥和对周围环境的影响。转运站选址，既要满足环境卫生要求，还要尽可能地降低垃圾中转过程的费用。转运站选址要注意的事项如下。

① 转运站选址要综合考虑各个方面的要求，科学合理地进行规划设置。

② 转运站应尽可能设置在城市垃圾收集中心或垃圾产量比较多的地方。

③ 转运站最好位于对城市居民身体健康和环境卫生危害和影响较少的地方，例如离城市水源地和公众生活区不能太近。

④ 转运站应尽可能靠近公路、水路干线等交通方便的地方，以方便垃圾进出，减少运输费用。

⑤ 转运站最好位于便于垃圾中转收集输送，运作能耗最经济的地方。

⑥ 转运站选址应考虑便于废物回收利用及能源生产的可能性。

2.4.5 转运站工艺设计计算

转运站的工艺设计是关乎其功能能否充分合理发挥的关键因素之一，要根据中转的垃圾量、中转周期、垃圾类型以及地方经济等实际情况进行设计。

假定某转运站要求：①采用挤压设备；②高低货位方式装卸垃圾；③机动车辆清运。其工艺设计如下。

清运车在货位上的卸料台卸料,倾入低货位上的压缩机漏斗内,然后将垃圾压入半拖挂车内,满载后由牵引车拖运。

根据该工艺与服务区的垃圾量,可计算应建造多少高低货位卸料台和配备相应的压缩机数量,需合理使用多少台牵引车和半拖挂车数量。

① 卸料台数量(A) 该垃圾转运站每天的工作量可按下式计算。

$$E = \frac{MW_a k_1}{365} \tag{2-23}$$

式中　E——每天的工作量,t/d;
　　　M——服务区的居民人数,人;
　　　W_a——垃圾年产量,t/(人·a);
　　　k_1——垃圾产量变化系数(参考值1.15)。

一个卸料台工作量的计算公式如下。

$$F = \frac{t_1}{t_2 k_1} \tag{2-24}$$

式中　F——卸料台1d接受清运车数量,辆/d;
　　　t_1——转运站1d的工作时间 min/d;
　　　t_2——一辆清运车的卸料时间,min/辆;
　　　k_1——清运车到达的时间误差系数。

则所需卸料台数量如下。

$$A = \frac{E}{WF} \tag{2-25}$$

式中　W——清运车的载重量,t/辆。

② 每一个卸料台配备一台压缩设备,因此,压缩设备数量(B)为

$$B = A \tag{2-26}$$

③ 牵引车数量(C)。为一个卸料台工作的牵引车数量,计算公式如下。

$$C_1 = \frac{t_3}{t_4} \tag{2-27}$$

式中　C_1——牵引车数量;
　　　t_3——清运车辆往返的时间,h;
　　　t_4——半拖挂车的装料时间,h。其中半拖挂车装料时间的计算公式为

$$t_4 = t_2 n k_4 \tag{2-28}$$

式中　n——一辆半拖挂车的清运车数量;
　　　k_4——半拖挂车装料的时间误差系数。

因此,该转运站所需的牵引车总数(C)为

$$C = C_1 A \tag{2-29}$$

④ 车数量(D)。半拖挂是轮流作业,一辆车满载装料,故半拖挂的总数为

$$D = (C_1 + 1)A \tag{2-30}$$

复习思考题

1. 固体废物的收集原则是什么？其收集方法有哪几种？
2. 试述城市生活垃圾的收集方法。
3. 如何选择固体废物的包装容器？
4. 固体废物在运输过程中应注意什么？
5. 生活垃圾的收集方式有哪些？各有何特点？
6. 生活垃圾的收集系统包括哪几种？各有何特点？
7. 你所在城市生活垃圾的收集采用了哪种方式？请简单论述。
8. 转运站设计应考虑哪些因素？
9. 转运站选址时应注意哪些事项？

3 固体废物的预处理

知识目标

1. 掌握固体废物压实的目的。
2. 掌握固体废物破碎的目的。
3. 掌握筛分效率的定义。
4. 掌握重力分选、磁力分选、电力分选的原理。
5. 掌握浮选中常用的药剂种类。
6. 了解固体废物中水分的分类。

能力目标

1. 能选择合适的压实器。
2. 能比较低温破碎与常温破碎的区别。
3. 能分析气浮浓缩法的优、缺点。

素质目标

1. 培养学习者的生态环境意识。
2. 培养学习者的固体废物资源化意识。
3. 培养学习者分析、解决问题时实事求是的精神和创新意识。

阅读材料

低温破碎

低温破碎是指将冷却到脆化点温度的物质在外力作用下破碎成粒径较小的颗粒或粉体的过程。低温破碎技术可以保证被粉碎物质如天然产物，在粉碎过程中组织成分不受破坏。

低温破碎技术并非新技术，早在1948年便已经实现工业化，在废橡胶、塑料、食物等的回收利用方面已有相当长的研究历史，并具备较为成熟的技术和工艺。但将低温破碎应用在废电路板回收中是近十年来才开始的，国外在这方面已具有一定的实践经验。如德国某研究中心的废电路板机械处理工艺，尽管增加了

> 液氮的投入，但由于金属回收率较高以及对塑料进行了再利用，这个工艺仍能获得较好的经济效益。此外，美国某公司的低温研磨系统，可以将坚韧物料在低温下脆化后粉碎至粒径0.075mm，令金属与非金属完全解离。我国低温破碎废电路板的研究刚刚开始。引进国外先进技术和设备不但需要大量资金，而且由于国情不同，如废物处理费用和液氮费用不同，即使引进国外设备后在运行费用上也未必可行，在工艺路线及选用设备上都需要进行不同程度的调整。因此，开展低温破碎工艺研究十分必要而且有意义。

固体废物的预处理，是指为了便于运输、贮存、进一步利用或处置，而对废物采取的初步简单处理，一般都是采用物理处理的方法。常用的**预处理方法**有**压实**、**破碎**、**分选**、**增稠**、**脱水**等。

3.1 固体废物的压实

3.1.1 压实的原理和目的

收集来的固体废物大多数是处于自然堆放状态的蓬松集合体，没有一定的形状，其表观体积由废物颗粒体积和颗粒间的空隙体积共同构成，比较庞大。为了便于装卸、运输、贮存和填埋，可对固体废物进行压实处理。

固体废物的压实亦称压缩，是利用机械的方法对固体废物施加压力，使废物颗粒变形或破碎，挤除颗粒间隙，减小固体废物的空隙率，从而减小表观体积的处理方法。

适于压实处理的固体废物主要是可压缩性能大而复原性小的物质。对于那些已经很密实或硬度较高，足以使压实设备损毁的废物，如大块木材、金属、玻璃以及塑料等，则不宜进行压实处理。某些可能引起操作问题的废物，如焦油、污泥、易燃易爆品等，也不宜采用压实处理。

固体废物经过压实处理后，体积减小的程度叫**压实比**，或压缩比。废物的压实比取决于废物的种类和施加的压力。一般压实比为3～5。同时采用破碎和压实两种技术可使压实比增加到5～10。

目前，压实处理普遍应用于加工业排出的碎小下脚料，如金属细丝、金属碎片、刨花、碎纸、纤维等，此类压实设备的商品名称，也常称为打包机。在城市垃圾压实处理方面，垃圾压实器、压缩式垃圾车等使用很普及，压缩的目的主要是满足运输方便的要求。压缩处理已成为处理城市垃圾的一种普遍应用方法，甚至还生产有小型家用压实器，用于压实家庭生活垃圾。

一种高压压缩技术，可对垃圾进行三次压缩，最后一次的压力为2.5MPa，制成垃圾块的密度达1100～1400kg/m³，较一般压缩法高一倍。在高压压缩过程中，由于挤压和升温，垃圾块的BOD_5可从6000mg/kg降到200mg/kg，COD可从8000mg/kg降到150mg/kg。由于高压垃圾块呈均匀密实的类塑料惰性结构，在自然暴露三年之后检验，它没有任何可见的降解痕迹，因此，可以很方便地在其上面覆盖薄土层，将填埋场另做他用，而不必进行其他处理或等其沉降稳定。另外，由于高压压缩可大幅度地减少垃圾的体积，因此也将大大节省填埋用地。

3.1.2 压实设备

固体废物的压实设备种类很多，外观形状和大小千差万别，但其构造和工作原理大体相同，主要由容器单元和压实单元两部分组成。前者负责接受废物原料；后者在液压或气压的驱动下，依靠压头将废物压实。

根据使用场所不同，压实设备可分为固定式和移动式两类。固定式压实器一般设在工厂内部、废物转运站、高层住宅垃圾滑道的底部等场合；移动式压实器一般安装在收集垃圾的车上，接受废物后即进行压实，随后送往处置场地。在实际选用压实设备时，常根据设备适用于哪种物质的压实，将其分为：金属压实器（打包机）、非金属压实器（打包机）、城市垃圾压实器等。

（1）金属类废物压实器

金属类废物压实器主要有三向联合式和回转式两种。

① **三向联合式压实器**。图3-1是适合于压实松散金属废物的三向联合式压实器。它具有三个互相垂直的压头，金属废物等被置于容器单元内，而后依次启动1、2、3三个压头，逐渐使固体废物的空间体积缩小，容积密度增大，最终达到一定尺寸。压后长、宽、高尺寸一般为200～1000mm。

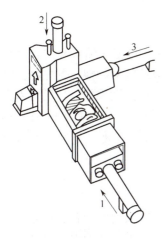

图3-1 三向联合式压实器

② **回转式压实器**。图3-2是回转式压实器的示意图。废物装入容器单元后，先按水平式压头1的方向压缩，然后按箭头的运动方向驱动旋动压头2，最后按水平压头3的运动方向将废物压至一定尺寸排出。

非金属类压实器主要是在材质和压力大小方面与金属类压实器有所差别，在此不再赘述。

（2）城市垃圾压实器

城市垃圾压实器与金属类废物压实器构造相似，常采用三向联合式压实器及水平式压实器，其中以水平式压实器更为普遍。城市垃圾在压缩时可能会产生污水、有机物腐败等现象，因此，对城市垃圾压实器，一般

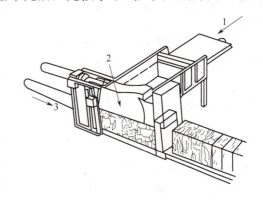

图3-2 回转式压实器

都要考虑其密封性能和压实器的表面处理（如金属表面的酸洗磷化、四周涂覆沥青）等问题，以免造成二次污染或影响压实器的使用寿命。

① **高层住宅垃圾压实器**。图3-3是这种压实器工作的示意图，图3-3（a）为压缩循环开始状态，从滑道中落下的垃圾进入料斗；图3-3（b）为压臂全部缩回处于起始状态，垃圾充入压缩室内；图3-3（c）为压臂全部伸展状态，将压缩室内的垃圾压入容器中，随着垃圾不断地被压入容器，最后在容器中压实，将压实的垃圾装入袋内。

从高层住宅垃圾压实器的工作原理来看，它应属于水平式压实器。

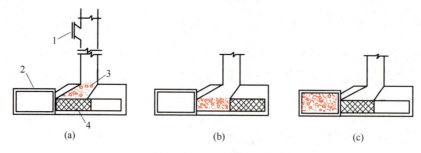

图 3-3　高层住宅垃圾压实器

1—垃圾投入口；2—容器；3—垃圾；4—压臂

② **压缩式生活垃圾收集机**。压缩式生活垃圾收集机主要部件包括压缩机和密封垃圾箱两部分，并且一个压缩机可配若干个垃圾箱。其原理与住宅垃圾压实器相似，首先将压缩机与一个垃圾箱连接闭合好，将垃圾倒入收集机的料斗内，由压缩机带动推板将垃圾推入密封垃圾箱内，压满后开启压缩机与垃圾箱的连接，拉走垃圾箱，用另一个空的垃圾箱连接闭合。

③ **压缩式垃圾车**。一般是在其可封闭垃圾箱内的前部，装置一个液压推板，通过液压来压缩已装入的垃圾和卸料。

3.1.3　压实流程

压实是固体废物预处理方法之一，压实后最明显、最直接的效果是便于存放和运输。是否选用压实处理以及压实程度如何，都要根据具体情况而定，要利于后续处理。如果垃圾压实后会产生水分，不利于风选分离其中的纸张，则不应进行压实处理；对于要分类处理的混合收集垃圾一般也不过分压实。如果对垃圾只做填埋处理，深度压实无疑是一种最应重视的处理方法。

美国、日本等国家对城市垃圾进行压缩填埋处理的应用比较广泛，其主要工艺流程为：首先将垃圾装入四周垫有铁丝网的容器，送入压缩机压缩，然后将压缩后的垃圾块浸入熔融的沥青浸渍池中，涂浸沥青防漏，待涂浸好的压块冷却固化后，再将垃圾块用运输皮带装车运往垃圾填埋场。压缩产生的污水经油水分离器进入活性污泥处理系统，处理后的水灭菌排放。

3.1.4　压实器的选择

在选择压实器时，首先根据被压实物的性质选择压实器的种类；其次，压实器的性能参数应能满足实际压缩的具体要求。压实器主要有以下性能参数。

（1）**装载面尺寸**

装载面的尺寸应足够大，以便容纳用户所产生的最大件的废物。如果压实器的容器用垃圾车装填，为了操作方便，就要选择至少能够处理一满车垃圾的压实器。

（2）**循环时间**

循环时间是指压头的压面从装料箱把废物压入容器，然后再回到原来完全缩回的位置，准备接受下一次装载废物所需要的时间。循环时间变化范围很大，通常为 20～60s。如果希望压实器接受废物的速度快，则要选择循环时间短的压实器。

（3）压面压力

压面压力通常根据某一具体压实器的额定作用力这一参数来确定。额定作用力作用在压头的全部高度和宽度上。

（4）压面的行程

压面的行程是指压面压入容器的深度，压头进入压实容器中越深，装填就越有效越干净。为防止废物返回装载区，要选择行程长的压实器。

（5）体积排率

体积排率，也称处理率，它等于压头每次压入容器的可压缩废物体积与每小时机器的循环次数的乘积。通常要根据废物产生率来确定。

另外，选择压实器时，还要考虑压实器与容器相匹配问题，与预计使用场所相适应的问题等。

3.2 固体废物的破碎

3.2.1 破碎的原理和目的

固体废物的破碎是指利用外力克服固体废物质点间的内聚力而使大块固体废物分裂成小块的过程。固体废物破碎的目的如下。

① 使固体废物的容积减小，便于压缩、运输和贮存，高密度填埋处置时，压实密度高而均匀，可以加快覆土还原。

② 使固体废物中连接在一起的异种材料等单体分离，提供分选所要求的入选粒度，从而有效地回收固体废物中有用成分。

③ 使固体废物均匀一致、比表面积增加，可提高焚烧、热分解、熔融等作业的稳定性和热效率。

④ 防止粗大、锋利的固体废物损坏分选、焚烧和热解等设备或炉膛。

⑤ 为固体废物的下一步加工作准备。例如，煤矸石的制砖、制水泥等，都要求把煤矸石破碎到一定粒度以下，以便进一步加工制备。

3.2.2 固体废物的机械强度

固体废物的机械强度是指固体废物抗破碎的阻力。通常用静载下测定的抗压强度、抗拉强度、抗剪强度和抗弯强度来表示。其中抗压强度最大，抗剪强度次之，抗弯强度较小，抗拉强度最小。一般以固体废物的抗压强度为标准来衡量。抗压强度大于 250MPa 者为坚硬固体废物；40～250MPa 者为中硬固体废物；小于 40MPa 者为软固体废物。

固体废物的机械强度与废物颗粒的粒度有关，粒度小的废物颗粒，其宏观和微观裂缝比大粒度颗粒要小，因而机械强度较高。

在实际工程中，鉴于固体废物的硬度在一定程度上反映废物破碎的难易程度，因而可以用废物的硬度表示其可碎性。

矿物的硬度可按莫氏硬度分为十级，其软硬排列顺序如下：①滑石；②石膏；③方解石；④萤石；⑤磷灰石；⑥长石；⑦石英；⑧黄玉石；⑨刚玉；⑩金刚石。各种固体废物的硬度可通过与这些矿物相比较来确定。

另一种方法是按物料在破碎时的性状分为最坚硬物料、坚硬物料、中硬物料和软质物料四种，如表 3-1 所示。

表 3-1　各种硬度物料的分类

软质物料	中硬物料	坚硬物料	最坚硬物料
石棉矿	石灰石	铁矿石	花岗岩
石膏矿	白云石	金属矿石	刚玉
板石	砂岩	电石	碳化硅
软质石膏板	泥灰石	矿渣	硬质熟料
烟煤	岩盐	烧结产品	烧结镁砂
褐煤		韧性化工原料	
黏土		砾石	

3.2.3　破碎的方法

根据破碎固体废物所用的外力，即消耗能量的形式可分为机械能破碎和非机械能破碎两种方法。**机械能破碎**是利用破碎工具对固体废物施力而将其破碎，常用的方法如图 3-4 所示。**非机械能破碎**是利用电能、热能等对固体废物进行破碎的新方法，如低温破碎、热力破碎、减压破碎及超声波破碎等。

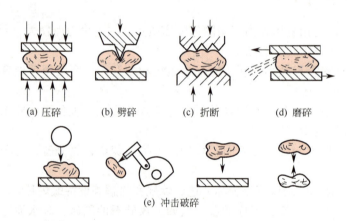

图 3-4　破碎方法示意

选择破碎方法时，需视固体废物的机械强度，特别是废物的硬度而定。一般说来，对于脆硬性废物，如各种废石、废渣等多采用挤压、劈裂、弯曲、冲击和磨碎的方法；对于柔硬性废物，如废钢铁、废汽车、废塑料等多用剪切和冲击破碎；对于含有大量废纸的城市垃圾，近年来有些国家采用湿式和半湿式方法破碎取得了较好效果；对于粗大固体废物，一般先剪切或压缩成型后，再送入破碎机破碎处理。

用于实际生产的破碎设备一般都是综合有两种或两种以上的破碎方法，它们联合作用对固体废物进行破碎。例如，锤式破碎机既有冲击破碎，还有挤压破碎、摩擦破碎。以下结合几种常用的破碎设备进一步介绍破碎的方法。

3.2.4　破碎比、破碎段与破碎流程

（1）破碎比与破碎段

在破碎过程中，原废物粒度与破碎产物粒度的比值称为**破碎比**。破碎比表示废物粒度在破碎过程中减小的倍数。即表征废物被破碎的程度。破碎比的计算方法有以下两种。

① **极限破碎比**：用废物破碎前的最大粒度（D_{max}）与破碎后最大粒度（d_{max}）的比值来

确定破碎比（i）。

$$i=D_{max}/d_{max} \tag{3-1}$$

极限破碎比在工程设计中常被采用。根据最大块直径来选择破碎机给料口宽度。

② **真实破碎比**：用废物破碎前的平均粒度（D_{cp}）与破碎后平均粒度（d_{cp}）的比值来确定破碎比（i）。

$$i=D_{cp}/d_{cp} \tag{3-2}$$

真实破碎比能较真实地反映破碎程度，所以，在科研及理论研究中常被采用。

一般破碎机的平均破碎比值为 3～30；磨碎机的破碎比值可达 40～400。

固体废物每经过一次破碎机或磨碎机称为一个破碎段。若要求的破碎比不大，一段破碎即可满足。但对浮选、磁选、电选等工艺来说，由于要求的入选粒度很细，破碎比很大，往往需要把几台破碎机依次串联，或根据需要把破碎机和磨碎机依次串联组成破碎和磨碎流程。对固体废物进行多次破碎。其总破碎比等于各段破碎比（i_1，i_2，…，i_n）的乘积，即

$$i=i_1 i_2 i_3 \cdots i_n \tag{3-3}$$

破碎段数是决定破碎工艺流程的基本指标，它主要决定破碎废物的原始粒度和最终粒度。破碎段数越多，破碎流程就越复杂，工程投资相应增加，因此，在可能的条件下，应尽量采用一段或两段破碎流程。

（2）破碎流程

根据固体废物的性质、粒度大小，要求的破碎比和破碎机的类型，每段破碎流程可以有不同的组合方式，其基本工艺流程如图 3-5 所示。

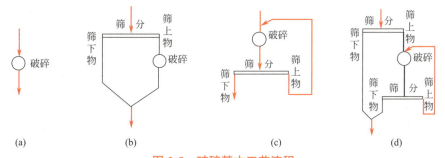

图 3-5　破碎基本工艺流程

（a）单纯破碎工艺；（b）带预先筛分破碎工艺；（c）带检查筛分破碎工艺；（d）带预先筛分和检查筛分破碎工艺

由图 3-5 可以看出，破碎机常和筛子配用组成破碎流程。

① 单纯的破碎流程［见图 3-5（a）］。具有流程和破碎机组合简单、操作控制方便、占地面积少等优点，但只适用于对破碎产品粒度要求不高的场合。

② 带有预先筛分的破碎流程［见图 3-5（b）］。其特点是预先筛除废物中不需要破碎的细粒，相对地减少了进入破碎机的总给料量，同时有利于节能。

③ 带有检查筛分的后两种破碎流程［见图 3-5（c）、（d）］。其特点是能够将破碎产物中一部分大于所要求的产品粒度颗粒分离出来，送回破碎机进行再破碎，因此，可获得全部符合粒度要求的产品。

3.2.5　破碎设备

破碎固体废物常用的破碎机类型有颚式破碎机、锤式破碎机、剪切式破碎机和球磨机等。

(1) 颚式破碎机

颚式破碎机是一种较古老的破碎设备，但它具有结构简单、坚固、维护方便、工作可靠等优点，所以至今仍然广泛应用于很多行业。在固体废物破碎处理中，主要用于破碎强度及韧性高、腐蚀性强的废物。既可用于粗碎，也可用于中、细碎。

颚式破碎机根据可动颚板的运动特性，可分为简单摆动式和复杂摆动式两种类型。

① **简单摆动颚式破碎机**　图3-6是简单摆动颚式破碎机工作原理示意图。皮带轮带动偏心轴旋转时，偏心顶点牵动连杆上下运动，也就牵动前后肘板作舒张及收缩运动，从而使动颚板作简单摆动，时而靠近固定颚，时而又离开固定颚。动颚靠近固定颚时就对破碎腔内的物料进行压碎、劈碎及折断。破碎后的物料在动颚后退时靠自重从破碎腔内落下。

② **复杂摆动颚式破碎机**　图3-7为复杂摆动颚式破碎机的工作原理示意图。从图中可以看出，复杂摆动颚式破碎机比简单摆动颚式破碎机结构简单，动颚与连杆合为一个部件，直接悬挂在偏心轴上，肘板也只有一块。偏心轮旋转时，直接带动动颚，动颚在水平方向有摆动，同时在垂直方向也运动，是一种复杂运动，故称复杂摆动颚式破碎机。

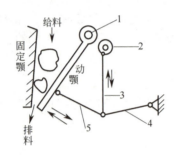

图3-6　简单摆动颚式破碎机工作原理示意

1—心轴；2—偏心轴；3—连杆；4—后肘板；5—前肘板

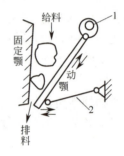

图3-7　复杂摆动颚式破碎机工作原理示意

1—偏心轴；2—肘板

复杂摆动颚式破碎机的优点是它的破碎产品较细，破碎比大（一般可达4～8，简单型只能达3～6）。规格相同时，复杂摆动式要比简单摆动式破碎能力高20%～30%。

(2) 锤式破碎机

锤式破碎机是最普通的一种工业破碎设备，大多是旋转式，有一个电动机带动的大转子，转子上铰接着一些重锤，重锤以铰链为轴转动，并随转子一起旋转。图3-8是锤式破碎机的结构原理示意图。固体废物自上部给料口进入破碎机内，立即受到高转速的重锤冲击作用被打碎，并被抛射到破碎板上，通过颗粒与破碎板之间的冲击作用、颗粒与颗粒之间的摩擦作用以及锤头引起的剪切作用，使废物进一步破碎。破碎物料中小于筛孔尺寸的细粒通过筛板排出；大于筛孔尺寸的粗粒被阻留在筛板上，并继续受到锤子的打击、剪切和研磨等作用破碎，直

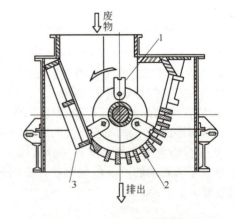

图3-8　锤式破碎机结构原理示意

1—锤头；2—筛板；3—破碎板

到颗粒小于筛孔尺寸，通过筛板排出。

锤式破碎机主要用于破碎中等硬度且腐蚀性弱的固体废物，如矿业废物、硬质塑料、干燥木质废物以及废弃的金属家用器物等。目前专门用于破碎固体废物的锤式破碎机有如下几种。

① BJD 型普通锤式破碎机　主要用于破碎废旧家具、厨房用具、床垫、电视机、冰箱、洗衣机等大型废物，可以破碎到粒径 50mm 左右，不能破碎的废物从旁路排除。

② BJD 型破碎金属切屑锤式破碎机　它的特点是锤子呈钩形，主要通过钩形锤子剪切、拉撕等作用而破碎。对金属切屑破碎效果比较理想。

③ Hammer Mills 型锤式破碎机　机体由压缩机和锤碎机两部分组成，大型废物先经压缩机压缩，再送入锤碎机破碎。主要用于破碎汽车等粗大的固体废物。

④ Novorotor 型双转子锤式破碎机　具有两个旋转方向的转子，转子下方装有研磨板，给料口在右侧，破碎后的细粒借风力从上部排除。该机的破碎比较大，可达 30。

（3）剪切式破碎机

剪切式破碎机是通过固定刀和可动刀（往复式刀或旋转式刀）之间的作用，将固体废物切开或割裂成适宜的形状和尺寸，特别适合破碎低二氧化硅含量的松散废物。常用的剪切式破碎机有如下几种。

① Von Roll 型往复剪切破碎机　该破碎机结构如图 3-9 所示，其往复刀和固定刀交错排列，通过下端活动铰轴连接，当处于打开状态时，从侧面看，往复刀和固定刀呈 V 形，好像一把无柄的大剪刀。大型废物从上部投入后，透过液压装置缓缓将往复刀推向固定刀啮合（往复刀到达图 3-9 中虚线位置），将废物剪切成碎片（块）。该机具有自动保护功能，如果破碎阻力超过规定的最大值时，破碎机自动开启，以免损坏刀具。

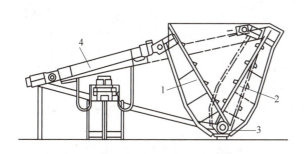

图 3-9　往复剪切式破碎机工作原理示意
1—往复刀；2—固定刀；3—铰轴；4—液压装置

图 3-10　旋转剪切式破碎机工作原理示意
1—旋转刀；2—固定刀

该机可剪切厚度在 200mm 以下的普通型钢，适用于城市垃圾焚烧厂的废物破碎，处理量可达 150m³/h。

② Lindemann 型剪切破碎机　该机分为预压机和剪切机两部分，固体废物送入后先压缩，再剪切。剪切长度可由推杆控制。

③ 旋转剪切式破碎机　图 3-10 是旋转剪切式破碎机工作原理示意图。这种破碎机一般有 3～5 个可旋转刀和 1～2 个固定刀。送入的废物，被夹在可旋转刀和固定刀之间的间隙内而被剪切破碎。该机的缺点是当混进硬度大的杂质时，此机易发生操作事故。

(4)球磨机

图 3-11 是球磨机的构造示意图。主要由圆柱形筒体、端盖、中空轴颈、轴承和传动大齿圈等部件组成。筒体内装有直径为 25～150mm 钢球，其装入量为整个筒体有效容积的 25%～50%。筒体两端的中空轴颈有两个作用：一是起轴颈的支撑作用，使球磨机全部重量经中空轴颈传给轴承和机座；二是起给料和排料的漏斗作用。

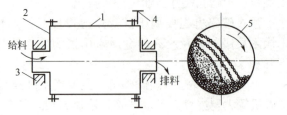

图 3-11　球磨机的构造示意

1—固体；2—端盖；3—轴承；4—大齿轮；5—传动大齿圈

电动机通过联轴器和小齿轮带动大齿圈和筒体缓缓转动。当筒体转动时，在摩擦力、离心力和衬板共同作用下，钢球和物料被衬板提升，当提升到一定高度后，在钢球和物料本身重力作用下，产生自由泻落和抛落，从而对筒体内底角区内的物料产生冲击和研磨作用，使物料粉碎。物料达到磨碎细度要求后，由风机抽出。

磨碎在固体废物处理与利用中占有重要的地位，尤其是在固体废物利用深加工方面的应用更是普及。

3.2.6　低温破碎

（1）低温破碎的原理和流程

对于在常温下难以破碎的固体废物可利用其低温变脆的性能而有效地破碎。同时还可利用不同物质脆化温度的差异进行选择性破碎，这就是低温破碎技术。

例如，对混合有聚氯乙烯、聚乙烯、聚丙烯等的塑料废物进行处理时，研究发现，聚氯乙烯（PVC）的脆化点为 -20～-5℃，聚乙烯（PE）的脆化点为 -135～-95℃，聚丙烯（PP）的脆化点为 -20～0℃，只需控制适宜温度，就可以将它们分别破碎，并进行分选回收。

低温破碎通常采用液氮作制冷剂，因为液氮制冷温度低、无毒、无爆炸危险。但制造液氮需消耗较多能源，成本较高，所以，低温破碎的对象仅限于常温破碎难处理的废物，如橡胶、塑料等。

低温破碎工艺流程如图 3-12 所示，将准备低温破碎的固体废物投入到预冷装置预冷，再进入浸没冷却装置，迅速冷却脆化，然后送入高速冲击破碎机破碎，使易脆物质脱落粉碎。破碎产物再进入各种分选设备进行分选。

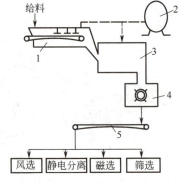

图 3-12　低温破碎工艺流程

1—预冷装置；2—液氮贮槽；3—浸没冷却装置；4—高速冲击破碎机；5—皮带运输机

（2）低温破碎的优点及应用

低温破碎与常温破碎相比有许多明显的优点，列举如下。

① 动力消耗减到 1/4 以下，噪声约降低 7dB，振动约减轻 1/5～1/4。

② 破碎后的同一种物料均匀，尺寸大体一致，形状好，便于分离。

③ 复合材料经过低温破碎后，分离性能好，资源的回收率和回收的材质的纯度都比较高。

④ 对于极难破碎的并且塑性极高的氟塑料废物，采用液氮低温破碎，能够获得碎块和粉末。

限于破碎成本及技术等原因，目前低温破碎应用并不很普及，主要应用有：①从有色金属混合物、废轮胎、包覆电线等废物中回收铜、铝、锌；②塑料低温破碎；③汽车轮胎等。

3.2.7 湿式破碎

（1）湿式破碎原理

湿式破碎是为回收城市垃圾中的大量纸类而发展起来的一种破碎技术，它是将含纸垃圾投入到特制的破碎机内和大量水流一起剧烈搅拌、破碎，使之成为浆液的过程（进一步可从浆液中回收纸纤维）。由于这种破碎方法中有大量的水，故称之为湿式破碎，所使用的特制破碎机称为湿式破碎机。

图3-13是湿式破碎机工作原理示意图，破碎机圆形槽底设有许多筛孔，筛上的叶轮装有六只破碎刀。含纸垃圾用传送带投入破碎机内，在水流和破碎刀的剧烈回旋搅拌下，破碎成浆状，浆体由底部筛孔流出（进一步分离残渣，回收纸浆）；难以破碎的筛上物（如金属、陶瓷等）从机器的侧口排出，再用斗式提升机送到装有磁选器的皮带运输机上，将铁和非铁类物质分开。

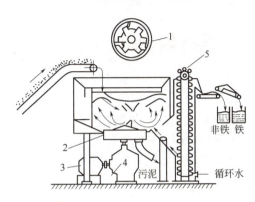

图3-13 湿式破碎机工作原理示意
1—叶轮；2—筛；3—电动机；4—减速机；5—提升机

为了降低湿式破碎的处理成本，一般要在处理前对垃圾进行分选，提高垃圾中纸的含量，或用于回收的废纸类处理。

（2）湿式破碎的优点

① 使含纸垃圾变成均质浆状物，可按流体处理。
② 废物在液相中处理，不会孳生蚊蝇，不会挥发臭味，比较卫生。
③ 操作过程噪声低，无爆炸和粉尘等危害。
④ 既适合于回收垃圾中的纸类、玻璃以及金属材料，也可推广到其他化学物质、矿物等处理中。

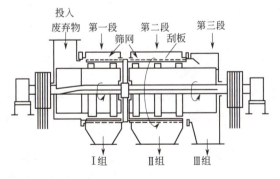

图3-14 半湿式选择性破碎机的结构和工作原理示意

3.2.8 半湿式选择性破碎分选

（1）半湿式选择性破碎分选原理

半湿式选择性破碎分选是一种破碎和分选同时进行的分选技术。它利用各种物质在一定湿度下的强度、脆性（耐冲击性、耐压缩性、耐剪切力）不同，而将其分别破碎成不同粒度，并根据粒度进行分选的处理方法。

图3-14是半湿式选择性破碎机的结构和工作原理示意图。该机分为三段，前两段装有不同筛孔的外旋转滚筒筛和筛内与之反向旋转的破碎板，第三段无筛板和破碎板。垃圾进入圆筒筛首端，并随筛壁上升而后在重力作用下抛落，同时被反向旋转的破碎板撞击，垃圾中的玻璃、陶瓷等脆性物质被破碎成细粒碎片，通过第一段筛网排出，剩余垃圾进

入第二段筒筛，此段喷射水分，中等强度的纸类被破碎板破碎，从第二段筛孔排出。最后剩余的垃圾如金属、塑料、橡胶、木材、皮革等从第三段排出。

（2）半湿式选择性破碎分选的特点
① 能使城市垃圾在一台设备中同时进行破碎和分选作业。
② 可有效地回收垃圾中的有用物质。
③ 对进料的适应性好，易破碎的废物首先破碎并及时排出，不会产生过度粉碎现象。
④ 动力消耗低，处理费用低。

3.3 固体废物的分选

固体废物的分选，就是将混合废物中可回收利用的与不利于后续处理、处置工艺要求的不同成分分离开来，以便于分别进行相应的处理、处置。一般是根据物质的粒度、密度、磁性、电性、光电性、摩擦性、弹性以及表面润湿性等性质的差异，采用相应的手段进行分选。根据所利用的性质，分选方法可分为筛分、重力分选、磁力分选、电力分选、浮选、光电分选、摩擦分选、弹性分选等，其中以前五类分选方法的应用较为普遍，本书重点介绍。

3.3.1 筛分

（1）筛分原理与筛分效率

筛分是利用筛子将松散的固体废物分成两种或多种粒度级别的分选方法。在筛分时，通过物料与筛面的相对运动，使筛面上的物料松散开，并按颗粒大小分层，粗粒位于上层，细粒位于下层，小于筛孔的细粒到达筛面并透过筛孔，而大于筛孔的粗粒留在筛面上，从而使粗、细物料分离开。

由于实际筛分过程中受各种因素的影响，总会有一些小于筛孔的细颗粒留在筛上随粗颗粒一起排出，成为筛上产品，而影响分离效果。通常用筛分效率来描述筛分过程的分离程度。所谓筛分效率是指筛下物的质量与入筛原料中所含的小于筛孔尺寸颗粒物的质量之比，用百分数 E 表示，即

$$E = \frac{Q_1}{Q} \times 100\%$$

式中　Q_1——筛下物的质量；
　　　Q——入筛原料中所含的小于筛孔尺寸颗粒物的质量。

影响筛分效率的因素有很多，主要可以归纳为三个方面。

① **固体废物的性质**　固体废物的粒度组成对筛分效率影响较大。废物中"易筛粒"（粒度小于筛孔尺寸 3/4）的颗粒含量越多，筛分效率越高；而"难筛粒"（粒度大于筛孔尺寸的 3/4）的颗粒含量越多，筛分效率越低。

废物的含水率和含泥量对筛分效率也有一定的影响。废物的外表水分会使细粒结团或附着在粗粒上而不宜过筛，含水率比较高时，颗粒之间的凝聚力反而下降，颗粒团聚体松散成单体颗粒，使筛分效率提高。当含泥量高时，稍有水分就易使细粒结团。

废物的颗粒形状，对筛分效率也有影响。多面和球形颗粒最易筛分，片状或条状颗粒，它们容易在筛子振动时，转到物料上层，故而难以通过方形或圆形筛孔的筛子，但较易透过长方形筛孔的筛子。

② **筛分设备的性能** 筛网的类型及筛孔的影响。以编织筛网的筛分效率为最高,其次是冲孔筛,再次是棒条筛。筛孔的形状,一般是方形筛孔比圆形筛孔的筛分效率要高,但当筛分粒度较小且水分较高时,宜采用圆形筛孔的筛网,以避免方形孔的四角附近发生颗粒粘连。

筛子的运动方式对筛分效率有较大的影响,同一种固体废物采用不同类型的筛子进行筛分时,其筛分效率见表3-2。

表 3-2 不同类型筛子的筛分效率

筛子类型	固定筛	滚筒筛	惯性振动筛	共振筛
筛分效率/%	50~60	60	70~80	90以上

筛面大小、形状和倾角也对筛分效率有明显的影响。筛面的大小主要影响筛子的处理能力,在一定负荷时,过窄的筛面会使废物层厚度增加,不利于细粒接近筛面;过宽的筛面会导致筛面长度太短,筛分的时间不够,同样会使筛分效率不高。通常筛面长度与宽度之比为2.5~3。筛面倾角是为了便于筛上产品的排出,如果倾角过小,起不到此作用;倾角过大,废物排出速度过快,筛分时间短,致使筛分效率降低。一般筛面倾角以15°~25°为宜。

③ **筛子操作条件** 在筛分操作中应注意连续均匀给料,使物料沿整个筛面宽度铺成一薄层,既充分利用筛面,又便于细粒透筛,可以提高筛子的处理能力和筛分效率。同时要注意控制筛子的运动强度,如果筛子运动强度不足时,筛面上的物料不易松散和分层,细粒不易透筛,筛分效率就不高;但运动强度过大又会使废物很快通过筛面排出,筛分效率也不高。另外还要及时清理和维修筛面。

(2) 筛分设备

在固体废物处理方面最常用的筛分设备有以下几种。

① **固定筛** 固定筛是由一组平行排列的钢制筛条组成,可以水平安装或倾斜安装。由于结构简单,不需动力,设备费用低,维修简单,所以在固体废物处理中被广泛应用。但它容易堵塞,需要经常清扫,筛分效率较低,仅有50%~60%,所以只适于粗筛作业。

② **滚筒筛** 滚筒筛亦称转筒筛,筛面为带孔的圆柱形(或截头圆锥形)筒体,用转动装置带动,绕轴缓缓旋转。为了使废物在筒内沿轴线方向前进,圆柱形筛筒的轴线应倾斜3°~5°安装。固体废物从倾斜滚筒的稍高一端送入,借滚筒的转动作用发生翻腾和破碎,并向另一端移动,在移动过程中按筛面网眼的大小进行分级。不能通过筛网的物质从出口端排出。

③ **惯性振动筛** 惯性振动筛是通过由不平衡体的旋转所产生的离心惯性力,使筛箱产生振动的一种筛子。其工作原理如图3-15所示。

当电机带动皮带轮作高速旋转时,配重轮上的重块即产生离心惯性力,其水平分力使弹簧作横向变形,而垂直分力则强迫弹簧作垂直方向拉伸及压缩的强迫运动。因此,筛箱的运动轨迹为椭圆或近似于圆。

惯性振动筛适用于细粒废物(0.1~15mm)的筛分,也适用于潮湿及黏性废物的筛分。

④ **共振筛** 共振筛是利用连杆上装有弹簧的曲柄连杆机构驱动,使筛子在共振状态下进行筛分的,其构造及工作原理如图3-16所示。筛箱、弹簧及下机体组成一个弹性系统,该弹性系统固有的自振频率与传动装置的强迫振动频率接近或相同时,使筛子在共振状态下筛分,故称为共振筛。

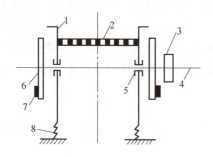

图 3-15 惯性振动筛工作原理示意

1—筛箱；2—筛网；3—皮带轮；4—主轴；
5—轴承；6—配重轮；7—重块；8—板簧

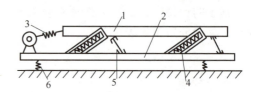

图 3-16 共振筛工作原理示意

1—上筛箱；2—下机体；3—传动装置；
4—共振弹簧；5—板簧；6—支撑弹簧

共振筛具有处理能力大、筛分效率高、耗电少以及结构紧凑等优点，所以应用很广，适于废物的中细粒的筛分，还可用于废物分选作业的脱水、脱重介质和脱泥筛分等。

3.3.2 重力分选

重力分选也称重选，是根据固体废物中不同物质间的密度差异来进行分选的，密度不同的颗粒在运动介质中受重力、介质动力和机械力的共同作用，使颗粒群逐渐产生松散分层和迁移分离，从而得到不同密度产品。

根据分选介质的不同和作用原理上的差异，重力分选可分为重介质分选、跳汰分选、风力分选、摇床分选等。

（1）重介质分选

① 基本原理　通常将密度大于水的介质称为<u>重介质</u>。选取或配制合适的重介质，使其密度介于固体废物的轻物料和重物料之间，将固体废物倒入重介质中，凡是密度大于重介质的重物料颗粒都下沉，集中于分选设备的底部成为重产物；密度小于重介质的轻物料颗粒都上浮，集中于分选设备的上部成为轻产物，分别排出，从而达到分离的目的。

固体颗粒在重介质中的分离主要取决于颗粒的密度，而受颗粒粒度和颗粒形状的影响不大，所以它的分选精度很高。不过，当入选物料粒度过小时，特别是当固体废物的密度与介质的密度接近时，由于其沉降速度很小，致使分离过程太慢，会造成分选效率降低。

② 重介质　重介质有重液和悬浮液两类。重液是一些可溶性高密度盐的溶液（如氯化锌等）或高密度的有机液体（如四氯化碳、三溴甲烷等），重液的密度一般为 $1.25 \sim 3.4 \text{g/cm}^3$。悬浮液是由水和悬浮于其中的高密度固体颗粒构成，这些高密度固体颗粒起着加大介质密度作用，称为加重介质。在选择加重介质时应注意，加重介质要具有以下特点：密度足够大，不易泥化或氧化，便于制备和再生，配成重介质后黏度低、稳定性好、无腐蚀等。常用的加重介质有黏土、重晶石、硅铁、磁铁矿等。

③ 重介质分选设备　常用的重介质分选设备是鼓形重介质分选机，其构造和工作原理如图 3-17 所示。该设备外形是一水平安装的圆筒形转鼓，由四个辊

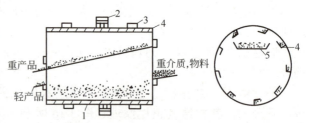

图 3-17 鼓形重介质分选机的构造和工作原理示意

1—圆筒形转鼓；2—大齿轮；3—辊轮；4—扬板；5—溜槽

轮支撑，通过其外壁腰间的大齿轮被传动装置驱动旋转。固体废物和重介质一起由圆筒一端给入，在向另一端流动过程中，密度大于重介质的颗粒沉于下部筒壁。随着圆筒旋转，其内壁上沿纵向设置的扬板将这些沉于下部筒壁的颗粒提升倒入溜槽内，顺槽排到筒外成为重产物；密度小于重介质的颗粒随重介质从圆筒溢流口排出成为轻物料。

重介质分选具有结构简单、紧凑，便于操作，动力消耗低等优点。适于分离密度相差较大的固体颗粒。

（2）跳汰分选

跳汰分选是在垂直变速介质流中按密度分选固体废物的一种方法。根据所使用的分选介质不同，跳汰分选分为水力跳汰、风力跳汰、重介质跳汰三种。目前，固体废物分选多用水力跳汰。

跳汰分选工作原理如图3-18所示，跳汰分选时，将混合废物颗粒倒在跳汰机的筛板上，形成密集的物料层，从下面透过筛板周期性地给以上下交变的水流。在水流的垂直脉冲运动作用下，物料层松散并按密度分层，结果**不同密度的粒子群在高度上占据不同的位置**，大密度的粒子群位于下层，透过筛板或特殊的排料装置排出成为重物；小密度的粒子群位于上层，被水平水流带到机外成为轻产物，从而实现分离的目的。

跳汰分选是古老的选矿方式，在固体废物分选方面，主要**用于混合金属的分离、回收**。

（3）风力分选

风力分选又称风选、气流分选，是用空气作分选介质，在气流作用下，根据固体颗粒在空气中的沉降规律分选固体废物的一种方法。在一定的分选条件下，固体废物颗粒在气流中沉降情况主要受颗粒的密度、粒度、形状等影响（参见《化工原理》重力沉降内容），那些密度小、粒度小、形状系数小的颗粒不易沉降，被气流向上带走或水平带向较远的地方成为轻产物；而那些密度大、粒度大、形状系数大的颗粒由于上升气流不能支持它而沉降，或由于惯性在水平方向抛出较近的距离成为重产物。

根据气流在分选设备内的流动方向不同，风选设备可分为水平气流风选机（又称卧式风力分选机）和上升气流风选机（又称立式风力分选机）。

① 卧式风力分选机　图3-19是卧式风力分选机的工作原理示意图，该机从侧面送风，废物从给料口送入机内，当废物在机内下落时，被鼓风机鼓入的水平气流吹散，固体废物中各种组分沿着不同运动轨迹分别落入重质组分、中重质组分和轻质组分收集槽中。

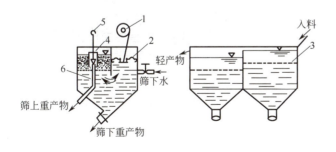

图3-18　跳汰分选工作原理示意　　图3-19　卧式风力分选机工作原理示意

1—偏心机构；2—隔膜；3—筛板；4—外套筒；5—锥形阀；6—内套筒

卧式风力分选机构造简单，维修方便，但分选精度不高，一般很少单独使用，常与破碎、筛分、立式风力分选机组成联合处理工艺。

② 立式曲折形风力分选机　图3-20是立式曲折形风力分选机工作原理示意图。经破碎后的城市垃圾从中部给入风力分选机，物料在上升气流的作用下，垃圾中各组分按密度进行分离，重质组分从底部排出，轻质组分从顶部排出，并经旋风分离器进行气固分离。分选机中风机的作用是产生上升的气流，也可将风机装在分选机的顶部抽吸。

与卧式风力分选机比较，立式曲折形风力分选机分选精度较高。

风选是一种工艺比较简单的传统分离方法，目前已被广泛用于城市垃圾的分选。不过由于分离精度不是太高，所以，各国大都是把风选作为城市垃圾的粗分手段，把密度相差较大的有机组分和无机组分分开。

（4）摇床分选

摇床分选是在一个倾斜的床面上，借助于床面的不对称往复运动和薄层斜面水流的综合作用，使细粒固体废物按密度差异在床面上呈扇形分布而进行分选的一种方法。

摇床分选过程详解

图3-21是平面摇床的结构示意图，床面近似呈梯形，略微向轻产物排出端倾斜，床面上钉有或刻有纵向床条，床条高度从传动端向对侧逐渐降低，并沿一条斜线逐渐趋向零。床面由传动装置带动沿纵向进行往复不对称运动。由给水槽给入的冲洗水，沿床面倾斜的方向流过，并形成均匀的薄层水流布满床面。当固体废物颗粒给入往复摇动的床面时，颗粒群在重力、水流冲力、床层摇动产生的惯性力以及摩擦力等综合作用下，按密度差产生松散分层，密度大的颗粒沉入底层，并且由于其惯性大，在床条的沟槽内沿纵向运动的速度较大；而密度小的颗粒浮在表层，惯性也小，很容易在水的冲力及自身重力作用下，沿倾斜的床面向下滚落（即横向运动速度较大）。因此，不同密度的颗粒将分别以不同的纵向和横向速度运动，致使不同密度颗粒在床面上呈现扇形分布，从而达到分选的目的。

摇床分选目前主要用于从含硫铁矿较多的煤矸石中回收硫铁矿，是一种分选精度很高的单元操作。

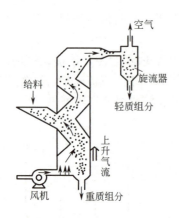

图3-20　立式曲折形风力分选机工作原理示意

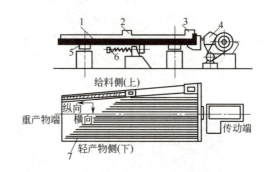

图3-21　平面摇床结构示意

1—床面；2—给水槽；3—给料槽；4—床头；
5—滑动支撑；6—弹簧；7—床条

3.3.3　磁力分选

（1）传统的磁力分选

磁力分选简称磁选，是借助磁选设备产生的不均匀磁场，根据固体废物中各种物质的磁性差异进行分选的一种处理方法。主要用于回收、富集黑色金属，或者是在某些工艺中用以排出物料中的铁质物质。

固体废物按磁性可分为强磁性、中磁性、弱磁性和非磁性等不同组分。当固体废物通过磁选机时，由于各组分的磁性差异，受到的磁力作用也就不相等。磁性较强的颗粒会被吸在磁选设备上，并随设备的运动被带到一个非磁性区而脱落下来；磁性弱的或非磁性颗粒，由于所受的磁场作用力很小，仍留在废物中而被排出，从而完成磁选分离过程。

磁选技术比较成熟，设备的种类也很多，目前在废物处理系统中最常用的磁选设备是悬挂带式磁选机和滚筒式磁选机。

① 悬挂带式磁选机　悬挂带式磁选机的工作原理如图 3-22 所示，在固体废物输送带上方的一定高度处悬挂一大型固定磁铁（永磁铁或电磁铁），并按图中所示配以传送带。当废物通过固定磁铁下方时，磁性物质就被吸附到上方的传送带，并随此传送带一起移动。磁性物质被带到小磁性区时，自动脱落。

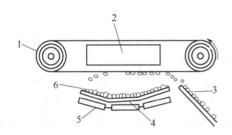 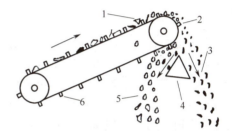

图 3-22　悬挂带式磁选机工作原理示意
1—传动皮带；2—悬挂式固定磁铁；3—磁性物质；
4—传送带；5—滚轴；6—来自破碎机的固体废物

图 3-23　滚筒式磁选机工作原理示意
1—固体废物；2—磁辊筒；3—非磁性物质；
4—分离块；5—磁性物质；6—隔离板

② 滚筒式磁选机　滚筒式磁选机的工作原理如图 3-23 所示，用内部装有永磁铁（或电磁铁）的磁滚筒作为皮带输送机的传动筒。当皮带上的固体废物通过磁滚筒时，非磁性物质在重力和惯性的作用下，被抛到滚筒的前方；而铁磁性物质则在磁力作用下，被吸附到皮带上，随皮带一起运动，当铁磁性物质转到滚筒下方并远离滚筒时，磁力逐渐减小，由于皮带上隔离板的作用，铁磁性物质不能被吸回滚筒区，只能随皮带一起向前移动，到磁力足够小时，铁磁性物质落到预定收集区中。完成磁性物质与非磁性物质的分离。

（2）磁流体分选

所谓**磁流体**，是指某种能够在磁场或磁场和电场联合作用下磁化，呈现似加重现象，对颗粒具有磁浮力作用的稳定分散液。通常采用的磁流体一般是强电解质溶液、顺磁性溶液和铁磁性胶体悬浮液。流体在似加重后的密度称为视在密度，它可以通过改变外磁场强度、磁场梯度或电场强度任意调节。

磁流体分选就是利用磁流体作为分选介质，在磁场或磁场和电场的联合作用下产生"加重"作用，根据固体废物各组分磁性和密度的差异或磁性、导电性和密度的差异，使不同组分分离。当固体废物中各组分间的磁性差异小而密度或导电性差异较大时，采用磁流体可以有效地进行分离。

磁流体分选是近几十年来发展起来的分选方法，它相当于一种将重力分选和磁力分选综合应用的过程。物料在似加重介质中按密度差异分离，与重力分选相似，而且可以很方便地大幅度调节似加重介质的视在密度；在磁场中按物料磁性（或电性）差异分离，与磁选相似。因此，磁流体分选不仅可以将磁性和非磁性物料分离，而且可以将非磁性物料按密度差异分离。所以，磁流体分选在固体废物的处理利用中占有特殊的地位，它不仅可以分选各种工业废物,而且可以从城市垃圾中分选铜、铝、铁、锌、铅等金属。磁流体分选法在美国、日本、德国等已得到广泛应用。

根据分选原理和介质不同,磁流体分选可分为磁流体静力分选和磁流体动力分选。

① **磁流体静力分选** 在不均匀的磁场中,以铁磁性胶体悬浮液或顺磁性液体为分选介质,根据物料之间的密度和比磁化系数的差异进行分选。由于不加电场,不存在电场-磁场联合作用下产生的特性涡流,故称为静力分选。其优点是视在密度高,介质黏度较小,分离精度高。缺点是分选设备较复杂,介质价格较高,回收困难,处理能力较小。

② **磁流体动力分选** 在均匀(或不均匀)磁场和电场联合作用下,以强电解质溶液为分选介质,根据物料之间密度、比磁化系数及电导率的差异进行分选。该法的研究历史较长,技术也较成熟,其优点是分选介质为导电的电解质溶液,价格便宜,黏度较低,分选设备简单,处理能力较大。缺点是分选介质的视在密度较小,分离精度较低。

3.3.4 电力分选

电力分选简称电选,是根据固体废物的各种组分在高压电场中电性的差异进行分选的一种处理方法。对于各种导体、半导体和绝缘体的分离等非常简便有效。

图3-24是电晕-静电复合电场电选设备的分离原理示意图。废物由给料斗均匀地给入滚筒,随着滚筒的旋转,废物颗粒进入电晕电场区,由于空间带有电荷,使导体和非导体颗粒都获得负电荷(与电晕电极的电性相同),导体颗粒一面获得电荷,一面又把电荷传给滚筒(接地电极),且放电速度很快。当废物颗粒随滚筒旋转离开电晕电场区而进入静电场区时,不能再继续获得负电荷,但导体颗粒仍继续快速放电,很快放完全部负电荷,并从滚筒上得到正电荷而被滚筒排斥,在电力、离心力和重力的综合作用下,其运动轨迹偏离滚筒,而在滚筒前方落下;而非导体颗粒由于放电速度慢,剩余有较多的电荷,将吸附在滚筒上,一直被带到滚筒后方,被毛刷强制刷下;半导体颗粒的运动轨迹则介于导体和非导体颗粒之间,成为半导体产品落下,从而完成电选分离过程。

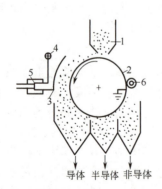

图 3-24 电晕-静电复合电场电选设备分离原理示意
1—给料口;2—滚筒电极;3—电晕电极;
4—偏向电极;5—高压绝缘子;6—毛刷

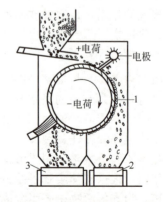

图 3-25 滚筒式静电鼓式分选机分离玻璃和铝粒示意
1—滚筒;2—铝粒收集槽;3—玻璃收集槽

常用的电选设备有静电分选机和高压电选机两类。

图3-25是滚筒式静电鼓式分选机分离玻璃和铝粒的示意图。将含有铝粒和玻璃的废物,

通过振动给料器均匀地给到带电滚筒上，铝为良导体从滚筒电极获得相同符号的大量电荷，因而被滚筒电极排斥落入铝收集槽内。玻璃为非导体，与带电滚筒接触被极化，在靠近滚筒一端产生相反的束缚电荷，被滚筒吸住，随滚筒带至后面被毛刷强制刷落进入玻璃收集槽，从而实现铝粒与玻璃的分离。

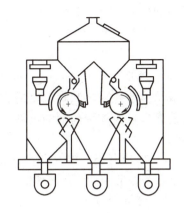

图 3-26　YD-4 型高压电选机示意

图 3-26 是用于处理粉煤灰的 YD-4 型高压电选机的示意图。该机密封性能好，具有较宽的电晕电场区，特殊的下料装置和防积灰漏电措施，并采用双筒并列式，使得结构合理、紧凑，处理能力大、效率高。在分选过程中，粉煤灰中的炭粒由于导电性良好，被视作良导体，落入两侧的集炭槽；而灰粒由于导电性较差，被视作非导体，最后被毛刷强制刷下并落入中间的集灰槽，从而实现炭灰分离。经二级电选分离的脱炭灰，其含炭率小于 8%，可作建材原料。精煤含炭率大于 50%，可作为煤原料。

3.3.5　浮选

（1）浮选原理

浮选也称泡沫浮选，是一种湿法分选，首先将固体废物用水调节成悬浮液，并加入浮选药剂，然后往料浆里通入空气形成无数细小气泡，因为各种物料的表面性质不同，其对气泡的黏附性也有差异，一部分黏附性好的颗粒表面黏附有较多的气泡，借助于气泡的浮力，上浮至液面成为泡沫层，把液面上泡沫刮出，形成泡沫产物；另一部分黏附性不好的颗粒仍留在料浆内，从而达到物料分离的目的。

对物质的分离，浮选与待分离物质的密度无关，主要取决于物质表面的润湿性。疏水性较强的物质，容易黏附气泡；而亲水性强的物质，不易黏附气泡。物质表面的亲、疏水性能，可以通过浮选药剂的作用而加强，从而提高分离效果。因此，在浮选工艺中，正确选择、使用浮选药剂是调整物质可浮性的重要手段。

浮选药剂的种类很多，根据其在浮选过程中的作用不同，可分为捕收剂、起泡剂、调整剂等三大类。

① **捕收剂**　捕收剂能选择性地吸附在欲选物质的颗粒表面，使其疏水性增强，提高可浮性，从而使欲选物质随气泡上浮。常用的捕收剂有异极性捕收剂（典型的异极性捕收剂有黄药、黑药、油酸等）和非极性油类捕收剂（最常用的是煤油）两类。

② **起泡剂**　起泡剂是一种表面活性剂，主要作用是在水-气界面上降低界面张力，促使空气在料浆中弥散，形成大量稳定的小气泡，防止气泡兼并，提高气泡与颗粒黏附和上浮过程中的稳定性，以保证气泡上浮形成泡沫层。常用的起泡剂有松油、松醇油、脂肪醇等。

③ **调整剂**　调整剂的作用主要是调整其他药剂（主要是捕收剂）与物质颗粒表面之间的作用，还可调整料浆的性质，提高浮选过程的选择性。调整剂的种类比较多，它包括活化剂、抑制剂、介质调整剂和分散与混凝剂等。活化剂的作用是促进捕收剂与欲选物质颗粒的作用，从而提高欲选物质颗粒可浮性。常用活化剂有无机盐、酸类、硫化钠等。抑制剂的作用是削弱捕收剂与某些颗粒的表面作用，抑制这些颗粒的可浮性，以提高捕收剂对预分离物质的吸附性。常用的抑制剂有石灰、氯化钾、硫酸锌、硫化钠等。介质调整剂作用是调整料

浆的 pH 值、料浆的离子组成、可溶性盐的浓度，以加强捕收剂的选择吸附作用，提高浮选效率。常用介质调整剂有石灰、苛性钠、硫化钠、硫酸等。

（2）浮选的工艺过程

① 浮选前料浆的调制　主要是废物的破碎、磨碎等，目的是得到粒度适宜、基本上解离成单体的颗粒，配制浓度适宜的、能满足浮选工艺要求的料浆。浮选料浆浓度对于浮选机的充气量、浮选药剂的消耗、处理能力、浮选时间，以及产品回收率和质量等都有直接影响。

② 加药调整　添加药剂的种类与数量，应根据欲选物质颗粒的性质，通过实验确定。一般在浮选前添加药剂总量的 60%～70%，剩余部分，则分几批在适当的地点添加。

③ 充气浮选　浮选机是实现充气浮选的主要装置。目前，国内外浮选设备类型很多，中国使用最多的是机械搅拌式浮选机。

将调制好的料浆引入浮选机内，由于浮选机的充气搅拌作用，形成大量的弥散气泡，提供颗粒与气泡碰撞接触机会，可浮性好的颗粒黏附于气泡上而上浮形成泡沫层，经刮出收集、过滤脱水即为浮选产品；不能黏附于气泡的颗粒仍留在料浆内，经适当处理后废弃或作他用。

一般浮选法大多是将有用物质浮入泡沫产物中，而无用或回收经济价值不大的物质仍留在料浆内，这种浮选法称为正浮选。但也有将无用物质浮入泡沫产物中，将有用物质留在料浆中的，这种浮选法称为反浮选。

固体废物中含有两种或两种以上的有用物质时，其浮选方法有以下两种。

a. 优先浮选　将固体废物中有用物质依次一种一种地选出，成为单一物质产品。

b. 混合浮选　将固体废物中有用物质共同选出为混合物，然后再把混合物中有用物质一种一种地分离。

（3）浮选技术的应用

浮选是固体废物资源化的一种重要技术。已应用于从粉煤灰中回收炭，从煤矸石中回收硫铁矿，从焚烧炉灰渣中回收金属等。

在用浮选法从粉煤灰中分选精炭时，炭粒的疏水性强，灰粒的亲水性强，用煤油或柴油作捕收剂进行浮选，炭粒便上浮到液面形成矿化泡沫层，用刮板刮下，就得到精炭。灰粒留在灰浆中，就是尾渣。通过浮选，粉煤灰中炭的回收率可达到 90% 以上。

浮选的十大问题及措施

浮选法的主要缺点是有些工业固体废物浮选前需要破碎和磨碎到一定的细度。浮选时要消耗一定数量的浮选药剂且易造成环境污染或增加相配套的净化设施。另外，还需要一些辅助工序，如浓缩、过滤、脱水、干燥等。因此，在生产实践中究竟采用哪一种分选方法应根据固体废物的性质，经技术经济综合比较后确定。

在浮选的基础上，苏联还研究发明了一种泡沫分选技术，并在美国、英国、德国、法国、日本等国家取得了专利。

泡沫分选过程为：将调制好的固体悬浊液加到发育好的泡沫层上，疏水性物质颗粒吸附在气泡上，富集于泡沫层中，刮出后得到泡沫产品；亲水性物质颗粒在重力作用下从分选机下部排除而成为非泡沫产品。该技术也可以说是一种泡沫层过滤法，粒子能否从泡沫层滤过，取决于粒子的浮选性能。

除上述的分选方法外，还有摩擦与弹跳分选、光电分选、涡电流分选等分选方法，由于这些方法应用不太普遍或有一定的局限性，这里不再赘述。

3.3.6 分选回收技术实例

每一种分选方法都有一定的适用范围,为了按要求将固体废物中的物质分离和回收利用,经常需要将两种或两种以上的分选方法联合使用,由多个操作单元组合成一个有机的分选回收工艺系统。

近年来,许多国家已将再生资源的开发利用视为第二矿业,形成新的工业体系。固体废物尤其是垃圾的回收工艺系统的设计和试验,已成为研究的热点。归纳起来,各国的回收工艺系统有以下的共同点。

① 大多数以"干式"回收有用成分,只有少数在工艺过程的结束工序辅以"湿式"回收。
② 通用工艺程序均是原始固体废物破碎、分选、处理、回收。
③ 采用综合技术方法进行破碎、分选、回收,很少用单一的方法处理。
④ 回收的产品有黑色金属、有色金属、纸浆、塑料、有机肥料、饲料、玻璃以及焚烧热等。

以下介绍三种典型的分选回收工艺系统。

(1)城市垃圾分选回收工艺系统

世界上已设计、采用的垃圾处理工艺方案达数十种,图3-27就是其中一种较先进的分选回收工艺系统的流程示意图。

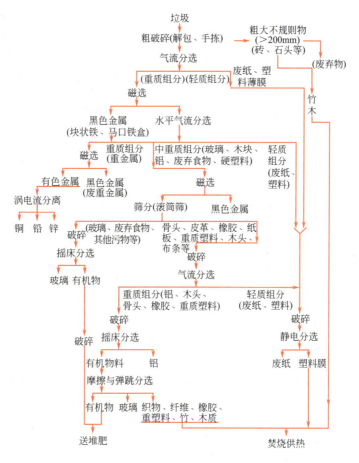

图3-27 垃圾分选回收工艺系统的流程示意

（2）粉煤灰分选回收系统

一般粉煤灰含炭5%～8%，由于煤的品种波动或锅炉结构与煤的品种不相适应等原因，排出的粉煤灰含炭量往往更高，造成大量资源浪费。粉煤灰含炭量超过8%，便会影响粉煤灰建材制品的质量。另外，粉煤灰除含有炭粒外，还含有空心玻璃微珠、磁珠和密实玻璃体等有用物质。对于这些物质既可单独加以回收，也可以采用综合回收的方法。图3-28是一种粉煤灰分选回收工艺流程示意图。

（3）从煤矸石中分选回收硫铁矿系统

图3-29是从煤矸石中回收硫铁矿的工艺流程示意图。首先将煤矸石破碎，使硫铁矿与矸石单体分离，然后进行分选回收。考虑到各种分选方法的特点和适用情况，通常采用分段破碎、分段分选回收。例如，13～50mm的大块，采用跳汰分选或重介质分选回收硫铁矿；13mm以下的中小块可采用摇床分选回收；小于0.5mm的细粒，采用磁选或浮选回收。

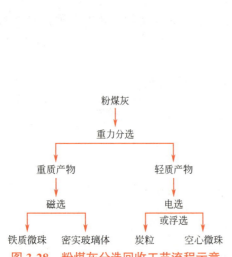

图3-28 粉煤灰分选回收工艺流程示意　　图3-29 从煤矸石中分选回收硫铁矿的工艺流程示意

3.4 固体废物的脱水

含水率超过90%的固体废物，必须脱水减容，以便于包装、运输与资源化利用。固体废物脱水的方法主要有浓缩脱水和机械脱水两种。

3.4.1 水分及分离方法

固体废物的水分按其存在形式分为间隙水、毛细管结合水、表面吸附水和内部水四种。

① **间隙水**：存在于颗粒间隙中的水，约占固体废物水分的70%，用浓缩法去除。

② **毛细管结合水**：颗粒间形成一些小的毛细管，在毛细管中充满的水分，约占水分的20%，采用高速离心机脱水、负压或正压过滤机脱水等机械脱水法。

③ **表面吸附水**：吸附在颗粒表面的水，约占水分的7%，可用加热法脱除。

④ **内部水**：在颗粒内部或微生物细胞内的水，约占水分的3%，可采用生物法、高温加

热法及冷冻法去除。

颗粒中水分与颗粒结合的强度由大到小的顺序为：内部水＞表面吸附水＞毛细管结合水＞间隙水。该顺序也是颗粒脱水的难易顺序。

3.4.2 浓缩脱水

浓缩脱水的目的是除去固体废物中的间隙水，缩小体积，为输送、消化、脱水、利用与处置创造条件。当固体废物中水分由 99% 降至 96% 时，体积缩小至原来的 1/4。

浓缩脱水方法主要有重力浓缩法、气浮浓缩法和离心浓缩法。

（1）重力浓缩法

重力浓缩是借重力作用使固体废物脱水的方法。该方法不能使固液彻底分离，常与机械脱水配合使用，作为初步浓缩以提高过滤效率。

重力浓缩的构筑物称为浓缩池。按运行方式分为间歇式浓缩池和连续式浓缩池。

间歇式浓缩池仅在小型处理厂或工业企业的污水处理厂脱水使用，操作管

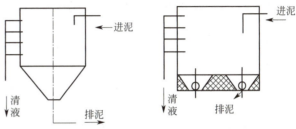

图 3-30　不带中心传动间歇式浓缩池

理较麻烦，单位处理量所需池容较连续式大。图 3-30 为不带中心传动间歇式浓缩池。

连续式浓缩池多用于大中型污水处理厂，其结构类似于辐射沉淀池。可分为带刮泥机与搅动栅、不带刮泥机、带刮泥机多层浓缩池三种。图 3-31 为带刮泥机与搅动栅连续式浓缩池结构示意图。

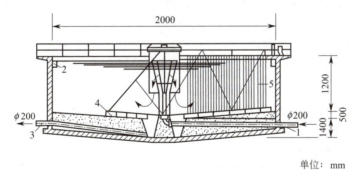

图 3-31　带刮泥机与搅动栅连续式浓缩池结构示意

1—中心进泥管；2—上清液溢流堰；3—底流排除管；4—刮泥机；5—搅动栅

（2）气浮浓缩法

其原理是依靠大量微小气泡附着在颗粒上，形成颗粒-气泡结合体，进而产生浮力把颗粒带到水表面，达到浓缩的目的。气浮浓缩法和重力浓缩法相比，其优点有以下六个方面：一是浓缩率高，固体废物含量浓缩至 5%～7%（重力浓缩为 4%）；二是固体物质回收率 99% 以上；三是浓缩速度快，停留时间短（为重力浓缩的 1/3）；四是操作弹性大（四季气候均可）；五是不易腐败发臭；六是操作管理简单，设备紧凑，占地面积小。其缺点有以下两方面：一是基建和操作费用高；二是运行费用高。

（3）离心浓缩法

其原理是利用固体颗粒和水的密度差异，在高速旋转的离心机中，固体颗粒和水分分别

受到大小不同的离心力而使其固液分离的过程。离心浓缩机占地面积小、造价低,但运行与机械维修费用较高。目前用于污泥离心分离的设备主要有倒锥分离板型离心机和螺旋卸料离心机两种,如图3-32所示。

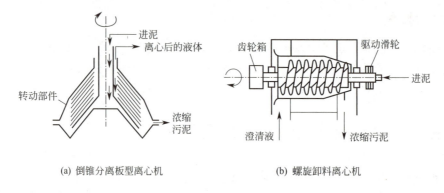

图 3-32 离心浓缩机示意图

3.4.3 机械脱水

利用具有许多毛细孔的物质作为过滤介质,以过滤介质两侧产生的压力差作为推动力,使固体废物中的溶液穿过介质成为滤液,固体颗粒被截流在介质之上成为滤饼的固液分离操作过程就是机械过滤脱水,它是应用最广泛的固液分离过程。

(1) 过滤介质

具有足够的机械强度和尽可能小的流动阻力的滤饼的支撑物就是过滤介质,常用的有织物介质、粒状介质、多孔固体介质三类。织物介质包括棉、毛、丝、麻等天然纤维和合成纤维制成的织物以及玻璃丝、金属丝等制成的网状物;粒状介质包括细砂、木炭、硅藻土及工业废物等颗粒状物质;多孔固体介质则是具有很多微细孔道的固体材料。

(2) 过滤设备

按作用原理划分机械脱水的方法及设备主要有以下几种。

① 采取加压或抽真空将滤层内的液体用空气或蒸气排除的通气脱水法,常用设备为真空过滤机。真空过滤是在负压条件下的脱水过程,图3-33为转鼓真空过滤机。

② 靠机械压缩作用的压榨法,加压过滤设备主要分为板框压滤机、叶片压滤机、滚压带式压滤机等类型。压滤则是在外加一定压力的条件下使含水固体废物脱水的操作,可分为间歇式(如板框压滤机,见图3-34)和连续式(如滚压带式压滤机,见图3-35)两种。

③ 用离心力作为推动力除去料层内液体的离心脱水法,常用转筒离心机有圆筒

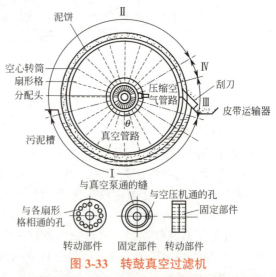

图 3-33 转鼓真空过滤机

Ⅰ—滤饼形成区;Ⅱ—吸干区;Ⅲ—反吹区;Ⅳ—休止区

形、圆锥形、锥筒形三种。离心脱水是利用离心力取代重力或压力作为推动力对含水固体废物进行沉降分离、过滤脱水的过程，按分离系数的大小可分为高速离心脱水机（分离系数大于3000）、中速离心脱水机（分离系数1500～3000）、低速离心脱水机（分离系数1000～1500）；按离心脱水原理有离心过滤机（见图3-36）、离心沉降脱水机如圆筒形和圆锥形离心脱水机（圆筒形离心脱水机见图3-37）和沉降过滤式离心机（见图3-38）。

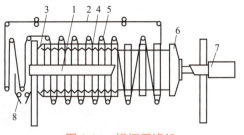

图 3-34 板框压滤机

1—主梁；2—滤布；3—固定压板；4—滤板；
5—滤框；6—活动压板；7—压紧机构；8—洗刷槽

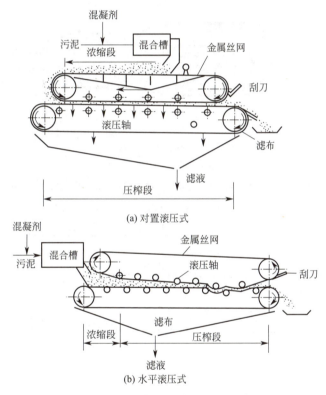

(a) 对置滚压式

(b) 水平滚压式

图 3-35 滚压带式压滤机结构示意图

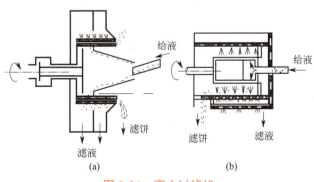

图 3-36 离心过滤机

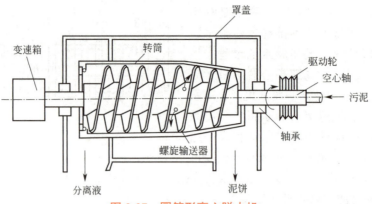

图 3-37 圆筒形离心脱水机

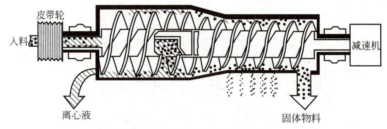

图 3-38 沉降过滤式离心机

④ 造粒脱水是使用高分子絮凝剂进行泥渣分离时形成含水较低的泥丸的过程，其设备见图 3-39。每种脱水设备的优缺点及适用范围见表 3-3。

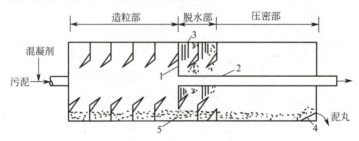

图 3-39 湿式造粒脱水机
1—隔板；2—溢流管；3—泄水缝；4—提泥螺旋板；5—孔口

表 3-3 脱水设备的优缺点及适用范围

脱水设备	优点	缺点	适用范围
真空过滤机	能连续操作，运行平衡，可以自动控制，处理量较大，滤饼含水率较高	污泥脱水前需进行预处理，附属设备多，工序复杂，运行费用较高	适于各种污泥的脱水
板框压滤机	制造较方便，适应性强，自动进料、卸料、滤饼含水率较低	间歇操作，处理量较低	适于各种污泥的脱水
滚压带式压滤机	可连续操作，设备构造简单，投资低、自动化程度高	操作麻烦，处理量较低	不适于黏性较大的污泥脱水
离心过滤机	占地面积小，附属设备少，投资低，自动化序高	分离液不清，电耗较大，机械部件磨损较大	不适于含沙量高的污泥
造粒脱水机	设备简单，电耗低，管理方便，处理量大	钢材消耗量大，混凝剂消耗量较高，污泥泥丸紧密性较差	适于含油污泥的脱水

复习思考题

1. 固体废物压实的目的是什么？压实设备有哪几种？
2. 如何选择压实设备？
3. 简述固体废物破碎的目的。
4. 何谓机械强度？其表示方法有哪几种？
5. 如何选择破碎的方法及设备？
6. 何谓破碎比？其计算方法有哪几种？
7. 试比较低温破碎与常温破碎的区别。
8. 试述湿法破碎的原理及适用范围。
9. 何谓筛分效率？影响筛分效率的因素有哪些？
10. 适用于固体废物的常用筛分设备有哪几种？各有什么特点？
11. 试述各种重力分选的原理、特点及适用范围。
12. 试述磁力分选的原理、特点及常用设备。
13. 试述电力分选的原理、特点及常用设备。
14. 浮选中常用的药剂有哪些？各有什么作用？
15. 固体废物的水分有哪几种？各采用什么方法脱除？
16. 浓缩脱水方法有哪几种？气浮浓缩法的优、缺点分别是什么？
17. 机械脱水设备有哪几种？

4 固体废物的固化与化学处理

知识目标

1. 掌握固化处理的方法。
2. 掌握固化、固化剂、浸出率、增容比的定义。
3. 掌握水泥固化、石灰固化、玻璃固化的原理。

能力目标

1. 能分析水泥固化、石灰固化、玻璃固化的特点。
2. 能分析共沉淀法的机理。

素质目标

1. 培养学习者的生态环境意识。
2. 培养学习者的固体废物资源化意识。
3. 培养学习者勤于思考的学习习惯和爱国情怀。

阅读材料

核废料的玻璃固化

2021年9月11日，国内首座高水平放射性废液玻璃固化设施在四川广元正式投运。这使得我国成为世界上少数几个具备高放废液玻璃固化技术的国家。该技术是在1100度或更高温度下，将放射性废液和玻璃原料进行混合熔解，冷却后形成玻璃体，同时要求形成的玻璃体能包容放射性物质千年以上。

广义上的核废料包括核燃料在上下游过程中产生的所有放射性废物。例如核电站正常运行产生的废水、废气，产自上游采矿、精炼的矿渣，核电站烧剩的废料也称为乏燃料，甚至连科研活动所产生的放射性废物，如实验室的手套、衣服与工人洗澡水。而狭义上则专指核电站烧剩的乏燃料。

目前全球已经产生了 25 万吨的核废料，同时核废料的数量还在逐渐增长中。

现在，我国实现了高放射性废液处理能力零的突破，成为世界上少数几个具备高放射性废液玻璃固化技术的国家。使得安全使用核电有了长足的进步。这些被隔绝的核废物经过时间的洗礼，其放射性终会降低至人类能接受的正常水平。

4.1 概述

4.1.1 固化处理的机理

固化处理技术目前主要是针对固体废物的有害物质和放射性物质的无害化处理。该技术是用物理、化学方法，将有害固体废物固定或包容在惰性固体基质内，使之呈现化学稳定性或密封性的一种无害化处理方法。理想的固化产物应具有良好的力学性能，抗渗透、抗浸出、抗干-湿、抗冻-融特性。以便进行最终处置或加以利用。

固化处理的机理十分复杂，目前还缺乏理论上的透彻阐明。就目前采用的方法，有的是使污染物化学转变或引入到某种稳定的晶格中去，有的是通过物理过程把污染成分直接掺入到惰性基材进行包封，有的则是两种过程兼而有之。就其方法本身而言往往只适用于一种或几种类型的废物，主要用于处理无机废物。对有机废物的处理效果欠佳。近年来固化处理技术不断发展，像对核工业废物的处理和一些一般工业废物的处理已形成一种理想的废物无害化的处理方法，如电镀污泥、铬渣、汞渣、氰渣、镉渣和铅渣等的固化。

固化所用的惰性材料称为**固化剂**，经固化处理后的固化产物称为**固化体**。

4.1.2 固化处理的基本要求

（1）固化处理的基本要求

① 所得的产品应该是一种密实的、具有一定几何形状和较好物理性质、化学性质稳定的固体；

② 处理过程必须简单，能有效减少有毒有害物质的逸出，避免工作场所和环境的污染；

③ 最终产品的体积尽可能小于掺入的固体废物的体积；

④ 产品中有害物质的水分或其他指定浸提剂所浸析出的量不能超过容许水平（或浸出毒性标准）；

⑤ 处理费用低廉；

⑥ 对于固化放射性废物产生的固化产品，还应有较好的导热性和热稳定性，以便用适当的冷却方法就可以防止放射性衰变热使固化体温度升高，避免产生自熔化现象，同时还要求产品具有较好的耐辐照稳定性。

（2）判断固化处理效果通常采用的物理、化学指标

① **浸出率**　将有毒危险废物转变为固体形式的基本目的，是为了减少它在贮存或填埋处置过程中污染环境的潜在危害性。废物污染扩散的主要途径，是有毒有害物质溶解进入地表或地下水环境中，因此，固化体在浸泡时的溶解性能，即浸出率，是鉴别固化体产品性能的最重要一项指标。

通过测量和评价固化体浸出率，可以对固化方法及工艺条件进行比较、改进或选择；可以预计各种类型固化体暴露在不同环境时性能，估计有毒危险废物的固化体在贮存或运输条件下与水接触所引起的危险大小。

② **体积变化因数**　体积变化因数是指固化处理前后固体废物的体积比，即

$$C_R = \frac{V_1}{V_2} \tag{4-1}$$

式中　C_R——体积变化因数；
　　　V_1——固化前危险废物体积；
　　　V_2——固化后产品的体积。

体积变化因数是鉴别固化方法好坏和衡量最终处置成本的一项重要指标，其大小取决于能掺入固化体中的盐量和可接受的有毒有害物质的水平；对于放射性废物，C_R 还受辐射稳定性和热稳定性的限制。

③ **抗压强度**　为能安全贮存，固化体必须具有起码的抗压强度，否则会出现破碎和散裂，从而增加暴露的表面积和污染环境的可能性。

对于一般的危险废物，经固化处理后得到的固化体，如进行处置或装桶贮存，对其抗压强度的要求较低，控制在 0.1～0.5MPa。

4.2　固化处理的方法

4.2.1　水泥固化

（1）原理

水泥固化是以水泥为固化剂将危险废物进行固化的一种处理方法。此种方法非常适于处理各种含有重金属的污泥。固化过程中，污泥中的重金属离子会由于水泥的高 pH 值而生成难溶的氢氧化物或碳酸盐等。某些重金属离子也可固定在水泥基体的晶格中，从而可有效地防止重金属浸出。目前可进行水泥固化的废物主要是轻水堆核电站的浓缩废液、废离子交换树脂和滤渣等核燃料处理厂或其他核设施产生的各种放射性废物。此外如电镀污泥、汞渣、铬渣等。

可作固化剂的水泥种类很多，如普通硅酸盐水泥、矿渣硅酸盐水泥、火山灰质硅酸盐水泥、矾土水泥、氟石水泥等，均可作固体废物的固化剂，可根据固体废物的种类、物质进行选择。

水泥固化时由于废物组成的特殊性，会出现混合不均，过早或过迟凝固，产品的浸出率较高，固化产物强度较低等问题，为改善固化性质，需在固化时加适宜添加剂。

（2）水泥固化工艺

将有害固体废物、水泥、添加剂一起与水搅拌混合，经养护即可形成坚硬的水泥固化体。工艺配方可根据水泥的品种、废物的种类及处理要求确定。其原则可考虑如下几个参数。

① **pH值** pH＞8，此时重金属可以不溶性的氢氧化物或碳酸盐的形式存在，一些金属离子还可以转入到固化的晶格中。

② **水灰比** 一般控制在1：2左右时水泥具有良好的和易性，此值过大，水泥易浸水。

③ **水泥与废物比** 水泥与废物比是影响固化性能的重要因素，可通过试验确定。在被处理的有害废物中往往含有妨碍水合反应的物质，为不影响固化物的强度，可适当加大水泥配比。

④ **凝固时间** 为确保水泥-废物料浆有适宜流动性，以免在运输、装桶或现场浇筑过程中凝结，必须控制初凝和终凝时间。一般初凝时间应大于2h，终凝时间控制在4h以内。操作可根据具体情况选择适当的缓凝剂、促凝剂及减水剂加以控制。

⑤ **添加剂** 为保证固化物的性能，固化时须根据废物的性质，选择适当的添加剂以保证有适宜的凝固时间，且不产生膨胀破裂等影响固化物性能的不利因素。添加剂可分成促凝剂、缓凝剂、减凝剂、吸附剂、乳化剂等，使用时可由实验确定。

⑥ **养护条件** 养护是固化操作的重要一环，其条件一定要控制适宜。水泥固化一般在室温下进行，相对湿度为80%以上，养护时间为28d。

⑦ **固化产物性能** 固化产物性能是固化操作最重要的控制指标，其中包括产品的机械强度和抗浸出性。具体要求视最终处置或使用决定，可通过调节废物-水泥-添加剂-水的配比来控制。对于最终进行土地填埋处置的其抗压强度要求较低，可控制为980.7～4903.3kPa，而准备用作建筑基材的则抗压强度要求较高，可在9.8MPa以上。

对浸出性能的要求浸出液中污染物的浓度应低于相应污染物浸出毒性的鉴别标准。最后还应考虑到固化产物的抗冻融、抗干湿特性。

（3）水泥固化的混合方法

水泥固化的混合方法较多，可根据废物的种类、性质、数量等确定。通常有如下三种混合方法。

① **外部搅拌混合法** 该法是将废物、水、水泥、添加剂加到混合器内，经搅拌混合，再将混合物装入处置容器或堆积起来。其优点是搅拌均匀，工艺设备少可将容器充满。缺点是混合容器难于清理，同时还会产生少量废水。

② **筒内混合法** 该法是以最终处置用的200L钢筒作为混合容器，先向筒内加入废物、水、水泥、添加剂，然后以可动式螺旋搅拌桨搅拌混匀。此种方法的优点是混合器本身就是最终处理容器，只需作搅拌叶的清理工作。缺点是搅拌难均匀；容器不能充满需控制投料顺序和速度。对危害性较大，需做进一步处置的废物常采用此法。

③ **注入法** 该法是先在容器中填充废物的混合材料，然后将水泥浆或废液注入空隙中的一种混合固化方法。根据注入物料的差异，又分为水泥注入法[见图4-1(a)]和废液注入法[见图4-1(b)]。

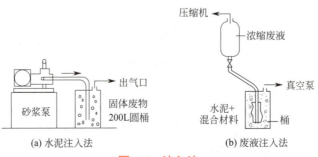

图4-1 注入法

水泥注入法是先把废物放入桶内，然后再将水泥浆或水泥砂浆注入器中，废液注入法是先在桶内填充性能废物水泥、废物、混合材料，然后再将废液注入其空隙中的一种方法。

（4）水泥固化的应用实例

图 4-2 是水泥固化法处理电镀污泥的工艺流程。被处理的电镀污泥通过计量装置以一定质量比与水泥、添加剂和水共同投入三原料混炼机中，经搅拌混合均匀，然后通过出料装置到成型，再将成型的固体养护，使之形成具有一定强度的固化产品。电镀污泥进行水泥固化处理时，采用 400～500 号硅酸盐水泥为固化剂。电镀干污泥、水泥和水的配比为（1～2）：20：（6～10）。其水泥固化体的抗压强度可达 10～20MPa。

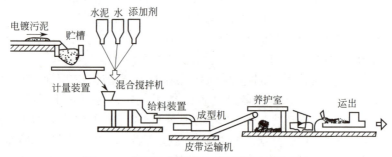

图 4-2　水泥固化法处理电镀污泥工艺流程

（5）水泥固化的特点

水泥固化的优点是固化工艺和设备较简单，设备和运行费用低；水泥原料和添加剂价廉易得；对含水量较高的废物可以直接固化；固化产品经过沥青涂覆能有效地降低污染物的浸出，固化体的强度、耐热性和耐久性好；产品适于投海处置或可作路基、建筑材料。其缺点是产品一般比最终废物原体积增大 1.5～2 倍；固化体中污染物的浸出率较高，需做涂覆处理；废物有的需做预处理或需要加入添加剂，因而可能影响水泥浆的凝固，并会使成本增加，废物体积增大；水泥的碱性能使铵离子变成氨气释放出来。

4.2.2　石灰固化

（1）石灰固化的原理

石灰固化是以石灰为主要固化基材，以粉煤灰、水泥窑灰为添加剂，含有活性氧化铝和二氧化硅的水泥窑灰和粉煤灰与石灰、水反应生成坚硬物质将废物包容的方法。两种添加剂均为应处理的废物，实现以废治废。另外还需加其他添加剂以提高固化产物的强度和抑制污染物浸出。

（2）石灰固化的应用

石灰固化适于处理钢轨、机械工业酸洗钢铁部件时排放的废液和废渣、电镀污泥、烟道气脱硫废渣和石油冶炼污泥等。固化体可作为路基材料或沙坑填充物。

（3）石灰固化的特点

该法使用的添加剂本身也是废物、源广价廉；工艺设备简单，操作方便；被处理的废物不要求完全脱水；在常温下操作，没有废气处理问题。其缺点是固化产物比原废物的体积和重量有较大增加，易被酸性介质侵蚀，必须进行表面涂覆。

4.2.3 塑性材料固化法

塑性材料固化法属于有机性固化与稳定化处理技术，根据使用材料的性能不同可划分为热固性塑料包容和热塑性材料包容两种处理技术。

（1）热固性塑料包容处理技术

热固性塑料是指在加热时由液体变成固体并硬化的材料。它与一般物质的不同之处在于，这种材料即使以后再次加热也不会重新液化或软化。热固过程是一种由小分子变成大分子的交链聚合过程。

热固性塑料包容处理技术是用热固性有机单体例如脲醛和已经过粉碎处理的废物充分地混合，在助絮剂和催化剂的作用下产生聚合以形成海绵状的聚合物质，从而在每个废物颗粒的周围形成一层不透水的保护膜。但在用此方法处理时，经常有一部分液体废物遗留下来，因此在进行最终处置以前还需要进行一次干化。

目前使用较多的热固性材料是脲甲醛、聚酯和聚丁二烯等，也可使用酚醛树脂或环氧树脂。

由于在绝大多数热固性塑料包容处理过程中废物与包封材料间不发生化学反应，所以包封的效果仅分别取决于废物自身的形态（颗粒度、含水量等）以及进行聚合的条件。

热固性塑料包容处理技术的主要优点是可在常温下操作；大部分引入较低密度的物质，需要的添加剂数量也较少；增容比和固化体的密度较小；对所有废物颗粒进行包封，在适当选择包容物质条件下，可以达到十分理想的包容效果。热固性塑料包容法是固化低水平有机放射性废物（如放射性离子交换树脂）的重要方法之一；同时，也可用于稳定非蒸发性的、液体状态的有机危险废物。

热固性塑料包容处理技术的主要缺点是热固性材料自身价格高昂；操作过程复杂，由于操作中有机物的挥发，容易引起燃烧起火，通常不宜现场大规模应用，该法只能处理少量、高危害性废物如剧毒废物、医院或研究单位产生的少量放射性废物等。

（2）热塑性材料包容处理技术

热塑性材料如沥青、石蜡、聚乙烯、聚氯乙烯、聚丙烯等，在常温下呈固态，高温时可呈胶状液体，冷却后再次形成固态。

热塑性材料包容处理技术是利用热塑性物质在高温下与危险废物混合，冷却后，废物就被固化的热塑性材料所包容，以达到对其稳定化的目的。包容后的废物可在经过一定的外包装后进行处置。操作中，一般先将废物干燥脱水，然后聚合物与废物在适当的高温下混合，并在升温的条件下将水分蒸发掉。该法可以使用间歇式工艺，也可以使用连续操作的设备。

热塑性材料包容处理技术的主要缺点是在高温下进行操作会带来很多不方便之处，而且较为耗费能量；操作时会产生大量的挥发性物质，其中有些是有害的物质。

（3）沥青固化技术的简介

沥青固化技术是以沥青类材料为固化剂，与危险废物在一定的温度下均匀混合，产生皂化反应，使有害物质包容在沥青中形成固化体。由于沥青具有良好的黏结性、化学稳定性、较好的耐腐蚀性能、不溶于水及一定的可塑性和弹性；固化时消耗的包容材料少；固化体中污染物的浸出率低、增容率较低等，曾被大规模应用于处理低水平放射性蒸发残液、废水化学处理产生的污泥、焚烧产生的灰分，以及毒性较高的电镀污泥和坩渣等危险废物。

沥青的主要来源是天然的沥青矿和原油炼制，其化学成分很复杂，包括沥青质、油分、游离碳、胶质、沥青酸和石蜡等。作为固化材料，要求沥青的成分中含有较高的沥青质和胶质以及较低的石蜡性物质。可以用于危险废物固化的沥青可以是直馏沥青、氧化沥青、乳化沥青等。

沥青固化技术的工艺主要包括三个部分,即固体废物的预处理、废物与沥青的热混合以及二次蒸汽的净化处理。其中关键的部分是热混合环节。

由于沥青不吸水性,固化过程中不发生水化过程。因此,对于干燥的废物,可以将加热的沥青与废物直接搅拌混合;而对于含水分较多的废物,需要对废物预先进行脱水或浓缩。

混合的温度应该控制在沥青的熔点和闪点之间,大约为150～230 ℃的范围之内,温度过高时容易产生火灾。

热混合通常是在专用的、带有搅拌装置并同时具有蒸发功能的容器中进行。在不搅拌的情况下加热,极易引起过热并发生燃烧事故。图4-3为高温混合蒸发沥青固化流程简图。

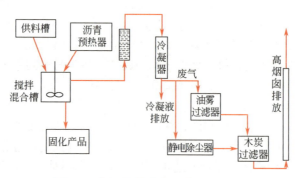

图4-3 高温混合蒸发沥青固化流程

4.2.4 自胶结固化

(1) 自胶结固化的原理

自胶结固化是利用废物本身胶结黏性进行固化处理的方法。主要用于处理硫酸钙和亚硫酸钙废物。亚硫酸钙半水化合物($CaSO_3 \cdot 1/2H_2O$)在加热到脱水温度以后,会变成具有胶结作用的物质。首先是在控制温度的条件下,把含有硫酸钙或亚硫酸钙废物煅烧,部分脱水至产生有胶结作用的($CaSO_3$或$CaSO_3 \cdot 1/2H_2O$)状态,然后再与某些添加剂混合成稀浆,凝固后成像塑料一样硬度的透水性差的物质。美国泥渣固化技术有限公司依上述原理进行石灰基烟道气脱硫泥渣固化。其流程如图4-4所示。

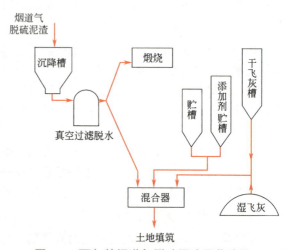

图4-4 石灰基烟道气脱硫泥渣固化流程

(2) 自胶结固化的特点

该法的**优点**是采用的添加剂是石灰、水泥灰、粉煤灰等工业废物,达到了废物利用;凝结硬化时间短;产品具有良好的操作性质,而且性质稳定;对处理的废物不需要安全脱水。**缺点**是只适用于含硫酸钙、亚硫酸钙泥渣的处理;需要熟练的操作技术和昂贵的设备,煅烧泥渣需消耗一定的能量。

4.2.5 玻璃固化

（1）玻璃固化的原理

这种固化方法的基质为玻璃原料。将待固化的废物首先在高温下煅烧，使之形成氧化物，再与加入添加剂和熔融玻璃料混合，在1100～1150℃温度下烧结，冷却后形成十分坚固而稳定的玻璃体。

（2）应用

① 磷酸盐的玻璃固化　图4-5是磷酸盐玻璃固化的工艺流程。化学添加剂和废液在进入蒸发器前混合，经蒸发浓缩到泥浆状的料液用气体输送到连续玻璃熔融器继续蒸干，并于900～1200℃熔制成玻璃。熔融的玻璃定期收集到处置罐，退火冷却后便松动，取出存放或填埋处置。

② 硼酸盐的玻璃固化　图4-6是硼酸盐玻璃固化的工艺流程。

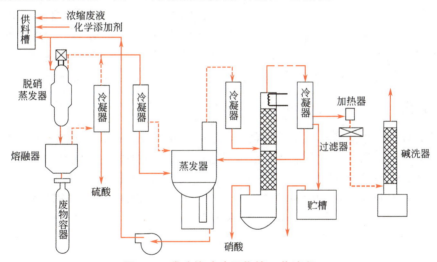

图4-5　磷酸盐玻璃固化的工艺流程

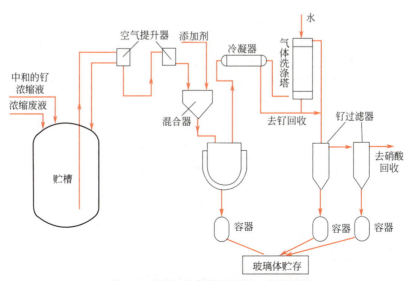

图4-6　硼酸盐玻璃固化的工艺流程

硼酸盐的玻璃固化是半连续操作。将放射性废液与硼酸玻璃原料以一定的配料比混合后，加入装有感应炉装置的金属固化罐中加热煅烧至干状，然后将温度升至 1100～1150℃，保温数小时，以便得到较好的玻璃体。熔融的玻璃从玻璃固化罐流入接收容器，经退火处理后便得到含有高放射性废物的玻璃固化体。

（3）玻璃固化的特点

玻璃固化的**优点**是处理效率最好；固化体中有害元素的浸出率最低；固化废物的减容系数最大；玻璃固化体有较高的导热性、热稳定性和辐射稳定性。其**缺点**是装置较复杂；处理费用昂贵；工作温度较高；设备腐蚀严重。

4.3 固体废物的化学处理

化学处理的目的是对固体废物中能对环境造成严重后果的有毒有害的化学成分，采用化学转化的方法，使之达到无害化。该法要视废物的成分、性质不同采取相应的处理方法。即同一废物可根据处理的效果、经济投入而选择不同的处理技术。总之化学转化反应条件复杂且受多种因素影响。因此，仅限于对废物中某一成分或性质相近的混合成分进行处理，而成分复杂的废物，则不宜采用。另外，由于化学处理投入费用较高，目前多用于各种工业废渣的综合治理。化学处理方法主要包括中和法、氧化还原法、沉淀法、吸附法和离子交换法。

4.3.1 中和法

中和法处理的对象主要是化工、冶金、电镀等工业中产生的酸、碱性泥渣。处理的原则是根据废物的酸碱性质、含量及废物的量选择适宜的中和剂并确定中和剂的加入量和投加方式，再设计处理的工艺及设备。常用的中和剂有石灰、氢氧化物或碳酸钠用以处理酸性泥渣；而硫酸、盐酸则用于处理碱性泥渣。多数情形是从经济的角度使酸碱性泥渣相互混合，达到以废治废的目的。中和法的设备有罐式机械搅拌和池式人工搅拌，前者用于大规模的中和处理；后者用于少量泥渣的处理。

4.3.2 氧化还原法

通过氧化或还原化学反应，将固体废物中可以发生价态变化的某些有毒、有害成分转化为无毒或低毒，且具有化学稳定性的成分，以便无害化处置或进行资源回收。例如含氰化物的固体废物可以通过加入次氯酸钠、漂白粉等药剂而将氰化物转化为毒性小的氰酸盐，从而达到无害化的目的。而利用还原法可以将铬渣中的六价铬还原为毒性较小的三价铬而达到无害化处理。下面以铬渣的处理为例来作一简单介绍。

（1）煤粉焙烧还原法

将铬渣与适量的煤粉或废活性炭、锯末、稻壳等含碳物质均匀混合，加入回转窑中，在缺氧的条件下进行高温焙烧（500～800℃），利用焙烧过程产生的 CO 做还原剂，使铬渣中的六价铬被还原为三价铬。

（2）药剂还原法

在酸性介质中，可以有 $FeSO_4$、Na_2SO_3、$Na_2S_2O_3$ 等为还原剂，将六价铬还原为三价铬，以 $FeSO_4$ 为还原剂的反应如下式所示。

$$CrO_4^{2-}+3Fe^{2+}+8H^+ \longrightarrow Cr^{3+}+3Fe^{3+}+4H_2O$$

在碱性介质中，可用 Na_2S、K_2S、$NaHS$、KHS 等为还原剂进行还原反应。

还原法处理铬渣一般较难处理彻底，且处理费用也较高。经过上述无害化处理的铬渣，可用于建材、冶金等行业。

4.3.3 沉淀法

常用的沉淀技术包括硫化物沉淀、硅酸盐沉淀、共沉淀、碳酸盐酸沉淀、无机螯合物沉淀和有机螯合物沉淀。

（1）硫化物沉淀

在重金属稳定化技术中，有三类常用的硫化物沉淀剂，即可溶性无机硫化物沉淀剂、不可溶性无机硫化物沉淀剂和有机硫化物沉淀剂。

① 无机硫化物沉淀　除了氢氧化物沉淀外，无机硫化物沉淀可能是应用最广泛的一种重金属药剂稳定化方法。与前者相比，其优势在于大多数重金属硫化物在所有 pH 值下的溶解度都大大低于其氢氧化物。

这里需要强调的是，为了防止 H_2S 的逸出和沉淀物的再溶解，仍需要将 pH 值保持在 8 以上。另外，由于易与硫离子反应的金属种类很多，硫化剂的添加量应根据所需达到的要求由实验确定，而且硫化剂的加入要在固化基材的添加之前。这是因为废物中的钙、铁、镁等会与重金属竞争硫离子。

② 有机硫化物沉淀　从理论上讲，有机硫化物稳定剂有很多无机硫化物沉淀剂所不具备的优点。由于有机含水量硫化合物普遍具有较高的分子量，因而与重金属形成的不可溶性沉淀具有相当好的工艺性能，易于沉淀、脱水和过滤等操作。在实际应用中，它们也显示了独特的优越性，例如，可以将废水或固体废物中的重金属浓度降至很低，而且适应的 pH 值范围也较大等。这种稳定剂在美国主要用于处理含汞废物，在日本主要用于处理含重金属的粉尘（焚烧灰及飞灰）。

（2）硅酸盐沉淀

溶液中的重金属离子与硅酸根之间的反应并不是按单一的比例形成晶态的硅酸盐，而是生成一种可看成是由水合金属离子与二氧化硅或硅胶按不同比例结合而成的混合物。这种硅酸盐沉淀在较宽的 pH 值范围（2～11）有较低的溶解度。这种方法在实际处理中应用并不广泛。

（3）碳酸盐沉淀

一些重金属，如钡、镉、铅的碳酸盐的溶解度低于其氢氧化物，但碳酸盐沉淀法并没有得到广泛应用。原因在于：当低 pH 值时，二氧化碳会逸出，即使最终的 pH 值很高，最终产物也只能是氢氧化物沉淀而不是碳酸盐沉淀。

（4）共沉淀

在非铁二价重金属离子 Fe^{2+} 共存的溶液中，投加等当量的碱调节 pH 值，反应生成暗绿色的混合氢氧化物，再用空气氧化使之再溶解，经络合反应而生成黑色的尖晶石型化合物 $M_xFe_{3-x}O_4$。在铁氧体中，三价铁离子和二价金属离子（也包括二价铁离子）之比为 2∶1，故可以铁氧体的形式投加 Mn^{2+}、Ni^{2+}、Mg^{2+}、Cu^{2+}。

例如，对于含 Cd^{2+} 的废水，可投加硫酸亚铁和氢氧化钠，并以空气氧化之，这时 Cd^{2+} 就和 Fe^{2+}、Fe^{3+} 发生共沉淀而包含于铁氧体中，因而可被永久磁铁吸住，这就是共沉淀法捕集废水中 Cd^{2+} 的原理。

实际上，要去除可参与形成铁氧体的重金属离子，Fe^{2+}的浓度不必那么高，但要去除Sn^{2+}、Pb^{2+}等较难去除的金属离子，Fe^{2+}的浓度必须足够高。铁Fe^{3+}会生成$Fe(OH)_3$，同时Fe^{2+}也易被氧化为$Fe(OH)_3$。在此过程中，重金属离子可被捕捉于$Fe(OH)_3$沉淀的点阵内或被吸附于其表面，因此，可得到比单纯的氢氧化物沉淀法更好的效果。据报道Fe^{2+}与Fe^{3+}的比例为1∶1～1∶2时共沉淀的效果最好。另外，除了氢氧化铁，其他沉淀物如碳酸钙也可以产生共沉淀。

（5）无机及有机的螯合物沉淀

这是一个尚需探索的领域，但若溶液中的重金属与若干络合剂可以生成稳定可溶的络合物的形态，这将给稳定化带来困难。若废水中含有络合剂，如磷酸酯、柠檬酸盐、葡萄糖酸、氨基乙酸、EDTA 及许多天然有机酸，它们将与重金属离子配位形成非常稳定的可溶性螯合物。由于这些可溶性螯合物不易发生化学反应，很难通过一般的方法去除。这个问题的解决办法有以下三种。

① 加入强氧化剂，在较高温度下破坏螯合物，使金属离子释放出来；
② 由于一些螯合物在高 pH 值条件下易被破坏，还可以用碱性的Na_2S去除重金属；
③ 使用含有高分子有机硫稳定剂，由于它们与重金属形成更稳定的螯合物，因而可以从络合物中夺取重金属并进行沉淀。

所谓**螯合物**，是指多齿配体以两个或两个以上配位原子同时和一个中心原子配位所形成的具有环状结构的络合物。如乙二胺与Cu^{2+}反应得到的产物即为螯合物。

螯环的形成使螯合物比相应的非螯合物络合物具有更高的稳定性，这种效应被称为螯合效应，对Pb^{2+}、Cd^{2+}、Ag^+、Ni^{2+}和Cu^{2+}有较好的捕集效果，去除率可达98%。虽对Cr^{3+}的捕集效果较差，但去除率也可达85%。稳定化处理效果优于无机硫沉淀Na_2S的处理效果，得到的产物比用Na_2S所得到的能在更宽的 pH 值范围内保持稳定，且从有效溶出量试验结果来看，具有更好的稳定性。

4.3.4 吸附法

作为处理重金属废物的常用吸附剂有活性炭、黏土、金属氧化物（氧化铁、氧化镁、氧化铝等）、天然材料（锯末、沙、泥炭等）、人工材料（飞灰、活性氧化铝、有机聚合物等）。研究发现，一种吸附剂往往只对某一种或某几种污染物具有优良的吸附性能，而对其他污染成分则效果不佳。例如，活性炭对吸附有机物最有效，活性氧化铝对镍离子的吸附能力较强，而其他吸附剂对这种金属离子却表现得无能为力。

4.3.5 离子交换法

最常见的离子交换剂是有机离子交换树脂、天然或人工合成的沸石、硅胶等。用有机树脂和其他的人工合成材料去除水中的重金属离子通常非常昂贵，而且和吸附一样，这种方法一般只适用于给水和废水处理。另外，还需注意的是离子交换与吸附都是可逆的过程，如果逆反应发生的条件得到满足，污染物将会重新逸出。

可以大规模应用的重金属稳定化的方法是有限的，但由于重金属在危险废物中存在形态的千差万别，具体到某一种废物，需根据所要达到的处理效果，对处理方法和实施工艺进行有依据的选择。

复习思考题

1. 固化处理的方法按原理可分为哪几种？
2. 何谓固化、固化剂、浸出率、增容比？
3. 试述用水泥固化电镀污泥的工艺流程，并简述水泥固化的特点。
4. 试述石灰固化和热塑性材料固化的原理，比较其特点。
5. 试述玻璃固化的原理及应用特点。
6. 化学处理的方法有哪几种？
7. 试述铬渣氧化还原法的机理。
8. 常用的沉淀法有哪几种？
9. 试述共沉淀法的机理。

5 固体废物的热处理

知识目标

1. 掌握热值的定义和表示方法。
2. 了解固体废物燃烧方式。
3. 掌握固体废物燃烧的影响因素。
4. 掌握热解的定义和产物。

能力目标

1. 掌握固体废物的焚烧系统。
2. 能区别热解和焚烧。

素质目标

1. 培养学习者的生态环境意识。
2. 培养学习者的固体废物资源化意识。
3. 培养学习者的爱国情怀和实事求是的精神。

阅读材料

白色污染

塑料袋、塑料包装、一次性聚丙烯快餐盒，塑料餐具杯盘，以及电器充填发泡填塞物、塑料饮料瓶、酸奶杯、雪糕皮等。这些塑料不易降解，影响环境的美观，所含成分有潜在危害。因塑料用作包装材料多为白色，所以叫白色污染。

据调查，生活垃圾中的废旧塑料包装物，北京、上海等大城市每年总量都有数十万吨。

废旧塑料通常以焚烧或填埋的方式处理。焚烧会产生大量有毒气体，造成二次污染。填埋会占用较大空间。塑料自然降解需要百年以上，析出物会污染土壤和地下水。因此，废塑料处理技术的发展趋势是回收利用，但废塑料的回

> 收和再生利用率低。究其原因，有管理、政策、回收环节方面的问题，但更重要的是回收利用技术还不够完善。

固体废物的热处理方法包括高温下的焚烧、热解、焙烧、烧结等。其中焙烧、烧结方法较为简单，不作介绍。本章重点介绍焚烧和热解。

5.1 固体废物的焚烧

国民经济的高速发展和人民生活水平的日益提高，导致生活垃圾排放量骤增，从减容和回收能源的角度，对固体废物进行焚烧处理，是目前许多国家普遍采用的处理方式。除获取能源外，通过焚烧处理，可使废物体积减小 80%～95%，重量也显著减小。焚烧后的最终产物为化学性质比较稳定的无害化灰渣。对于城市垃圾，这种处理方法能比较彻底地消灭各类病原体，消除腐化源。

5.1.1 焚烧处理的目的

焚烧过程是将可燃性固体废物与空气中的氧在高温下发生燃烧反应，使其氧化分解，达到**减容**、**去除毒性**并**回收能源**的目的。

固体废物中的可燃组分在有氧条件下，于焚烧炉内进行燃烧，既分解了有害物质，同时放出的热量经回收可用于采暖、发电等。燃烧过程中产生的有害气体和烟尘经处理后可达到排放要求。因减容效果好，还可节约大量填埋场占地。此外该法不受天气影响，焚烧处理可全天候操作。当然，焚烧处理目前还存在许多问题，如投资费用高，占用资金周期长；焚烧对垃圾的**热值**有一定的要求，一般**不低于 3360kJ/kg**，限制了它的应用范围，特别是发展中国家垃圾的热值普遍较低，处理效率还有待提高。还应指出的是焚烧过程有可能产生严重污染的**二噁英**，必须投入大量的资金对烟气进行处理。

5.1.2 固体废物的热值

固体废物的燃烧过程必须以良好的燃烧为基础，即燃烧过程应完全。这就要求固体废物应具有一定的热值。**固体废物的热值**是指单位质量的固体废物燃烧释放出来的热量，以 kJ/kg 表示。固体废物的燃烧一般需要热值达到 3360kJ/kg，美国城市垃圾中可燃成分总热值较大，能维持燃烧。中国目前城市垃圾中可燃成分低，达不到维持燃烧的要求，还需添加辅助燃料助燃。

热值的表示方法有两种：粗热值和净热值。**粗热值**是指化合物在一定温度下反应到达最终产物的焓的变化。**净热值**与粗热值意义相同，不同的是产物水的状态不同，前者是液态水，后者是气态水。两者相差的正是水的汽化潜热。热值的测量是通过标准实验即氧弹量热计，先测量出粗热值，然后利用下式计算净热值。

$$Q_净 = Q_粗 - 2420[w_{H_2O} + 9(w_H - w_{Cl}/35.5 - w_F/19)]$$

式中　　$Q_净$——净热值，kJ/kg；

$Q_{粗}$——粗热值，kJ/kg；
w_{H_2O}——焚烧产物中水的质量分数，%；
w_H，w_{Cl}，w_F——分别为废物中氢、氯、氟的质量分数，%。

5.1.3 固体废物的燃烧过程

（1）燃烧方式

固体物质的燃烧过程复杂，除发生热分解、熔融、蒸发及化学反应外还伴随有传热、传质过程。根据可燃物质的性质，燃烧方式有蒸发燃烧、分解燃烧和表面燃烧。在蒸发燃烧中，固体废物先被熔化成液体，随后与空气混合燃烧。如脂类有机物的燃烧；分解燃烧是指固体废物受热分解，碳氢化合物等轻物质挥发，与空气扩散混合燃烧，固定碳等重组分与空气接触进行表面燃烧，如木材，纸类等的燃烧。表面燃烧则是不发生熔化、蒸发和分解过程，直接在固体表面与空气发生燃烧反应，如木炭、焦炭等与空气发生的燃烧反应。

（2）焚烧产物

可燃的固体废物基本是有机物，由大量的碳、氢、氧元素组成。有些还含有氮、硫、磷和卤素等元素。这些元素在焚烧过程中与空气中的氧起反应，生成各种氧化物或部分元素的氢化物。

① 有机碳的焚烧产物是二氧化碳气体。
② 有机物中的氢的焚烧产物是水。
③ 固体废物中的有机硫和有机磷，在焚烧过程中生成二氧化硫或三氧化硫以及五氧化二磷。
④ 有机氮化物的焚烧产物主要是气态的氮，也有少量的氮氧化物生成。
⑤ 有机氟化物的焚烧产物是氟化氢。
⑥ 有机氯化物的焚烧产物是氯化氢。
⑦ 有机溴化物和碘化物焚烧后生成溴化氢及少量溴气以及元素碘。
⑧ 根据焚烧元素的种类和焚烧温度，金属在焚烧以后可生成卤化物、硫酸盐、磷酸盐、氢氧化物和氧化物等。

（3）有害有机废物焚烧后要求达到的三个标准

有害有机废物焚烧处理后，要求达到以下三个标准。

① 主要有害有机组成（principle organic hazardous constituents，简写为POHC）的破坏去除率（destruction and removal efficiency，简写为DRE）要达到99.99%以上。DRE定义为从废物中除去的POHC的质量分数：

$$DRE = (w_{POHC进} - w_{POHC出})/w_{POHC进} \times 100\%$$

对每个指定的POHC都要求达到99.99%以上。

② 从焚烧炉烟囱排出的HCl量在进入洗涤设备之前应小于1.8kg/h，若达不到这个要求，则经过洗涤设备除去HCl的最小洗涤率应为99.0%。

③ 烟囱排放的颗粒物浓度应控制在183mg/m³，空气过量率为50%。如果大于或小于50%，应折算成50%的排放量。

（4）影响固体物质燃烧的因素

① **固体粒度的影响** 加热时间近似与固体粒度的平方成正比；一般来说，燃烧时间也与固体粒度的1~2次方成正比。因此粒度大小显著影响燃烧速度。在进行垃圾的焚烧处理时，将垃圾先破碎至一定粒度再送入焚烧系统，正是基于这一原因。

② **温度的影响**　燃烧温度低会造成燃烧不完全,燃烧室的温度必须保持在燃料的起燃温度以上,温度越高燃烧时间越短。另一方面,过高的燃烧温度会引发炉子的耐火材料、锅炉管道产生问题。因此当燃烧室的温度足够高时,要加强对燃烧速度的控制;当燃烧室的温度较低时,必须提高燃烧速度。总之燃烧速度取决于燃料特性、含水量、炉子结构和燃烧空气量等。

③ **氧浓度的影响**　通常氧浓度高燃烧速度快,为达到固体废物的完全燃烧,必须向燃烧室鼓入过量的空气,但空气量过剩太多会因为吸收过多的热量而使燃烧室的温度下降。只有当燃烧室处于少量过量空气时,燃烧效率最高。

④ **时间的影响**　燃料在焚烧炉中燃烧完毕所需停留时间,包括燃烧室加热时间、起燃与燃尽的时间之和。该时间受进入燃烧室燃料的粒径与密度的制约,粒径越大,停留时间越长,而密度受粒径的影响。为使焚烧停留时间缩短,投料前应先经破碎处理。

5.1.4　固体废物的焚烧系统

(1) 前处理系统

固体废物进入焚烧系统之前应满足以下条件:物料中的不可燃成分降低到 5% 左右,粒度小而均匀,含水率降低到 15% 以下,不含有毒害性物质。因此需要人工拣选、破碎、分选、脱水与干燥等工序的预处理环节。另外,为保证焚烧系统的操作连续性,需要建焚烧前垃圾的贮存场所,使设备有一定的机动性。一般来说,小型炉贮存量为 7 天焚烧量,大型炉为 2~3 天焚烧量。

(2) 进料系统

焚烧炉进料系统分为间歇与连续两种。由于连续进料有诸多优点,如炉容量大、燃烧带温度高、易于控制等,所以现代大型焚烧炉均采用连续进料方式。

连续进料系统是由一台抓斗吊车将废物由贮料仓中提升,卸入炉前给料斗。漏斗经常处于充满状态,以保证燃烧室的密封。料斗中废物再通过导管,借重力作用进入燃烧室,提供连续物料流。进料系统如图 5-1 所示。

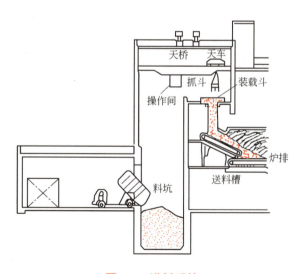

图 5-1　进料系统

(3) 燃烧室

燃烧室是固体废物焚烧系统的核心,由炉膛、炉箅(炉排)与空气供应系统组成。炉膛结构由耐火材料砌筑或水管壁构成。燃烧室按构造可分成室式炉（箱式炉）、多段炉、回转炉、流化床炉等。室式炉大都有多个燃烧室，第一燃烧室温度在700～1000℃之间，固体废物在其中进行干燥、气化和初始燃烧等过程。第二、第三燃烧室的作用是进一步氧化第一室中未燃尽的可燃性气体和细小颗粒。焚烧炉燃烧室容积如果过小，可燃物质不能充分燃烧，造成空气污染和灰渣处理的问题。燃烧室过大会降低使用效率。

炉排是炉室的重要组成部分，其功能有两点：一是传送废物燃料通过燃烧带，将燃尽的灰渣转移到排渣系统；二是在其移动过程使燃料发生适当的搅动，促使空气由下向上通过炉排料层进入燃烧室，以助燃烧。炉排类型较多，最常见的有往复式、摇动式与移动式三种，如图5-2所示。

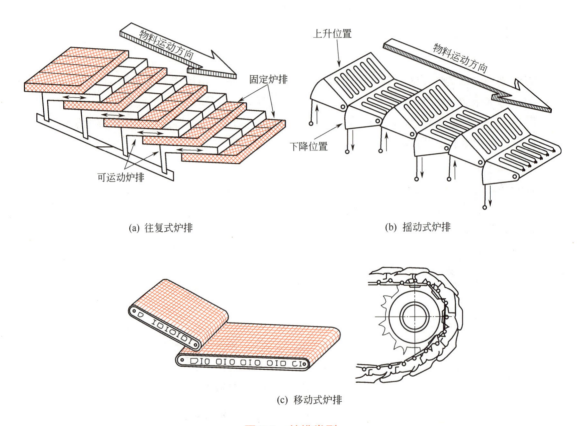

图 5-2　炉排类型

设计与选择炉排时，应使其达到如下几点要求。
① 能够耐焚烧过程中的高温（辐射热）和耐多种固体废物的腐蚀。
② 能够满足空气量的调节与温度控制的需要。
③ 能够满足调节物料停留时间的要求。
④ 能够调节被处理物料的燃烧层高度（厚度）。
⑤ 可以有控制地供给稳定的热量。
⑥ 可以调节灰渣的冷却程度。
⑦ 可以控制燃烧气在通到辐射燃烧层表面之前的温度。
⑧ 能够观察火层和燃烧气体。

⑨ 技术设计上还应达到：防止再次起火；灰渣的正常传递；损坏部件的更换性；适当的测量与控制系统等。

助燃空气供风系统是保证废物在燃烧室中有效燃烧所需风量的保障系统，由送风或抽风机送向炉排系统，将足够的风量供于火焰的上下。火焰上送风是使炉气达到湍流状态，保障燃料完全燃烧。火焰下进风是通过炉排由下向燃烧室进风，控制燃烧过程，防止炉排过热。

供风量高于理论氧需量的空气计算值，过量风除保证完全燃烧外，尚有控制炉温的作用。实际供风量往往高于理论量的一倍。

（4）废气排放与污染控制系统

废气排放与污染控制系统包括烟气通道、废气净化设施与烟囱。焚烧过程产生的主要污染物是粉尘与恶臭，尚有少量的氮、硫的氧化物。主要污染控制对象是粉尘与气味。粉尘污染控制的常用设施是沉降室、旋风分离器、湿式泡沫除尘设备、过滤器、静电除尘器等。废气通过选用的除尘设施，含尘量应达到国家允许排放的标准。恶臭的控制目前尚无十分有效的方法，只能根据某种气味的成分，进行适当的物理与化学处理措施，减轻排出废气的异味。烟囱的作用有两方面：一是建立焚烧炉中的负压，使助燃空气能顺利通过燃烧带；二是将燃烧后废气由顶口排入高空大气，使剩余的污染物、臭味与热量通过高空大气的稀释扩散作用，得到进一步缓冲。

（5）排渣系统

燃尽的灰渣通过排渣系统及时排出，保证焚烧炉正常操作。排渣系统是由移动炉排、通道与履带相连的水槽组成。灰渣在移动炉箅上由重力作用经过通道，落入贮渣室水槽，经水淬冷却的灰渣，由传送带送至渣斗，用车辆运走或用水力冲击设施将炉渣冲至炉外运走。

（6）焚烧炉的控制与测试系统

由于固体废物焚烧过程中所处理的物料种类和性能变化很大，因而燃烧过程的控制也更加复杂，采用适当的控制系统，对克服焚烧固体废物所带来的许多问题，保证焚烧过程高效率地运行是必要的。

焚烧过程的测量与控制系统包括空气量的控制、炉温控制、压力控制、冷却系统控制、集尘器容量控制、压力与温度的指示、流量指示、烟气浓度及报警系统等。

（7）能源回收系统

回收垃圾焚烧系统的热资源是建立垃圾焚烧系统的主要目的之一。焚烧炉热回收系统有三种方式。

① 与锅炉合建焚烧系统，锅炉设在燃烧室后部，使热转化为蒸气回收利用。

② 利用水墙式焚烧炉结构，炉箅以纵向循环水列管替代耐火材料，管内循环水被加热成热水，再通过后面相连的锅炉生成蒸气回收利用。

③ 将加工后的垃圾与燃料按比例混合作为大型发电站锅炉的混合燃料。

以上比较系统地介绍了固体废物的焚烧系统，为了对这一系统建立一整体概念，图5-3给出了这一系统的流程。

5.1.5 焚烧设备

用于固体废物处理的焚烧设备很多，以下为几种典型的焚烧炉。

（1）立式多段炉（多段竖炉）

这种炉型是工业中常见的焚烧炉，可适用于各类固体废物的焚烧。其结构如图5-4所示。

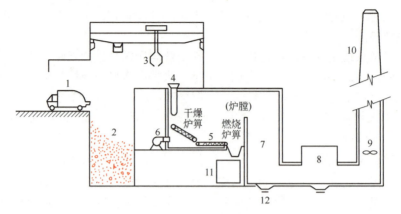

图 5-3　固体废物焚烧系统的流程

1—运料卡车；2—贮料仓库；3—吊车抓斗；4—装料漏斗；5—自动输送炉箅；6—强制送风机；7—燃烧室与热回收装置；8—废气净化装置；9—引风机；10—烟囱；11—灰渣斗；12—冲灰渣沟

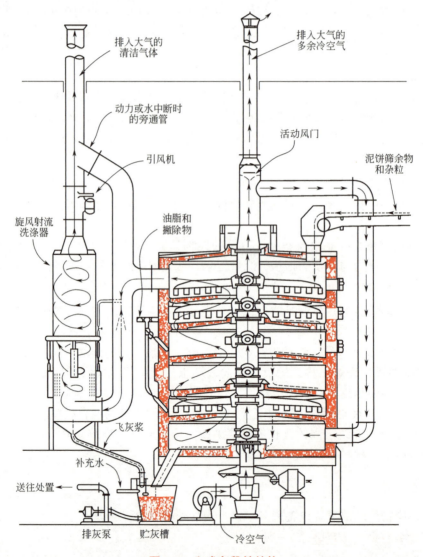

图 5-4　立式多段炉结构

炉体是一个垂直的内衬耐火材料的钢质圆筒，内部由多段燃烧空间（炉膛）构成，炉体中央装有一个顺时针方向旋转的带搅动臂的中空中心轴，各段的中心轴上又带有多个搅拌杆。按照各段的功能，可以把炉体分成三个操作区：最上部是干燥区，温度310～540℃；中部为焚烧区，温度760～980℃，固体废物在此区燃烧；最下部为焚烧后灰渣的冷却区，温度降为260～540℃。操作时固体废物连续不断地供给到最上段的外围处，并在搅拌杆的作用下，迅速在炉床上分散，然后从中间孔落到下一段。第二段上，固体废物又在搅拌杆的作用下，边分散、边向外移动，最后从外围落下。这样固体废物在奇数段上从外向里、在偶数段上从里向外运动，并在各段的移动与下落过程中，进行搅拌、破碎，同时也受到干燥和焚烧处理。焚烧时空气由中心轴下端鼓入炉体下部。尾气从上部排出。

这种燃烧炉的优点是废物在炉内停留时间长，对含水率高的废物可使水分充分挥发，尤其是对热值低的污泥，燃烧效率高。缺点是结构复杂、易出故障、维修费用高，因排气温度较低，易产生恶臭，通常需设二次燃烧设备。

（2）回转窑焚烧炉

如图5-5所示，回转窑炉窑身为一卧式可旋转的圆柱体，倾斜度小，转速低。废物由高端进入，随窑的移动向下移。空气与物料的移动方向，可以同向（并流）也可以逆向（逆流）。回转窑的温度分布大致为：干燥区200～400℃，燃烧区700～900℃，高温熔融烧结区1100～1300℃。废物进入窑炉后，随窑的回转而破碎同时在干燥区被干燥，然后进入燃烧区燃烧，在窑内来不及燃烧的挥发分，进入二次燃烧室燃烧。最后的残渣在高温烧结区熔融排出炉外。

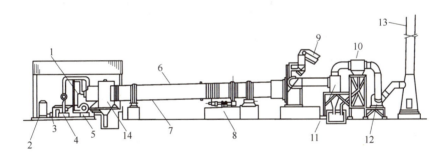

图5-5　回转窑焚烧炉

1—燃烧喷嘴；2—重油贮槽；3—油泵；4—三次空气风机；5—一次及二次空气风机；6—回转窑焚烧炉；7—取样口；
8—驱动装置；9—投料传送带；10—除尘器；11—旋风分离器；12—排风机；13—烟囱；14—二次燃烧室

回转炉的**优点**是比其他炉型操作弹性大，可焚烧不同性质的废物。另外，由于回转炉机械结构简单很少发生事故，能长期连续运转。其**缺点**是热效率低，只有35%～40%，因此在处理较低热值固体废物时，必须加入辅助燃料。排出的气体温度低，经常带有恶臭味，需设高温燃烧室或加设脱臭装置。

（3）流化床焚烧炉

流化床焚烧炉是工业上广泛应用的一种焚烧炉，如图5-6所示。主体设备是圆柱形塔体。底部装有多孔板，板上放置载热体砂作为焚烧炉的燃烧床。塔内壁衬有耐火材料。气体从下部通入，并以一定速度通过分配板，使床内载体"沸腾"呈流化状态。废物由塔侧或塔顶加入，在流化床层内与高温热载体及气流交换热量而被干燥、破碎并燃烧。废气从塔顶排出，夹带的载体粒子及灰渣经除尘器捕集后返回流化床内。

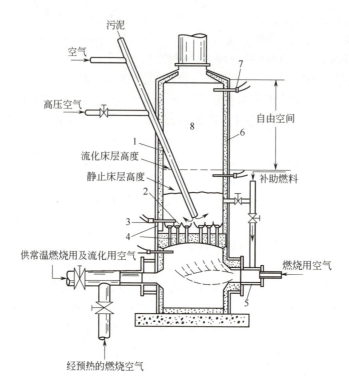

图 5-6 流化床焚烧炉

1—污泥供料管；2—泡罩；3，7—热电偶；4—分配板（耐火材料）；
5—补助燃烧喷嘴；6—耐火材料；8—燃烧室

流化床焚烧炉**优点**是焚烧时固体颗粒激烈运动，颗粒和气体间的传热、传质速度快，所以处理能力大，流化床结构简单，造价便宜。**缺点**是废物需破碎后才能进行焚烧。另外因压力损失大，存在动力消耗大的问题。

5.1.6 焚烧能源的回收利用

垃圾焚烧时焚烧炉燃烧室的温度可达 850～1000℃。回收其中的余热，是实现垃圾资源化的重要途径。它不仅能满足焚烧厂自身设备运转的需要、降低运行成本，而且还能向外界提供热能和动力，以获得比较可观的经济效益。现代化的焚烧系统都设有焚烧尾气冷却－废热回收系统。其有两方面的功能：一是调节焚烧尾气温度，以便进入尾气净化系统，尾气净化处理设备宜在 300℃ 内操作；二是回收、利用废热，降低焚烧处理费用。目前所有大、中型垃圾焚烧厂几乎均设置了汽、电共生系统。

（1）余热利用的主要形式

① **直接利用热能**　直接利用是将烟气余热转换为蒸汽、热水和热空气。该转换的实现是借助设计在焚烧炉之后的余热锅炉或其他热交换器，将热量转换为一定压力和温度的热水、蒸汽及一定温度的助燃空气。这一转换的**优点**是：热利用率高、设备投资省，适合小规模（日处理量≤100t/d）垃圾焚烧设备和垃圾热值较低的小型垃圾焚烧厂。**缺点**是：余热利用难度大，供需关系难协调，易造成能量的浪费。

② **余热发电**　将热能转化为高品位的电能，不仅能远距离传输，而且提供量基本不受用户的限制，应该说这一转换方式是废热利用的最有效途径之一。

（2）余热利用的设备

① 废热锅炉　废热锅炉是利用废热气产生蒸汽的设备。其优点是单位面积的传热速度高、可耐较高温度、体积小、安装费用低等。

② 发电装置　对于大型垃圾焚烧厂，由于垃圾的发热量较高，且电力设备的操作管理便利，焚烧厂内普遍设发电装置，并且采用发电量较高的凝结式汽轮发电机，或与发电厂联合，供应发电所需蒸汽。

5.1.7　焚烧过程污染物的产生与防治

垃圾焚烧所产生烟气的主要成分为CO_2、H_2O、N_2、O_2等，同时也含有部分有害物质，如烟尘、酸性气体（HCl、HF、SO_2）、NO_x、CO、碳氢化合物、重金属（Pb、Hg）和二噁英。故烟气必须经过适当的处理达到排放标准之后方能排入大气。烟气处理是根据上述组成分别进行的。

（1）酸性气体的处理

以碱性药剂消石灰和烟气中的HCl、SO_2发生化学反应，生成NaCl、$CaCl$和Na_2SO_3、$CaSO_3$等，根据碱性药剂的状态可分为干法和湿法。干法是以消石灰的粉末与酸性气体作用，形成颗粒状的产物再被除尘器去除。湿法是将消石灰的溶液喷入到湿式洗涤塔内，与酸性气体进行气液吸收，回收吸收液。代表性的工艺流程如下。

① 焚烧炉→干法→除尘器→烟囱。

② 焚烧炉→干法→除尘器→湿式洗涤塔→烟囱。

（2）NO_x的去除

焚烧产生的NO_x中95%以上是NO，其余的是NO_2。除去NO_x的措施有如下几种方法。

① 燃烧控制法　通过低氧浓度燃烧而控制NO_x的产生，但氧气浓度低时，易引起不完全燃烧，产生CO进而产生二噁英。

② 无催化剂脱氮法　将尿素或氨水喷入焚烧炉内，通过下列反应来分解NO_x。

$$4NO+2(NH_2)_2CO+O_2 \longrightarrow 4N_2+4H_2O+2CO_2$$

该法简单易行，成本低。去除效率约30%，但喷入药剂过多时会产生氯化铵，烟囱的烟气变紫。

③ 催化剂脱氮法　在催化剂表面有氨气存在时，将NO_x还原成N_2。

$$4NO+4NH_3+O_2 \longrightarrow 4N_2+6H_2O$$

$$NO_2+NO+2NH_3 \longrightarrow 2N_2+3H_2O$$

去除效率可达59%～95%。使用的低温催化剂价格昂贵，还需配备氨气供给设备。

（3）二噁英的控制

二噁英被称为世界上最毒的物质，毒性相当于氰化钾的1000倍。其易溶于脂肪且在体内积累，会引起皮肤痤疮、头疼、失聪、忧郁、失眠等症状。即使在很微量的情况下，长期摄取也会引起癌症、畸形等。**焚烧过程会产生二噁英**：垃圾本身含有二噁英；氯苯酚、氯苯在炉内反应会产生二噁英。

控制二噁英最有效的方法就是"三T"。

温度（temperature）：维持炉内高温800℃以上（最好900℃以上），将二噁英完全分解。

时间（time）：保证足够的烟气高温停留时间。

二噁英

涡流（turbulence）：采用优化炉型和二次喷入空气的方法，充分混合和搅拌烟气，使之完全燃烧。

对产生的二噁英可采用：喷入活性炭粉末吸收；设置催化分解器进行分解；设置活性炭塔吸收。

（4）烟尘的处理

烟尘的处理可采用除尘设备。常用的除尘设备有静电除尘器、多管离心式除尘器、滤袋式除尘器等。

5.2 固体废物的热解

5.2.1 热解的原理和特点

热解是有机物在无氧或缺氧条件下的高温加热分解技术，与燃烧时的放热反应有所不同。一般燃烧为放热反应，而热解反应大致是吸热反应。在有机物燃烧过程中，其主要生成物为二氧化碳和水。而热解主要是使高分子化合物分解为低分子，因此热解也称为"干馏"。其产物可分为以下几类。

① **气体**部分　氢气、甲烷、一氧化碳、二氧化碳等。
② **液体**部分　甲醇、丙酮、乙酸、含其他有机物的焦油、溶剂油、水溶液等。
③ **固体**部分　主要为炭黑。

例如纤维素的热分解为

$$3C_6H_{10}O_5 \xrightarrow{热分解} 8H_2O+C_6H_8O+2CO+2CO_2+CH_4+H_2+7C$$

式中，C_6H_8O 为液态生成物（焦油）。

可见，热解处理与焚烧处理相比其显著特点为：焚烧的结果产生大量的废气和部分废渣仅热能可回收，同时还存在二次污染问题。而热解的结果可产生燃气、燃油，其便于贮存运输。由此可见固体废物的热解处理更具优越性。

热解过程固体废物转化产物的分布主要由热解温度控制，如图5-7所示。

在较低温度下，有机废物大分子裂解成较多的中小分子，油类含量较多，高温下许多中间产物二次裂解，气相产物增多。另外，热解加热速度对产品分布也有较大影响，一般情况下较低和较高的加热速度都将使气相产物增多。

从资源化的角度讲，热解比焚烧有利。

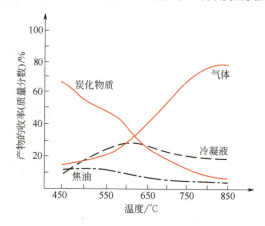

图 5-7　热解产物分布与温度的关系

但并非所有的有机废物都适于热解，对含水率过高、性质不同的可热解的有机混合物，因热解困难，回收燃料油或燃料气在经济上并不合算。即使是同类有机物，若数量不足以发挥处理设备能力的经济优势，也是不经济的。因此在使用热解技术时需充分研究废物的组成、性质和数量，考虑其经济性。

适于热解的废物有废塑料（含氯的除外）、废橡胶、废轮胎、废油及油泥（渣）、废有机污泥。

适于焚烧的废物有纸、木材、纤维素、动物性残渣、无机污泥、有机粉尘、含氯有机废物、城市垃圾、其他各种混合废物。

5.2.2 热解的方式

热解过程由于供热方式、产品状态、热解炉结构等方面的不同，热解方式各异。按供热方式可分成内部加热和外部加热。外部加热是从外部供给热解所需要的能量。内部加热是供给适量空气使可燃物部分燃烧，提供热解所需要的热能。外部供热效率低，不及内部加热好，故采用内部加热的方式较多。按热解与燃烧反应是否在同一设备中进行，热解过程可分为单塔式和双塔式。按热解过程是否生成炉渣可分为造渣型和非造渣型。按热解产物的状态可分成气化方式、液化方式和炭化方式。还有的按热解炉的结构将热解分成固定层式、移动层式或回转式。

5.2.3 热解的主要影响因素

（1）温度

热解温度决定着热解产物的分配比。热解过程中，可通过控制热解温度来选择热解产品的产量和成分。一般来说，温度升高气体的产量增加。

（2）湿度

热解过程中湿度的影响是多方面的。主要表现为影响产气量及其成分、热解内部的化学过程以及影响整个系统的能量平衡。

（3）反应时间

反应时间是指反应物料完成反应在炉内停留的时间。它与物料的尺寸、物料分子结构特性、反应器内的温度水平、热解方式等因素有关，同时它也会影响热解产物的成分和总量。一般情形下物料尺寸越小，反应时间越短；物料分子结构越复杂，反应时间越长。反应温度越高反应时间就会缩短。

5.2.4 热解工艺与设备

热解工艺常按反应器的类型进行分类，反应器一般有立式炉、回转窑、高温熔化炉和流化床炉。

（1）立式炉热分解法

工艺流程如图5-8所示。废物从炉顶投入，经炉排下部送来的重油、焦油等可燃物的燃烧气体干燥后进行热分解。炉排分为两层，上层炉排为已炭化物质、未燃物和灰烬等，用螺旋推进器向左边推移落入下层炉排，在此，将未燃物完全燃烧。这种方法称为偏心炉排法。

分解气体和燃烧气送入焦油回收塔，喷雾水冷却除去焦油后，经气体洗涤塔，洗涤后用作热解助燃气体。焦油则在油水分离器回收。炉排上部的炭化物质层温度为500~600℃，热分解炉出口温度300~400℃，废物加料口设置双重料斗，可以连续投料而又避免炉内气体逸出。

本方法适合于处理废塑料、废轮胎。

（2）双塔循环式流态化热分解法

其工艺流程如图5-9所示。

图5-9（a）中，流态化热载体为惰性粒子，燃烧用空气兼起流态化作用，在射流层3内加热后，经连接管4送至热分解塔的流化层1内，把热量供给垃圾热分解后再经过回流管2返回燃烧炉内。垃圾在热解炉内分解。所产生的气体一部分作流态化气体循环使用。欲产生水煤气可以加入一部分水蒸气。生成的烟尘、油可在燃烧炉内循环作为载体加热燃料使用。

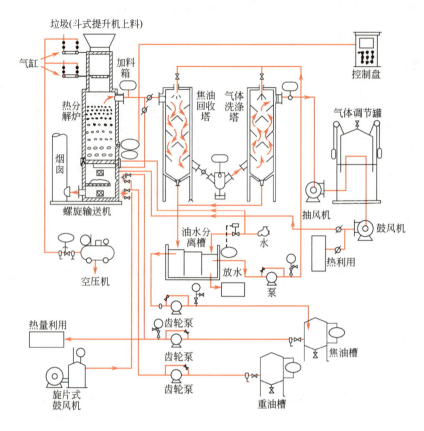

图 5-8 立式炉热分解法工艺流程

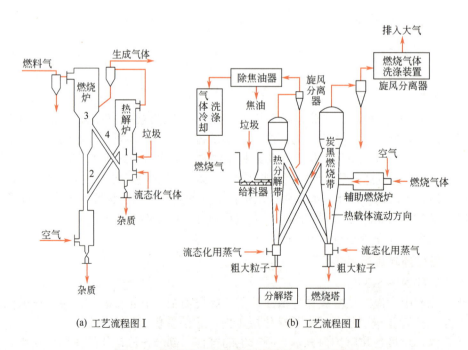

图 5-9 双塔循环式流态化热分解法工艺流程

本方法的特点如下。

① 热分解的气体系统内，不混入燃烧废气，提高了气体热值，热值为 17000～18900kJ/m³（标准状态）。

② 烟气作为热源回收利用。减少固熔物和焦油状物质。

③ 空气量控制只满足燃烧烟尘的必要量，所以外排废气量较少。

④ 热分解塔上装有特殊的气体分布板，当气体旋转时会形成薄层流态化。

⑤ 垃圾中无机杂质和残渣，在旋转载体作用下混入载体的砂中，在塔的最下部设有排除装置，经分级处理后，残渣排除，载体返回炉内。

（3）回转窑热分解法

其装置系统如图 5-10 所示。

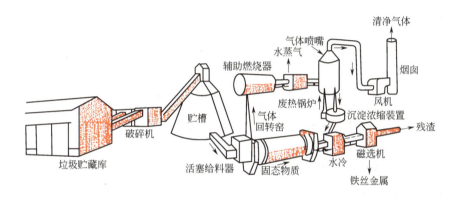

图 5-10 回转窑热分解法装置系统

将垃圾用锤式剪切破碎机破碎为块径 10cm 以下送贮槽后，用油压式冲压给料器将空气挤出并自动连续地送入回转窑内。在窑的出口设有燃烧器，喷出的燃烧器气逆流直接加热垃圾，使其受热分解而气化。空气用量为理论完全燃烧用量的 40%，即仅使垃圾部分燃烧。燃气温度调节为 730～760℃，为了防止残渣熔融结焦，温度应控制在 1090℃ 以下。每公斤垃圾生成燃气量为 1.5m³，热值（4.6～5）×10³kJ/m³（标准状态）。热回收效率为垃圾和助燃料等输入热量的 68%，残渣落入水封槽内急剧冷却。从中可回收铁和玻璃质。

由于预处理只破碎不分选，比较简单，对垃圾质量变动的适应性强。设备结构简单，操作可靠。

美国采用该方案投资 50 亿美元，建成 1000t/d 规模的处理系统。

（4）高温熔融热解法

这是将城市垃圾变成能源回收，其残渣作为资源利用的方法。特点是将烟尘用预热空气带至气化炉燃烧，热分解并能使惰性物质达到熔融的高温。如图 5-11 所示。

垃圾无需预处理，直接用抓斗装入炉内。物料从上向下沉降时就受逆向高温气流加热，进行干燥，热分解，成为炭黑。最后炭黑燃烧成为 CO、CO_2，惰性物质熔融。

对垃圾干燥热分解及残渣熔融等需要的热量都是靠气化炉内用预热空气（温度 1000℃）燃烧炭黑所提供。炉内温度为 1650℃，热分解产生的气体和一次燃烧生成气体，都送至二次燃烧室和大致等量的空气混合，在 1400℃ 以下温度燃烧。完全燃烧后排出废气的温度为 1150～1250℃。

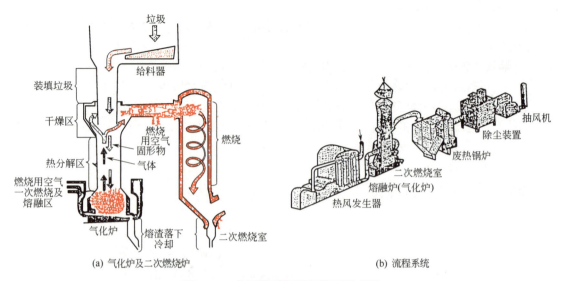

图 5-11 高温熔融热解法装置及系统

高温废气的 15% 用来预热空气，85% 供废热锅炉。由于高温，使铁质玻璃等惰性物熔融而成熔渣，连续落入水槽急冷，呈黑色豆粒状熔块。可作建筑骨料或碎石代用品，其量仅占垃圾总量的 3%～5%。

该法优点是不需要炉床，故没有炉床损伤问题。

5.2.5 热解处理实例

（1）废塑料的热解处理

废塑料的热解产物一般以固态、液态、气态区分，并分别回收利用。若塑料中含氯、氰基团的，热解产物一般含 HCl 和 HCN，因塑料产品含硫较少，热解油品含硫分低，不失为一种获取优质低硫燃料油的方法。图 5-12 是日本三菱公司开发的热解废塑料流程。

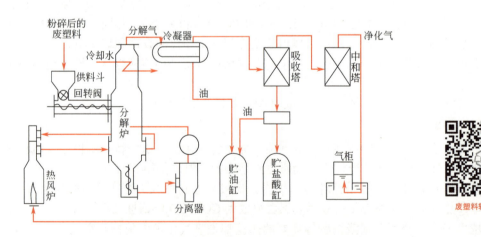

图 5-12 日本三菱公司热解废塑料流程

废塑料经破碎后（块径 10mm）送入挤压机，加热至 230～280℃，使塑料熔融。如含聚氯乙烯时产生的氯化氢可经氯化氢吸收塔回收。熔融的塑料再送入分解炉，用热风加热到

400～500℃分解，生成的气体经冷却液化回收燃料油。

（2）废橡胶的热解

废橡胶主要是指废轮胎，工业部门的废皮带和废胶管等。不包含人工合成氯丁橡胶和丁腈橡胶，因其会产生 HCl 及 HCN 而不宜热解。废轮胎的热解炉主要有流化床及回转窑。其热解工艺流程如图 5-13 所示。

废轮胎破碎至块径小于 5mm，轮缘及钢丝帘子布等大部分被分离而去，经磁选去除金属丝，轮胎粒子经螺旋加料器等进入电加热反应器中。流化床的气流速度为 500L/h，流化气体由氮及循环热解气组成。热解气流经除尘器与固体分离，再经静电沉积器去除炭灰，在深度冷却器和气液分离器中将热解所得油品冷凝，未被冷却的气体作为燃料气为热解提供热能或做流化气体使用。

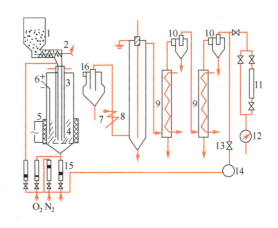

图 5-13　流化床热解橡胶工艺流程

1—橡胶加料斗；2—螺旋输送器；3—冷却管；4—流化床反应器；5—加热器；6—热电偶；7—冷却器；8—静电沉器；9—深度冷却器；10，16—气旋；11—取样器；12—气量计；13—节气阀；14—压气机；15—转子流量机

以上流程需将废物破碎，预加工费用较大，因此日本、美国、德国几家公司合作，在汉堡建立了日处理能力 1.5～2.5t 废轮胎的实验性流化床反应器。整轮胎不经破碎即能进行加工，可节省因破碎所需的大量费用。

废旧橡胶的回收利用

整轮胎进入反应器达流化床后，慢慢地沉入砂内，热砂粒覆在其表面，使轮胎热透而软化，流化床内的砂粒与软化的轮胎不断交换能量，发生摩擦使轮胎渐渐分解，两三分钟后，轮胎全部分解，在砂床内残留的是一堆残留的钢丝，由深入流化床内的移动式格栅将其带走。

热解产物连同流化气体，经旋风分离器及静电除尘器将橡胶、填料、炭黑和氧化锌分离除去，气体经冷却，分离出芳香族的油品，最后得到含甲烷和乙烯量较高的热解气体。整个过程所需能量不仅可自给，且有剩余能量可供他用。

复习思考题

1. 何谓热值？热值的表示方法有哪两种？
2. 固体废物燃烧方式有哪几种？各有何特点？
3. 影响固体废物燃烧的因素有哪些？
4. 固体废物的焚烧系统包括哪几部分？
5. 何谓热解？热解的产物有哪些？
6. 热解和焚烧有何区别？
7. 试述废塑料、废橡胶的热解处理工艺流程。

6 固体废物的微生物分解

知识目标

1. 掌握好氧堆肥的原理。
2. 掌握堆肥腐熟度的定义及其评价方法。
3. 掌握厌氧发酵的原理。
4. 了解污泥处理的目的和方法。
5. 掌握厌氧发酵工艺的种类。

能力目标

1. 掌握好氧堆肥的影响因素。
2. 掌握厌氧发酵的影响因素。

素质目标

1. 培养学习者的生态环境意识。
2. 培养学习者的固体废物资源化意识。
3. 培养学习者的科学创新精神。

阅读材料

污泥处理处置未来主流技术路线

解决污泥问题，"处置"决定"处理"是业内共识。借鉴国际经验，有业内人士分析，未来污泥处理处置的技术发展主要有四条路径。

1. 以沼气能源回收和土地利用为主的厌氧消化技术路线

通常认为，厌氧消化成本较低，且可以实现污泥减量化、稳定化。近年来，研究及实践均表明，通过采用碱解处理、热处理、超声波处理、微波处理等方法对污泥进行预处理，可以提高污泥水解速率，改善污泥厌氧消化性能。污泥厌氧消化技术会是未来的一个主流方向。

2. 以土地利用为主的好氧发酵技术路线

好氧发酵效率高，稳定化时间相对较短，在降低含水率及灭菌的同时，污泥成品主要用于修复盐碱地、城市绿化、垃圾场覆盖以及建筑等方面用土，从而实现污泥中有机质及营养元素的高效利用，设备投资少、运行管理方便。未来，污泥好氧发酵工程可采用高效、快速、稳定、集约化的设计、运营模式，可实现占地面积的大幅缩小；研究表明，我国城市生活污泥的重金属超标比例约5%，污染风险较小。该技术在相对欠发达地区，应用前景较大。

3. 污泥干化-焚烧技术路线

污泥干化焚烧无害化最彻底，但是设备投资和运行成本较高，且焚烧产生的烟气污染严重，还需建立完善的烟气处理系统，这也加大了污泥的处理费用。因此，干化焚烧工艺一般适用于用地紧张且经济发达的地区。现阶段，在我国污泥厌氧消化和好氧发酵技术还未成熟的情况下，污泥干化焚烧在一定时期内可能会出现增长的态势，尤其是工业窑炉协同焚烧的方式。

4. 建材利用为主的污泥干化处理技术路线

高干脱水工艺，能够将污泥含水率降低至10%。并且大部分建材企业废热余热充足，例如砖瓦厂的窑炉余热烟气等等。利用废热余热来烘干污泥，是近年来比较热门的一个研究方向。以废治废，以最低的成本来烘干污泥，达到大幅度减量化的目的。干化后的污泥按照一定比例作为原材料掺入建材原料里面，最终实现资源化利用。

6.1 概述

在生态系统的物质循环中，微生物作为分解者，起着重要的、不可替代的作用。从生产者利用阳光将水和二氧化碳合成蛋白质开始，物质就在植物、动物中传递，最后动植尸体被微生物分解。如果没有微生物的降解作用，生态系统就无法维持其平衡。因此了解微生物的分解转化作用，对研究生态环境尤为重要。正是基于这一点，近年来生物工程技术有了突破性的发展，生物处理法用于生活污水及有机工业废水的处理已相当普遍，同样对固体废物的处理，生物降解技术更是备受瞩目。如可降解塑料（包括光解和生物降解）的开发，为有效消除"白色污染"提供了广阔前景。利用厌氧发酵技术使城市垃圾沼气化，既可以消化固体废物又可从中获取能源，不失为固体废物"减量化""资源化""无害化"的应用典范。

与固体废物的焚烧，热解处理技术相比，生物降解技术还有其另一特点，前者主要出发点是在销毁固体废物的同时获取其中的能源，而生物降解则可将固体废物直接转化为有用的资源，如堆肥产品。合理的享用这些资源不仅可减少环境污染，还可以更大限度地造福人类。

6.1.1 微生物在环境物质中的循环作用

微生物对环境物质的分解作用是在其新陈代谢的过程中完成的，其间微生物不断地从外界吸收营养（主要是有机物）用以合成蛋白质、核酸等自身生命体的基本物质，同时向外界排泄废物，达到其生长、繁殖的目的。无论是哪种微生物，构成其生命体的基本元素有碳、氮、氧、硫、磷，这些元素在整个生态系统中通过食物链不断循环。

（1）碳循环

含碳物质有二氧化碳、碳水化合物（如糖、淀粉、纤维素）、脂肪、蛋白质等。碳循环从二氧化碳开始被植物、藻类利用，进行光合作用，合成植物性碳；又被草食动物转化为动物性碳；动物和人呼出二氧化碳，死后有机体又被厌氧微生物和好氧微生物分解产生二氧化碳回到大气。另外，在厌氧环境中，产甲烷菌将二氧化碳转化为甲烷，甲烷氧化菌将甲烷氧化为二氧化碳。

（2）氮循环

自然界氮素丰富，以分子氮、有机氮、无机氮（氨氮和硝酸氮）三种形态存在。其中植物只能利用无机氮。在微生物、植物和动物三者的协同下将三种形态的氮互相转化，构成氮循环，其中微生物起着重要的作用。大气中的分子氮被根瘤菌固定后供给豆科植物利用，还可被固氮菌和固氮蓝藻固定成氨，氨被消化细菌氧化成硝酸盐，被植物吸收，无机氮就转化为植物蛋白。植物被动物食用后转化为动物蛋白。动物、植物的尸体及人和动物的排泄物又被氨化细菌转化为氨，氨又被硝化细菌氧化成硝酸盐，又被植物吸收。

（3）磷循环

磷的存在形式以有机磷（核酸、植酸、卵磷脂）、无机磷（磷酸盐等）及还原态磷（PH_3）三种状态存在。磷是一切生物的重要营养素。植物不能直接利用含磷有机物和不溶性的磷酸盐，必须经过微生物分解转化为溶解性的磷酸盐才能吸收利用。植物被动物食用后，磷随食物链进入动物体，死后又流入微生物。

许多固体有机废物含有大量的碳、氮、磷，上述循环为固体废物的堆肥技术提供了理论依据，同时也成为堆肥工艺的主要控制参数。

6.1.2 可降解的固体有机废物及其微生物群落

（1）纤维素及其降解微生物

纤维素是葡萄糖的高分子聚合物，每个纤维素分子含 1400～10000 个葡萄糖基。为微生物的生长提供了丰富的糖原。含有树木、农作物的固体废物，都有大量的纤维素存在。在微生物酶的作用下，纤维素经好氧分解生成二氧化碳、水，同时为微生物生长繁殖提供所需的营养和能量；如为厌氧发酵，则生成丙酮、丁醇、丁酸、乙酸、二氧化碳等。

分解纤维素的微生物有细菌、放线菌和真菌。好氧的纤维素分解菌中黏细菌为多，占重要地位。其次还有镰状纤维菌和纤维弧菌。在 10～15℃便能分解纤维素，最适温度为 22～30℃，最高温度为 40℃。最适 pH 值为 7～7.5，pH 值为 4.5～5 时不能生长，其 pH 值最高可达 8.5。厌氧的有产纤维二糖芽孢梭菌、无芽孢厌氧分解菌及嗜热纤维芽孢梭菌，好热性厌氧分解菌最适温度 55～65℃，最高温度为 80℃，最适 pH 值为 7.4～7.6。它们为专性厌氧。

（2）果胶质及其降解微生物

果胶质是由 D-半乳糖醛酸以 α-1,4-糖苷键构成的直链高分子化合物，其羧基与甲基酯化形成甲基酯。果胶质存在植物的细胞壁和细胞间质中，天然的果胶质不溶于水，称原果胶。原果胶在酶的作用下水解为果胶酸、半乳糖醛酸、甲醇、聚戊糖等，然后在好氧条件下被分解为二氧化碳和水；或好氧条件下进行丁酸发酵，产物有丁酸、乙酸、醇类、二氧化碳和氢气。

分解果胶质的微生物，**好氧菌**如枯草芽孢杆菌、多黏芽孢杆菌、浸软芽孢杆菌及不生芽孢的软腐欧氏杆菌。**厌氧菌**有蚀果胶梭菌和费新尼亚浸麻梭菌。分解果胶的**真菌**有青霉、曲霉、木霉、小克银汉霉、芽枝孢霉、根霉、毛霉，还有放线菌。

（3）淀粉及其降解微生物

淀粉是多糖，微生物经好氧分解时水解成葡萄糖，进而酵解成丙酮酸，通过三羧酸循环完全氧化为二氧化碳和水；厌氧条件下，产生乙醇和二氧化碳。

降解淀粉的微生物好氧菌有枯草芽孢杆菌、根菌、曲霉，枯草杆菌可将淀粉一直分解为二氧化碳和水；厌氧菌有根霉、曲霉（先将淀粉转化为葡萄糖）酵母菌（将葡萄糖发酵为乙醇和二氧化碳）。

（4）脂肪及其降解微生物

脂肪是甘油和高级脂肪酸所形成的脂，不溶于水，可溶于有机溶剂。它们存在于动、植物体中，是人和动物的能量来源，是微生物的碳源和能源，食品加工和餐饮行业的固体废物等含有大量的油脂。细菌、真菌对脂肪有很强的降解作用。

（5）蛋白质氨基酸及其降解微生物

蛋白质分子量大，不能直接进入微生物细胞，在细胞外被蛋白酶水解成小分子肽、氨基酸后才能通过细胞被微生物利用。

分解蛋白质的微生物种类很多，好氧细菌有枯草芽孢杆菌、巨大芽孢杆菌、蕈状芽孢杆菌、蜡状芽孢杆菌及马铃薯芽孢杆菌等；兼性厌氧菌有变形杆菌、假单胞菌；厌氧菌有腐败梭状芽孢杆菌、生孢梭状芽孢杆菌。

氨基酸的转化可在氨化微生物的作用下产生氨；也可由脱羧作用生成胺，由腐败细菌和霉菌完成。

基于微生物对碳、氮、磷等的吸收转化，将固体废物中易于生物降解的有机组分转化为腐殖肥料、沼气或其他化学转化品，如饲料蛋白、乙醇或糖类，从而达到固体废物无害化、资源化已成为当前处理有机固体废物的重要手段。后面将介绍两种重要的生物降解技术：好氧堆肥和厌氧发酵。

6.2　好氧堆肥

堆肥是一种很古老的有机固体废物的生物处理技术，早在化肥还没被广泛施于农业之前，堆肥一直是农业肥料的来源，人们将杂草落叶，动物粪便等堆积发酵，其产品称之为农家肥。用它使土地肥沃以保证土壤所必需的有机营养，由此获得农作物的优质高产。随着科学技术的不断进步，人们已将这一古老的堆肥方式推向机械化和自动化。如今的堆肥技术已发展到以城市生活垃圾，污水处理厂的污泥，人畜粪便，农业废物及食品加工业废物等为原料，以机械化代替原先的手工操作，并通过对堆肥工艺的开发，使堆肥处理工程走向现代化。

6.2.1　好氧堆肥原理

好氧堆肥是在有氧条件下，有机废物通过好氧菌自身的生命活动氧化还原和生物合成，将废物一部分氧化成简单的无机物，同时释放出可供微生物生长，活动所需的能量，而另一部分则被合成新的细胞质，使微生物不断生长，繁殖的过程。如图6-1所示。

由图6-1可知，有机物生化降解同时，伴有热量产生，因堆肥过程中该热能不会全部散发到环境中，就必然造成堆肥物料的温度升高。这样就会使那些不耐高温的微生物死亡，耐高温的细菌快速繁殖。生态动力学表明，好氧分解中，发挥主要作用的是菌体硕大，性能活泼的嗜热细菌群。该菌群在大量氧分子存在下将有机物氧化分解。同时释放出大量能量。据此，堆肥过程应伴随着两次升温，将其分成起始阶段、高温阶段和熟化阶段三个过程。

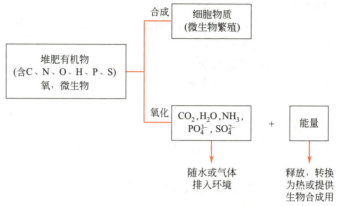

图 6-1　有机物的好氧堆肥分解

（1）起始阶段

不耐高温的细菌分解有机物中易降解的葡萄糖、脂肪等，同时放出热量使温度上升。温度可达 15～40℃。

（2）高温阶段

耐高温菌迅速繁殖，在供氧条件下，大部分较难降解的有机物（蛋白质、纤维等）继续被氧化分解，同时放出大量热能，使温度上升至 60～70℃。

当有机物基本降解完，嗜热菌因缺乏养料而停止生长，产热随之停止，堆肥的温度逐渐下降，当温度稳定在 40℃，堆肥基本达到稳定，形成腐殖质。

（3）熟化阶段

冷却后的堆肥，一些新的微生物，借助残余有机物（包括死掉的细菌残体）而生长，将堆肥过程最终完成。

上述三个过程堆肥物料的温度变化曲线示于图 6-2。

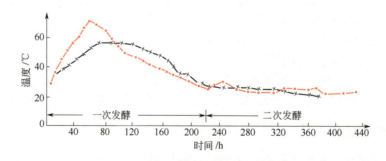

图 6-2　堆肥物料温度变化曲线

6.2.2　堆肥过程参数

在基本掌握了堆肥的原理和过程之后，应用上一节介绍过的各种微生物对碳、氮、磷等的吸收转化，堆肥过程的关键就是如何选择堆肥的条件，促使微生物降解的过程顺利进行，为此必须考虑如下参数。

（1）供氧量

对于好氧堆肥而言，氧气是微生物赖以生存的物质条件，供氧不足会造成大量微生物死亡，使分解速度减慢。但提供冷空气量过大会使温度降低，尤其不利于耐高温菌的氧化分解过程。因此，供氧量要适当，实际所需空气量应为理论空气量的 2～10 倍。供氧方式是靠强制通风和翻堆搅拌完成的。因此，保持物料间一定的空隙率很重要，物料颗粒太大使空隙率减小，颗粒太小其结构强度小，一旦受压会发生倾塌压缩而导致实际缝隙减小。因此颗粒大小要适当，可视物料组成性质而定。

（2）含水量

在堆肥工艺中，堆肥原料的含水率对发酵过程影响很大，归纳起来水的作用有两点：一是溶解有机物，参与微生物的新陈代谢；二是可以调节堆肥温度，当温度过高时可以通过水分的蒸发，带走一部分热量。可见发酵过程中应有适宜的含水量，水分太少妨碍微生物的繁殖，使分解速度缓慢，甚至导致分解反应停止（含水率低于 12% 时，微生物将停止活动），但水分过高会导致原料紧缩或内部空隙被水充满，使空气量减少，造成向有机物供氧不足，而变成厌氧状态，同时因过多的水分蒸发，而带走大部分热量，使堆肥过程达不到良好的高温阶段，抑制了高温菌的降解活性最终影响堆肥的效果。实践证明，堆肥原料的水分含量以 50%～60%（质量分数）为宜，55% 左右最理想，此时微生物分解速度最快。

含水量的调节：对高含水量的垃圾可采用机械压缩脱水，使脱水后的垃圾含水率在 60% 以下，也可以在场地和时间允许的条件下，将物料摊开、搅拌使水分蒸发。还可以在物料中加入稻草、木屑、干叶等松散或吸水物。而对低含水量的垃圾（低于 30%），可添加污水、污泥、人畜尿粪等。

（3）碳氮比

从微生物的生长繁殖过程考虑，供其吸收的营养物质要搭配合理，以使其处在最佳的生理活动状态，从而能够有效地降解固体废物，如适宜的碳氮比。实践证明，有机物被微生物分解的速度随碳氮比而变，过大或过小，都不会得到理想的效果。微生物自身的碳氮比约为 4～30，因此用作其营养的有机物的碳氮比最好也在该范围内，特别是当碳氮比在 10～25 时，有机物被生物分解速度最大。综合考虑，堆肥过程适宜的碳氮比应为 20～35 之间。碳氮比超过 35，可供消耗的碳元素增多，氮元素相对缺乏，细菌和其他微生物的发展受限，有机物的分解速度缓慢，发酵过程长。此外，碳氮比过高，易造成成品堆肥的碳氮比值过度，即出现所谓"氮饥饿"状态，施于土壤后，会夺取土壤中的氮，而影响作物生长。但若碳氮比比值低于 20 可供消耗的碳元素过少，氮元素相对过剩，则氮容易转换成氨气而损失掉，从而降低堆肥的肥效。表 6-1 列出了各种物料的碳氮比值。

表 6-1 各种物料的碳氮比值

名称	C/N 值	名称	C/N 值
锯末屑	300～1000	猪粪	7～15
秸秆	70～100	鸡粪	5～10
垃圾	50～80	活性污泥	5～8
人粪	6～10	生污泥	5～15
牛粪	8～26		

从表 6-1 可知，以不同的物料做基质时可根据其碳氮比做适当调节，以达到适宜的碳氮比，一般认为城市垃圾的碳氮比应为 20～35。

（4）碳磷比

除碳和氮外，磷对微生物的生长碳氮比尤为重要。在微生物的生长繁殖过程中，能量的摄取、新细胞的核酸合成等都必须提供足够的磷。磷缺乏会导致堆肥效率降低。在垃圾发酵时添加污泥就是利用其中丰富的磷来调整堆肥原料的碳磷比。实践表明，堆肥原料适宜的碳磷比为 75～150。

（5）pH 值

pH 值对微生物的生长会发生重要的影响，从上一节的内容可以看出，微生物对碳、氮、磷等的降解作用多数在 pH 值为中性或弱碱性时活性最高，为此需根据各种不同的微生物，在特定的降解过程中所需的适宜 pH 值来调整堆肥的酸碱度，pH 值过高或过低都对堆肥不利。值得注意的是，在好氧堆肥过程中，随着生化过程的进行，pH 值也和温度一样出现一定的波动，其变化规律如图 6-3 所示。

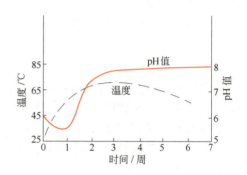

图 6-3 堆肥过程温度与 pH 值的变化规律

6.2.3 堆肥的工艺过程

堆肥过程通常由前处理、一次发酵、二次发酵、后处理、脱臭、贮存等工序组成。

（1）前处理

把收集的垃圾、粪便、污泥等按要求调整水分和碳氮比，必要时添加菌种和酶。如果垃圾中含有大块垃圾和不可生物降解的物质则应进行破碎和去除，否则大块垃圾的存在会影响垃圾处理机械的正常运行，而不可降解的物质会导致堆肥发酵仓容积的浪费和堆肥产品的质量。

（2）一次发酵

一次发酵可在露天或发酵装置中进行，氧气的供给前者通过翻堆，后者是向发酵仓内强制通风。此时由于原料中存在大量的微生物及其所需营养物，发酵开始，首先是易分解的有机物糖类等的降解，参与降解的微生物有好氧的细菌、真菌等，如枯草芽孢杆菌、根霉、曲霉、酵母菌。降解产物为二氧化碳和水，微生物将细胞中吸收的营养物质分解，同时产生热量使堆肥温度上升。一般将温度升高到开始降低为止的阶段为一次发酵期。

（3）二次发酵

在一次发酵中难降解的有机物可全部降解，变成腐殖质、氨基酸等较稳定的有机物，得到完全成熟的堆肥产品。

（4）后处理

二次发酵后的物料有在前处理中尚未完全除去的塑料、玻璃、金属、小石块等，故还需经一道分选工序取出杂物。

（5）脱臭

有些堆肥工艺结束后会有臭味，需进行脱臭处理。方法有加入化学除臭剂、活性炭吸附等。

（6）贮存

堆肥一般在春秋两季使用，暂时不能用上的堆肥要妥善贮存，可装入袋中，干燥、通风保存。密闭或受潮都会影响其质量。

6.2.4 堆肥的方法

好氧堆肥方法有两种，即野积式堆肥和工厂化机械堆肥。

（1）野积式堆肥

野积式堆肥又称露天堆肥，是一种间歇堆肥的方法，也是一种古老的堆肥方法。该法是把新收集的垃圾、粪便、污泥等废物混合分批堆积。有的城市用单一的垃圾为原料，经过堆积生产垃圾肥，堆积后的废物不再添加新料，让其中的微生物参与生物化学反应，使废物转变为腐殖土样的产物。前期一次发酵大约需要五周，一周要翻动一至二次。然后再经过6～10周熟化稳定后进行二次发酵。全部过程需要11～15周。该法要求场地坚实、不渗水，其面积需能满足处理所在城市废物排量的需要。因其生产周期长（11～15周），露天操作不卫生，且产品质量不高，目前已被现代化的堆肥所代替。

（2）连续堆积法（工厂化机械堆肥）

现代化的堆肥操作，多采用成套密闭式机械连续堆制。连续堆制是使原料在一个专门设计的发酵器中完成中温和高温发酵过程。然后将物料运往发酵室堆成堆体，再熟化该法具有发酵快、堆肥质量高、能防臭、能杀死全部细菌、成品质量高的特点。

连续堆积法采用的发酵器类型很多，一般分为立式发酵器和卧式发酵器。

① 立式发酵器　通常由5～8层组成，堆肥物料由塔顶进入塔内，在塔内的堆肥物料通过各种形式的机械运动及物料的重力由塔顶一层层地向塔底移动。在移动的同时完成供氧及一次发酵过程，一般需经5～8天。立式堆肥发酵塔通常为密闭结构，塔内温度由上层至下层逐渐升高。图6-4是立式多层发酵器及发酵系统流程示意图。

原料从仓顶加入，在最上段靠内拨旋转搅拌耙子的作用，边搅拌翻料边向中心移动，从中央落下口下落至第二段，在第二段的物料则靠外拨旋转搅拌耙子的作用从中心向外移动，从周边的落下口，落到第三段……依此逐层进行，供气可从各段之间的空间强制鼓风送气，也可靠排气的抽力自然通风。到第四～五段发酵温度可达到70～80℃，全塔共分8段，该发酵仓的**优点**是搅拌充分，**缺点**是旋转轴扭矩大，设备费用和动力费用较高。

② 卧式发酵器　图6-5所示为卧式回转圆筒形发酵仓。加入料斗的垃圾经过料斗底部的板式给料机和一号皮带输送机送到磁选机除去铁类物质由给料机供给低速旋转的发酵仓，在发酵仓内废物靠与桶体表面的摩擦，沿旋转方向提升，同时借助自重落下。如此反复，废物被均匀地翻倒而与供给的空气接触，并借微生物作用进行发酵，连续数日后成为堆肥排出发酵仓，随后经振动筛筛分，筛上物经溜槽排出，进行焚烧或填埋。筛下物经去除玻璃后即成为堆肥。

6.2.5 堆肥的腐熟度

（1）腐熟度含义

堆肥的**腐熟度**是指成品堆肥的稳定程度，具体指堆肥中的有机质经过矿化、腐殖化过程最后达到稳定的程度。在工程上，它是衡量堆肥反应完成的信号；在农业上，它是堆肥质量的指标。

（2）腐熟度评定方法

① **直观经验法**　成品堆肥显棕色或暗灰色，并具有霉臭的土壤气味，无明显的纤维。

采用此法测定堆肥质量,比较简便直观,但精确度较差。

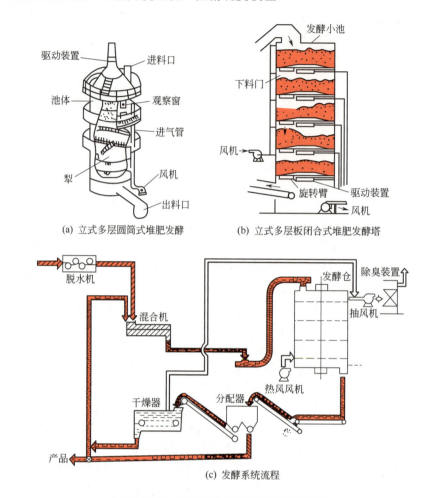

图 6-4　立式多层发酵器及发酵系统流程

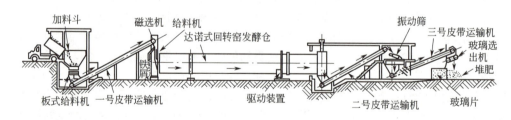

图 6-5　卧式回转圆筒形发酵仓

② **淀粉测试法**　淀粉测试法是将堆肥样品加入高氯酸溶液,搅拌、过滤,用碘液检验滤液。如果变黄、略有沉淀物,表明堆肥已经稳定;如果呈现蓝色,表明堆肥未腐熟。此法简便,适于现场检测用。但由于堆肥原料中淀粉含量一般不多,检测的也仅是物料中可腐部分中的一小部分,不足以充分反映堆肥的腐熟程度。

③ **耗氧速率法**　测定方法是将堆层中的气体抽吸到 O_2/CO_2 测定仪,通过仪器自动显示堆层 O_2 或 CO_2 浓度在单位时间内的变化值,以评定堆肥发酵程度和腐熟情况。用耗氧速率作为

堆肥腐熟程度的评定依据，具有良好的稳定性、专一性和可靠性，目前在工程上常应用。

6.2.6 堆肥的农业效用

（1）堆肥的改土作用

① **增加土壤有机质**。土壤由于微生物的不断作用，有机物质不断分解消耗，一般每亩（15亩=1公顷，下同）地每年需补充400kg有机质（干质量），才能维持土壤有机质的正常含量。施入优质堆肥可使有机物和养分大幅度增加。

② **改善土壤结构**。堆肥中的有机物能与土壤结合，使黏质土壤松散。堆肥施入土壤，能明显增加空隙率，使土壤固相下降，液相和气相增加。

③ **提高土壤功能**。土壤中加入堆肥，由于其结构改善，可以促进通风，提高保水能力，有的土壤可以达到沼泽地的保水程度。

④ **促进植物根系增长**。堆肥本身是腐殖质，能促进植物根系的伸长和增长。

（2）堆肥的增产作用

施用堆肥只要得当，都有增产作用。中国农林科学院土壤肥料研究所的研究表明，施用数量适宜的优质堆肥，一般均有较好的增产作用。田间试验：亩施堆肥 $0.5×10^4$ kg，配施 $20～40$ kg 化肥，增产效果较好；亩施 $1.5×10^4$ kg 或亩施量大于 $1×10^4$ kg，再配施化肥 $20～40$ kg，增产效果不稳定，并由于施用量过大而出现前期死苗、后期倒青现象，造成减产。菜田试验表明，施用堆肥可以提高菜的品质，降低烂菜率，并能提高蔬菜中钙和钾的含量，显著降低硝酸盐和亚硝酸盐的含量。

（3）堆肥农用的不利因素

堆肥中 N、P、K 混合含量一般不高，很少有达到3%的。因此，不应将其等同于传统的农家肥，而只能将其作为土壤改良剂使用。

农田大量施用堆肥，土壤中可能富集有害元素，根据推算，如果将含硼 $(1～30)×10^{-6}$ 的堆肥 120t 施入土壤，就相当于将 11kg 晶体硼送进了土壤。

另外，堆肥设备投资大，成品的成本偏高，其竞争力不如商品化肥，因而影响到堆肥方法的普及推广。此外，为了减少运输投资，堆肥厂最好按就近原则建在离市区较近的地方，这样，随之而来的防臭、防尘、防噪声的要求将更高，投资将更大。

6.3 厌氧发酵

厌氧发酵是废物在厌氧条件下，通过厌氧菌（如甲烷菌）的代谢活动而被稳定同时伴有甲烷（CH_4）和二氧化碳（CO_2）产生的过程称厌氧发酵。厌氧发酵的产物——沼气是一种比较清洁的能源。同时发酵后的渣滓又是一种优质肥料，实践证明，沼气肥对不同农作物均有不同程度的增产效果。

6.3.1 厌氧发酵的原理

有机物的厌氧发酵过程可分为液化、产酸和产甲烷三个阶段，三个阶段各有其独特的微生物类群起作用。

（1）液化阶段

由厌氧或兼性厌氧的水解性细菌或发酵细菌起作用，该过程可将纤维素、淀粉等糖类水解为单糖进而形成丙酮酸；将蛋白质水解成氨基酸再形成有机酸和氨；将脂类水解成甘油和脂肪酸,并进一步形成丙酸、乙酸、丁酸、琥珀酸、乙醇、氢气和二氧化碳。本阶段的水解性菌有梭菌属、杆菌属、弧菌属等专性厌氧菌;兼性厌氧菌有链球菌属和一些肠道菌等。

(2) 产酸阶段

由产氢产乙酸细菌群将第一阶段产生的各种有机酸分解成乙酸、氢气和二氧化碳。

以上两阶段起作用的细菌统称为不产甲烷菌。

(3) 产甲烷阶段

由严格厌氧的产甲烷菌群完成。它们只能利用一碳化合物(CO_2、甲醇、甲酸、甲基胺和CO)、乙酸和氢气形成甲烷。其中约有30%来自H_2的氧化和CO_2还原;70%则来自乙酸盐。

在上述三个阶段中,产甲烷菌形成甲烷是关键;其中产甲烷菌是自然界碳素循环中厌氧生物链的最后一个成员,对自然界物质循环关系重大。

上述三个阶段可用图6-6说明。

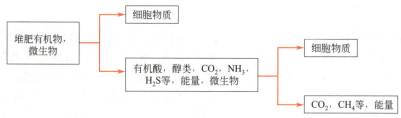

图6-6 有机物的厌氧堆肥分解

6.3.2 厌氧发酵的影响因素

6.3.1节提到,在三个阶段中,甲烷发酵阶段是厌氧发酵的控制因素,因此影响厌氧发酵过程的各项因素也以对甲烷的影响因素为准,影响发酵过程的主要因素有发酵细菌的营养及碳氮比、温度和酸碱度等。

(1) 原料配比

配料时应控制适宜的碳氮比,各种有机物中所含的碳素和氮素差别很大。如表6-2所示。

表6-2 常用厌氧发酵原料的碳氮比

原料	碳素[①]/%	氮素[①]/%	碳氮比(C/N)	原料	碳素[①]/%	氮素[①]/%	碳氮比(C/N)
干麦草	46	0.53	87:1	鲜牛粪	7.3	0.29	25:1
干稻草	42	0.63	67:1	鲜马粪	10	0.42	24:1
玉米秆	40	0.75	53:1	鲜猪粪	7.8	0.6	13:1
落叶	41	1.00	41:1	鲜人粪	2.5	0.85	2.9:1
野草	14	0.54	26:1	鲜人尿	0.4	0.93	0.43:1

① 此值为近似值,以质量分数表示。

为达到厌氧发酵时微生物对碳素和氮素的营养要求,需将贫氮有机物和富氮有机物进行合理配比,以获得较高的产气量。如C/N太高,细胞的氮量不足,系统的缓冲能力低、pH值容易降低;C/N比太低,氮量过多,pH值可能上升,氨盐积累,会抑制发酵进程。大量的文献和试验表明,厌氧发酵的碳氮比以20~30为宜,当碳氮比为35时产气量明显下降。

(2) 温度

温度是影响产气量的重要环境因素,根据温度的不同,可把发酵过程分为中温发酵(30~35℃)、高温发酵(47~55℃)及常温发酵。高温发酵时产气量大。高温还可加速细菌的代谢使分解速度加快。表 6-3 列出了中国农村沼气池不同温度的产气量。

表 6-3　中国农村沼气池不同温度的产气量

原　料	温度/℃	产气量/[m³/(m³ 池容·d)]
稻草＋猪粪＋青草	29～31	0.55
	24～26	0.21
	16～20	0.10
	12～15	0.07
	8 以下	微量

（3）pH 值

对于甲烷细菌来说维持弱碱性环境是绝对必要的，它的最佳 pH 值范围是 6.8～7.5，pH 值低将使二氧化碳增加，大量水溶性有机物和硫化氢产生，硫化物含量增加抑制了甲烷菌的生长，为使发酵池内的 pH 值保持在最佳范围，可以加石灰调节。但是经验证明，单纯加石灰的方法并不好，调整 pH 值的最好方法是调整原料的碳氮比，因为底质中用以中和酸的碱度主要是氨氮，底质含氮量越高，碱度越大。

6.3.3　厌氧发酵工艺

厌氧发酵工艺类型较多，按发酵温度、发酵方式、发酵级差的不同划分几种类型。使用较多的是按发酵温度划分厌氧发酵工艺类型。

（1）高温发酵工艺

高温发酵工艺的最佳温度范围是 47～55℃，此时有机物分解旺盛，发酵快，产气量高。物料在厌氧池内停留时间短，非常适用于城市垃圾、粪便和有机污泥的处理。

（2）中温发酵工艺

发酵温度维持在 30～35℃ 的沼气发酵，该发酵工艺有机物消化速度快产气率较高，与高温发酵相比中温发酵所需的热量要少得多。从能量回收的角度，该工艺被认为是较理想的发酵工艺。目前世界各国的大、中型沼气工程普遍采用此工艺。

（3）常温厌氧发酵工艺

常温发酵是指在自然温度下进行的厌氧发酵。该工艺的发酵温度不受人为控制，基本上随外界的温度而变化，因此夏季产气率高，冬季产气率低。其优点是沼气池结构相对简单，造价低。

6.3.4　厌氧发酵设备

（1）立式圆形水压式沼气池

是一种埋设在地下的立式圆筒形发酵池，主要结构有加料管、发酵间、出料管、水压间、导气管几部分。圆形结构的沼气池受力均匀，比相同容积的长方形池表面积小 20%，可节省设备用料。此外池内无死角，容易密封，有利于甲烷菌的活动，对产气作用有利。但其也存在一些问题：气压不稳定，影响产气；池温低、严重影响产气量；原料利用率低（10%～20%）；产气率低；大换料不方便且同时存在密封问题。因气压不稳使燃烧器的设计困难。图 6-7 是水压式沼气池工作原理示意图。

图 6-7（a）是启动前的状态。新料刚加入，尚未产生沼气。此时发酵间与水压间的液面在同一水平，发酵间液面为 O—O 液面。此时发酵间尚存的空间为气箱容积（V_0）。

图 6-7 (b) 为启动后状态。发酵池开始产气，发酵间气压开始上升，随产气量增大，水压间液面不断高于气压间液面，当贮气量达最大值（$V_{贮}$）时，发酵间液面降至最低 $A—A$ 液面，同时水压间液面升至最高 $B—B$ 液面。此时达极限工作状态。极限工作状态时两液面差最大，称极限沼气压强。其值可表示如下：

$$\Delta H = H_1 + H_2 \qquad (6-1)$$

式中 H_1——发酵间液面下降最大值；
H_2——水压间液面上升最大值；
ΔH——沼气池最大液面差。

图 6-7 (c) 是沼气使用时，发酵间压力逐渐减小，液面渐渐回升。产气又继续进行。如此，不断进行产气用气，发酵间和水压间液面交替上升下降，使厌氧发酵得以继续。

（2）立式圆形浮罩式沼气池

该发酵池也多采用地下埋设方式，结构上把发酵间和贮气间分开，因而具有压力低、发酵好、产气多等优点。图 6-8 是浮罩式沼气池示意图。产生的沼气由浮沉式气罩贮存。气罩可直接安装于沼气发酵池顶，如图 6-8 (a)；也可安装于沼气发酵池侧，如图 6-8 (b)。浮沉式气罩由两部分组成：水封池和气罩。气罩可随沼气压力的大小沿池内壁的导轨升降。

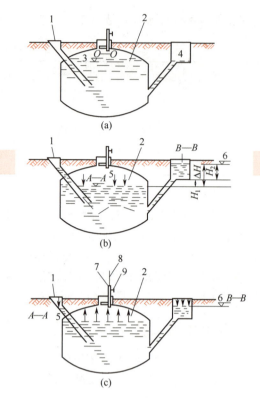

图 6-7 水压式沼气池工作原理示意

1—加料管；2—发酵间（贮气部分）；3—池内液面 $O—O$；
4—出料间液面；5—池内料液液面 $A—A$；6—出料间液面 $B—B$；
7—导气管；8—沼气输气管；9—控制阀

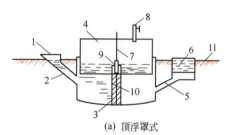

(a) 顶浮罩式

1—进料口；2—进料管；3—发酵间；4—浮罩；5—出料连通管；6—出料间；
7—导向轨；8—导气管；9—导向槽；10—隔墙；11—地面

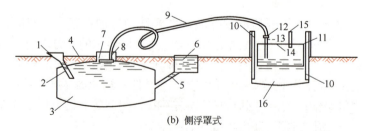

(b) 侧浮罩式

1—进料口；2—进料管；3—发酵间；4—地面；5—出料连通管；6—出料间；7—活动盖；
8—导气管；9—输气管；10—导向柱；11—卡具；12—进气管；13—开关；14—浮罩；15—排气管；16—水池

图 6-8 浮罩式沼气池示意

除上述两种发酵池外，还有另外一些发酵设备，如立式圆形半埋式沼气发酵池组、长方形发酵池、联合沼气池等。

6.3.5 城市粪便的厌氧发酵处理实例

城市粪便厌氧发酵工艺有化粪池和厌氧发酵池。

（1）化粪池

① 化粪池的工作原理　图6-9是化粪池工作示意图。

粪水流入化粪池后，速度减慢。密度大的悬浮固体下沉到池底。在厌氧菌的分解作用下，产生气体上浮，将分解后的疏松物质牵引到液面，形成一层浮渣皮。浮渣中的气体逸散后，悬浮固体再次下沉成为污泥。如此反复分解、消化，浮渣和污泥逐渐液化，最后只剩有

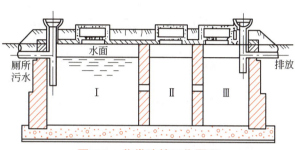

图6-9　化粪池的工作原理

原悬浮固体的1%。标准的化粪池中，粪水的停留时间一般为12～24h，可将70%的悬浮固体留在池中。

② 化粪池容积的计算公式　化粪池容积的计算可根据所接受的粪水的量及其在池内的停留时间计算确定，其计算式如下。

$$V = E \left(QT_q + ST_s C \times \frac{100\% - P_w}{100\% - P'_w} \right) \tag{6-2}$$

式中　E——化粪池设计的人数；

　　　Q——每人每天污水量，L；

　　　T_q——污水在池内停留时间，一般取0.5～1.0天；

　　　S——每人每天污泥量，一般取0.8～1.0L；

　　　T_s——清泥周期，一般为100～360天；

　　　C——污泥消化体积减小系数，一般为0.7；

　　　P_w——污泥含水率，一般为95%；

　　　P'_w——池内污泥含水率，平均取95%。

（2）粪便厌氧发酵池

厌氧发酵池分为常温发酵、中温发酵和高温发酵。

① 常温发酵　是在不加料的情况下，需经35天才能使大肠杆菌值达到卫生标准。

② 中温发酵　温度为30～38℃，一般需要8～23天。若一次投料不再加新料，持续发酵2个月，可达到无害化卫生指标。若每日加新料，则达不到无害化卫生指标，排出料仍需进行无害化处理。但采用连续发酵工艺，可回收沼气用于系统本身。

③ 高温发酵　温度为50～55℃，可以达到无害化卫生指标。

6.4　污泥的处理

利用生化技术处理城市污水和工业废水，是目前水处理中普遍采用的方法。但水处理之

后，会有大量的污泥产生。其中含有多种有机物、氮、磷、微生物和有害物质。若不对其进行妥善处理，将会传播病菌、污染环境。

6.4.1 概述

（1）污泥的种类

污泥的种类很多，分类复杂，按水的性质和水处理的方法分为生活污水污泥、工业废水污泥；按污泥来源分为初次沉淀污泥、剩余污泥、熟污泥和化学污泥。初次沉淀污泥指污水处理过程中产生的污泥。剩余污泥指污水二级处理过程中产生的污泥。熟污泥指初次沉淀池污泥、腐殖污泥与剩余活性污泥经消化处理后的污泥。化学污泥指深度处理或三级处理产生的污泥；按污泥成分和某些性质又可分为有机污泥和无机污泥、亲水性污泥和疏水性污泥等。

（2）污泥处理的目的

污泥处理的目的有以下三个方面。

① 减少污泥的体积，即降低含水率，为后续处理、利用、运输创造条件。
② 使污泥卫生化和稳定化，以避免其对环境造成二次污染。
③ 通过处理改善污泥的成分和某些性质，以利于资源化利用。

（3）污泥处理的方法

常用的污泥处理方法有浓缩、消化、机械脱水、干燥、焚烧及综合利用等。

6.4.2 污泥的浓缩

污泥含水率高，一般为 96%～99.8%，会直接影响其后续处理过程。按水分在污泥中存在的形式可分为间隙水、毛细管结合水、表面吸附水和内部（结合）水四种。图 6-10 为污泥水分示意图。

污泥浓缩的方法有重力浓缩法和气浮浓缩法。其原理、种类同固体废物的浓缩脱水。

6.4.3 污泥的消化

污泥中有机物含量很高，可在微生物作用下进行厌氧消化，并产生以甲烷为主的沼气。厌氧消化工艺流程主要有标准消化法、高负荷消化法、两级消化法和厌氧接触消化法。

（1）标准消化法

如图 6-11（a）所示是标准消化池。该池设有搅拌设备，定期排泥，定期投配，使消化池内分配不均匀，存在分层现象。随着分解的进程，逐渐分为四层，自上而下依次为浮渣层、悬浮层、活性层和稳定固体层。活性层仍在活跃地进行消化，下层已比较稳定。稳定后的污泥最后沉积于池底，整个消化时间需 30～60 天。

（2）高负荷消化法

高负荷消化池也称快速消化池，如图 6-11（b）所示。该池内设有搅拌设备，搅拌、污泥投配和熟污泥的排出连续进行。池内温度分布均匀，污泥混合均匀，不存在分层现象，全池都处于活跃的消化状态，整个消化时间为 10～15 天。

（3）两级消化法

两级消化工作原理如图 6-12 所示。该法是将污泥的消化分别在两个消化池中进行，第

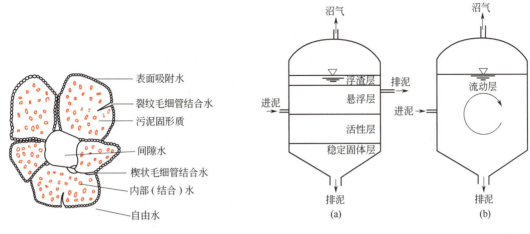

图 6-10 污泥水分示意　　　　图 6-11 标准消化和高负荷消化运行示意

一个消化池中有加热、搅拌设备，不排除上清液，但消化时间短，一般为 7～12 天。然后把污泥排入第二个消化池进行补充消化，该阶段不加热、不搅拌，依靠剩余热量继续消化，同时还伴有污泥的浓缩作用。这一消化方法可降低能耗减少熟污泥的含水率。

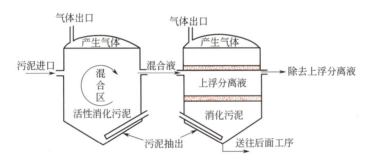

图 6-12 两级消化工作原理

（4）厌氧接触消化法

如图 6-13 为厌氧接触消化工作原理图。从第一快速消化池排出的污泥，在第二消化池内沉降处理，而从第二消化池底部排出的熟污泥，再返回到第一消化池，作为污泥的菌种。采用这一回流熟污泥的方式，可增加甲烷细菌的数量和停留时间，从而加速分解速度。

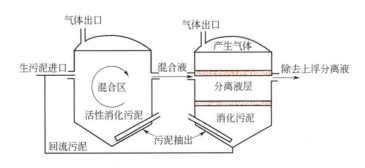

图 6-13 厌氧接触消化工作原理

6.4.4 污泥的调理

污泥的调理在污泥浓缩或机械脱水前进行,其目的是改善污泥浓缩和脱水的性能,提高机械脱水设备的处理能力。调理的方法有化学调理、淘洗、加热加压调理、冷冻融化调理等。

(1) 化学调理

化学调理是向污泥中加入化学药剂,如混凝剂、助凝剂等,使污泥颗粒絮凝,改善其脱水性能。

常用的有机混凝剂是聚丙烯酰胺,无机混凝剂为硫酸铝、聚合氯化铝等;而助凝剂则用石灰,可调节污泥的 pH 值。

(2) 淘洗

污泥的淘洗是为了降低污泥中的碱度和黏度,以节省混凝剂的用量,提高浓缩效果,缩短浓缩时间。该法仅适用于消化污泥。因其在消化过程中产生大量的重碳酸盐,直接调理会消耗大量的混凝剂,若经淘洗可节省混凝剂 50%～80%。淘洗的操作是将污泥与 3～4 倍的水充分混合,淘洗后再沉淀。搅拌可提高淘洗效果。

(3) 加热加压调理

为改善污泥的浓缩与脱水性能,可对污泥进行加热加压调理,使亲水性有机胶体物质水解,改变其颗粒结构,同时也可使部分有机物分解。根据温度不同又有高温加压调理(170～200℃)和低温加压调理(150℃以下)。

(4) 冷冻融化调理

对污泥交替进行冷冻与融化,可改变其物理结构而利于浓缩脱水。目前该法尚处于试验研究阶段。

6.4.5 污泥的机械脱水

常用的污泥机械脱水方法有真空过滤脱水、压滤脱水、离心脱水和造粒脱水。其原理、设备同固体废物的脱水。

6.4.6 污泥的干燥与焚烧

污泥脱水后的滤饼含水率仍达 45%～86%,含水率高,体积大,用作肥料或土壤改良剂,回用于农田,由于水分偏高,不利于分散及装袋运输。为了便于进一步的利用与处理,可将其进行干燥或焚烧处理。干燥处理后,污泥含水率可降至 20%～40%。焚烧处理后,含水率可降至 0,体积很小,便于运输与处置。

(1) 污泥的干燥

干燥是通过加热使湿物料中水分蒸发,随着相变化使水分分离出去,同时进行传热和传质扩散过程。物料内部的水分以液体在物料内部边移动边扩散到物料表面汽化,或者在物料内部直接汽化,而向表面迁移或扩散。为了提高干燥速度,应将物料分解破碎以增大蒸发面积,以增加蒸发速度;尽可能使用高温热载体或通过减压增加物料和热载体间温度差,以增加传热推动力;经过搅拌增大传热系数,以强化传热传质过程。污泥干燥处理过程也存在许多不足之处:一是易产生恶臭废气,需要除尘脱臭处理;二是能耗高或处理费用大;三是市场对干燥污泥或成品的需求量波动大,缺乏销路;四是存在可燃性粉尘爆炸的安全隐患和装置严重磨损等技术问题；五是干燥处理后的污泥投弃处置时会吸收水分而恢复原状。正由于上述原因，污泥干燥尚未推广和普及。污泥干燥处理成本高，只有干燥污泥在具有肥料价值且能补偿干燥处理的运行费用时，或有特殊卫生要求时，才可考虑采用。

（2）污泥的焚烧

污泥中含有大量有机组分，干燥污泥中有机质含量一般为50%～70%，其热值较高，能提供大量热量，可使污泥自燃，污泥焚烧前，首先应干燥，焚烧所需热量主要靠污泥中的有机质燃烧提供。若其能量不足以使污泥自燃，则需补充辅助燃料。目前常用的污泥焚烧设备有逆流回转焚烧炉和多段焚烧炉等。**污泥焚烧**适用于当污泥不符合卫生要求、有毒物质含量高、不能作为农副业肥料与饲料时，或大城市环境卫生要求高，或污泥自身的燃烧热值高，可以自燃并可利用燃烧热量发电的场合。

在大型污泥处理场，也可兼顾考虑污泥的干燥与焚烧，在需肥旺季只采用污泥干燥，而在需肥淡季则采用污泥焚烧。

复习思考题

1. 简述好氧堆肥的原理及影响因素。
2. 简述好氧堆肥的工艺过程。
3. 何谓堆肥腐熟度？其评价方法有哪几种？
4. 简述厌氧发酵的原理及影响因素。
5. 按发酵温度不同，厌氧发酵工艺有哪几种？
6. 简述高温厌氧发酵的工艺过程。
7. 污泥处理的目的和方法是什么？
8. 何谓污泥化学调节法？助凝剂、混凝剂的作用是什么？
9. 污泥加热加压调理法的原理和优点分别是什么？

7 固体废物的资源化与综合利用

 知识目标

1. 掌握固体废物资源化的定义、原则和基本途径。
2. 掌握高炉渣的来源、分类、组成。
3. 了解钢渣的来源和组成。
4. 掌握粉煤灰的来源、分类和组成。
5. 掌握硫铁矿烧渣的来源和组成。
6. 了解铬渣的来源、组成及其危害。
7. 掌握煤矸石的来源和组成。
8. 了解废旧干电池的回收处理方法。
9. 掌握医疗废物的定义及分类。
10. 掌握放射性固体废物的主要来源。

 能力目标

1. 能比较矿渣硅酸盐水泥与普通水泥的性能。
2. 能分析中国对医疗废物管理尚存的问题。

素质目标

1. 培养学习者的生态环境意识。
2. 培养学习者的固体废物资源化意识。
3. 培养学习者分析、解决问题时实事求是、严谨务实的精神。

 阅读材料

巴塞尔公约

《巴塞尔公约》是《控制危险废物越境转移及其处置巴塞尔公约》的简称。它是关于通过控制危险废物跨越国境的转移和处置来防止危险废物对环境和人体健康造成危害的全球性国际公约。于 1989 年 3 月 22 日在瑞士的巴塞尔通过，1992 年 5 月 5 日开始生效。我国参与了该公约的起草和通过，并于 1991 年 9 月 4 日批准加入该公约。1992 年 5 月 5 日公约生效时，同时对我国生效。

《巴塞尔公约》的主要内容：对危险废物跨国境的转移和处置作出了较为全

面的规定。它规定了危险废物越境转移及其处置所应遵循的原则、"危险废物"的范围、缔约国的一般义务、危险废物越境转移的控制措施、再进口的责任等条款。

《巴塞尔公约》旨在遏止越境转移危险废料,特别是向发展中国家出口和转移危险废料。公约要求各国把危险废料数量减到最低限度,用最有利于环境保护的方式尽可能就地储存和处理。公约明确规定:如出于环保考虑确有必要越境转移废料,出口危险废料的国家必须事先向进口国和有关国家通报废料的数量及性质;越境转移危险废料时,出口国必须持有进口国政府的书面批准书。公约还呼吁发达国家与发展中国家通过技术转让、交流情报和培训技术人员等多种途径在处理危险废料领域中加强国际合作。

7.1 资源化概述

7.1.1 资源化的概念

固体废物具有两重性,它虽占用大量土地,污染环境,但本身又含有多种有用物质,是一种资源。1970年前,世界各国对固体废物的认识仅停留在处理和防治污染上。1970年后,世界各国出现能源危机,增强了人们对固体废物资源化的紧迫感,人们由消极的处理转向资源化。**固体废物资源化**是采取工艺技术从固体废物中回收有用的物质与能源。就其广义来说,表示资源的再循环,指的是从原料制成成品,经过市场直到最后消费变成废物又引入新的生产—消费的循环系统。

7.1.2 资源化的国内外现状

随着工农业迅速发展,固体废物的数量也惊人地增长,在这种情形下,如能对固体废物实行资源化,必将减少原生资源的消耗,节省大量的投资,降低成本,减少固体废物的排出量、运输量和处理量,减少环境污染,具有可观的环境效益、经济效益和社会效益。世界各国的固体废物资源化实践表明,固体废物资源化的潜力巨大。表7-1是美国资源回收情况,从表中可以看出,效益非常可观。

表 7-1 美国资源回收的经济潜力

废物料	年产生量/(10^6t/年)	可实际回收量/(10^6t/年)	二次物料价格/(美元/t)	年总收益/百万美元
纸	40.0	32.0	22.1	705
黑色金属	10.2	8.16	38.6	316
铝	0.91	0.73	220.5	160
玻璃	12.4	9.98	7.72	77
有色金属	0.36	0.29	132.3	38
总收益	—	—	—	1296

中国从1970年后提出了"综合利用、变废为宝"的号召,开展了固体废物综合利用技术的研究和推广工作,现已取得了显著成果。全国的工业固体废物综合利用率已从1992年的

42%提高到2008年的61%,个别行业的综合利用率已超过60%,部分地区的综合利用率已超过80%。同时,通过对固体废物的资源化,不仅减轻了环境污染,而且创造了大量的财富,取得了较为可观的经济效益。当然,与发达国家相比,中国在固体废物的资源化和综合利用方面仍有较大差距。因此,加强对固体废物的资源化和综合利用,是环境工作者奋斗的目标之一。

7.1.3 资源化的原则

固体废物的资源化必须遵守以下**四个原则**:一是资源化的技术必须是可行的;二是资源化的经济效果比较好,有较强的生命力;三是资源化所处理固体废物应尽可能在排放源附近处理利用,以节省固体废物在存放运输等方面的投资;四是资源化产品应当符合国家相应产品的质量标准,因而具有与之竞争的能力。

在遵循上述四个原则的基础上,固体废物资源化完全是可行的,主要有以下四个方面的原因:第一是**环境效益高**,固体废物资源化可以从环境中除去某些有毒废物,同时,减少废物贮放量;第二是**生产成本低**,如用废铁炼钢比用铁矿石炼钢可减少能源47%~70%,减少空气污染85%,减少矿山垃圾97%;第三是**生产效益高**,用铁矿石炼1t钢需8个工时,而用废铁炼1t电炉钢仅需2~3个工时;第四是**能耗低**,用废铁炼钢比用铁矿石炼钢可节约能耗74%。

7.1.4 资源化的基本途径

固体废物资源化的途径很多,其基本途径归纳起来有五个方面。

(1) 提取各种金属

把最有价值的各种金属提取出来是固体废物资源化的重要途径。从有色金属渣中可提取金、银、钴、锑、硒、碲、铊、钯、铂等,其中某些稀有贵金属的价值甚至超过主金属的价值。粉煤灰和煤矸石中含有铁、钼、钪、锗、钒、铀、铝等金属,目前美国、日本等国能对钼、锗、钒实行工业化提取。

(2) 生产建筑材料

利用工业固体废物生产建筑材料,是一条较为广阔的途径。目前主要表现在以下几个方面:一是利用高炉渣、钢渣、铁合金渣等生产碎石,作为混凝土骨料、道路材料、铁路道砟等;二是利用粉煤灰、经水淬的高炉渣和钢渣等生产水泥;三是在粉煤灰中掺入一定量炉渣、矿渣等骨料,再加石灰、石膏和水拌和,可制成蒸汽养护砖、砌块、大型墙体材料等硅酸盐建筑制品;四是利用部分冶金炉渣生产铸石,利用高炉渣或铁合金渣生产微晶玻璃;五是利用高炉渣、煤矸石、粉煤灰生产矿渣棉和轻质骨料。

(3) 生产农肥

利用固体废物生产或代替农肥有着广阔的前景。城市垃圾、农业固体废物等可经过堆肥处理制成有机肥料。粉煤灰、高炉渣、钢渣和铁合金渣等可作为硅钙肥直接施用于农田;而钢渣中含磷较高时可生产钙镁磷肥。

(4) 回收能源

固体废物资源化是回收能源的主要途径。很多工业固体废物热值高,可以充分利用。粉煤灰中含炭量达10%以上,可以回收加以利用。德国拜尔公司每年焚烧2.5万吨工业固体废物生产蒸汽。有机垃圾、植物秸秆、人畜粪便经过沼气发酵可生成可燃性的沼气。

(5) 取代某种工业原料

工业固体废物经一定加工处理后可代替某种工业原料,以节省资源。煤矸石代焦生产磷肥。高炉渣代替砂石作滤料，处理废水，还可作吸收剂，从水面回收石油制品。粉煤灰可作塑料制品的填充剂；粉煤灰可作过滤介质，过滤造纸废水，不仅效果好，而且还可以从纸浆废液中回收木质素。

7.1.5 资源化系统

资源化系统是指从原材料经过加工制成的成品，经人们的消费后，成为废物又引入新的生产—消费循环系统。就整个社会而言，就是生产—消费—废物—再生产的一个不断循环的系统。

资源化系统如图7-1所示。该系统关联着两个子系统。

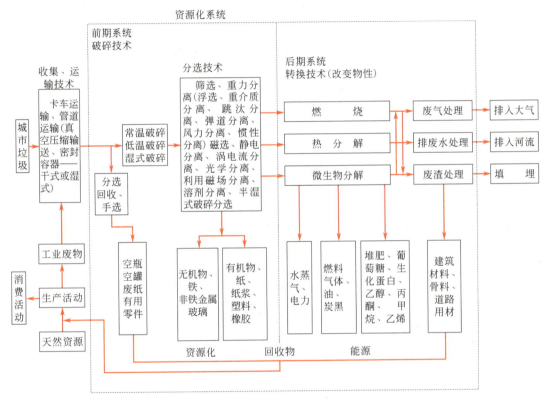

图 7-1 资源化系统

前期系统是以相关处理技术如破碎、分选等的结合，形成加工与原材料分选过程，从而分离回收可直接利用的原料，并减少固体废物量。对城市垃圾来说，这一过程使可生物降解的有机物得以富集，为后期系统提供有利条件。对工业固体废物来说，这一过程也为后期的综合利用创造了有利条件，但由于其成分复杂，随不同的行业而具有显著的差异，因而对工业固体废物的处理，即前期系统必须根据具体的行业生产特点来决定，图中所示的工业废物只是一种象征的表示。后期系统是将前期系统经加工、处理后的可化学转化或可生物转化的物质，经生物或化学转化技术处理，回收转化产品与能源产品。如无可转化的物质，尚可进行其他的综合利用。有的资源化系统，还将后期系统中的能源产品加以收集，进一步转化为可以直接利用的能源，而附加一个能源转化附属系统，共同构成资源系统部分，对于无任何可利用价值的废物，进行最终处置。

总之，固体废物一旦产生，就得千方百计充分利用，使之资源化，发挥其经济效益。但由于科学技术水平或其他条件限制，使得有些固体废物目前尚无法或不可能利用，对这部分固体废物，尤其是有害固体废物，必须进行无害化处理，以免其污染环境。考虑到中国资源并不是很充分的国情以及经济迅速发展的趋势，目前对固体废物的处理应着重于资源化技术的研究和开发，并为其研究成果的工业化铺平道路。

7.2 工业固体废物的综合利用

工业固体废物，是指在工业、交通等生产活动中产生的固体废物。它是固体废物的一大类别。工业固体废物的种类由于各行各业的分类繁多，也是五花八门，纷繁多种的。这些废物的产生量一般来说是大量的，每时每刻都在产生着，堆积着，日久天长必将污染环境，因而必须对其进行综合利用。从固体废物的产生来源分类，并结合国内工业固体废物的实际情况，本节将重点介绍冶金工业中的高炉渣和钢渣、电力工业中的粉煤灰、化学工业中的硫铁矿烧渣、铬渣和碱渣的综合利用。

7.2.1 高炉渣的综合利用

（1）概述

① 高炉渣的**来源**　高炉渣是冶炼生铁时从高炉中排出的废物。炼铁的原料主要是铁矿石、焦炭和助熔剂。当炉温达到1400～1600℃时，炉料熔融，矿石中的脉石、焦炭中的灰分和助熔剂，和其他不能进入生铁中的杂质形成以硅酸盐和铝酸盐为主浮在铁水上面的熔渣，称为高炉渣。每生产1t生铁时高炉渣的产生量，随着矿石品位和冶炼方法不同而变化。一般地，采用贫铁矿炼铁时，每吨生铁产生1.0～1.2t高炉渣；采用富铁矿炼铁时，每吨生铁只产生0.25t高炉渣。由于近代选矿和炼铁技术的提高，高炉渣量已大大下降。

② 高炉渣的**分类**　由于炼铁原料品种和成分的变化以及操作等工艺因素的影响，高炉渣的组成和性质也不同。高炉渣的分类主要有两种方法：第一是按照冶炼生铁的品种分为铸造生铁矿渣（冶炼铸造生铁时排出的矿渣）、炼钢生铁矿渣（冶炼供炼钢用生铁时排出的矿渣）和特种生铁矿渣（用含有其他金属的铁矿石熔炼生铁时排出的矿渣）；第二是按照矿渣的碱度区分。高炉渣的化学成分中的碱性氧化物之和与酸性氧化物之和的比值称为高炉渣的碱度或碱性率，以 M_o 表示，即

$$M_o = (CaO+MgO)/(SiO_2+Al_2O_3)$$

按照高炉渣的碱性率可把矿渣分为如下三类：碱性矿渣（碱性率 $M_o>1$ 的矿渣）、中性矿渣（碱性率 $M_o=1$ 的矿渣）和酸性矿渣（碱性率 $M_o<1$ 矿渣）。这是高炉渣最常用的一种分类方法。碱性率比较直观地反映了重矿渣中碱性氧化物和酸性氧化物含量的关系。

③ 高炉渣的**组成**　高炉矿渣中的主要化学成分是二氧化硅（SiO_2）、氧化铝（Al_2O_3）、氧化钙（CaO）、氧化镁（MgO）、氧化锰（MnO）、氧化铁（FeO）和硫（S）等。此外有些矿渣还含有微量的氧化钛（TiO_2）、氧化钒（V_2O_5）、氧化钠（Na_2O）、氧化钡（BaO）、五氧化二磷（P_2O_5）、三氧化二铬（Cr_2O_3）等。在高炉渣中氧化钙（CaO）、二氧化硅（SiO_2）、氧化铝（Al_2O_3）占质量的90%以上。

中国大部分钢铁厂高炉渣的化学成分见表7-2。

表 7-2　中国高炉渣的化学成分　　　　　单位：%（质量分数）

名称	CaO	SiO$_2$	Al$_2$O$_3$	MgO	MnO	Fe$_2$O$_3$	TiO$_2$	V$_2$O$_5$	S	F
普通渣	38～49	26～42	6～17	1～13	0.1～1	0.15～2	—	—	0.2～1.5	—
高钛渣	23～46	20～35	9～15	2～10	<1	—	20～29	0.1～0.6	<1	—
锰钛渣	28～47	21～37	11～24	2～8	5～23	0.1～1.7	—	—	0.3～3	—
含氟渣	35～45	22～29	6～8	3～7.8	0.1～0.6	0.15～0.19	—	—	—	7～8

高炉渣的化学成分随矿石的品位和冶炼生铁的种类不同而变化。当冶炼炉料固定和冶炼正常时，高炉渣的化学成分的波动是很小的，对综合利用是有利的。中国高炉渣大部分属于中性矿渣，碱性率一般为0.99～1.08。

高炉渣的矿物组成与生产原料和冷却方式有关。高炉渣中的各种氧化物成分以各种形式的硅酸盐矿物形式存在。

碱性高炉渣的主要矿物是黄长石，它是由钙铝黄长石（2CaO·Al$_2$O$_3$·SiO$_2$）和钙镁黄长石（2CaO·MgO·SiO$_2$）组成的复杂固熔体，其次含有硅酸盐二钙（2CaO·SiO$_2$），再其次是少量的假硅灰石（CaO·SiO$_2$）、钙长石（CaO·Al$_2$O$_3$·2SiO$_2$）、钙镁橄榄石（CaO·MgO·SiO$_2$）、镁蔷薇辉石（3CaO·MgO·SiO$_2$）以及镁方柱石（2CaO·MgO·2SiO$_2$）等。

酸性高炉渣由于其冷却的速度不同，形成的矿物也不一样。当快速冷却时全部冷凝成玻璃体；在缓慢冷却时（特别是弱酸性的高炉渣）往往出现结晶的矿物相，如黄长石、假硅灰石、辉石和斜长石等。

高钛高炉渣主要矿物成分是钙钛矿、钛辉石、巴依石和尖晶石等；锰铁高炉渣中主要矿物是锰橄榄石（2MnO·SiO$_2$）。

根据高炉渣的化学成分和矿物组成，高炉渣属于硅酸盐材料范畴，适于加工制作水泥、碎石、骨料等建筑材料。

④ 高炉渣的**综合利用**概况　高炉渣是冶金工业中数量最多的一种渣。为了处理这些废渣，国家每年要耗用大量资金用于修筑排渣场和铁路线，浪费了大量人力物力。目前中国每年排出量已达3亿吨左右，主要应用是把热熔渣制成水渣，用于生产水泥和混凝土，其次是生产矿渣骨料，少量高炉渣用于生产膨珠和矿渣棉。中国目前高炉渣的利用率在85%左右，每年仍有数百万吨高炉渣弃置于渣场，而在英国、美国、德国和日本等工业发达国家，自20世纪70年代以来就已做到当年排渣，当年用完，全部实现了资源化。

（2）高炉渣的加工和处理

在利用高炉渣之前，需要进行加工处理。其用途不同，加工处理的方法也不相同。中国通常是通过高炉渣水淬处理、矿渣碎石、膨胀矿渣和矿渣珠等形式加以利用。

① **高炉渣水淬处理工艺**　高炉渣水淬处理工艺是将热熔状态的高炉渣置于水中急速冷却的处理方法，是国内处理高炉渣的主要方法。目前普遍采用的水淬方法是渣池水淬和炉前水淬两种。渣池水淬是用渣罐将熔渣拉到距离炉较远的地方，将熔渣直接倾倒入水池中，遇水后急剧冷却成水渣。水淬后用吊车抓出水渣放置堆场装车外运。此法最大的**优点**是节约用水，其主要缺点是易产生大量渣棉和硫化氢气体污染环境；炉前水淬是利用高压水使高炉渣在炉前冲渣沟内淬冷成粒并输送到沉渣池形成水渣。根据过滤方式的不同，可以分为炉前渣池式、水力输送渣池式、搅拌槽泵送法等。炉前渣池式是国内一些小高炉，在高炉旁边建池，水渣经渣池沉淀后，用一台电葫芦抓出，供水一般采用直流方式，不再回收。此法与渣池水淬相比其优点是取消了渣罐运输，但其**缺点**是池内有害气体污染环境，影响周围设备及

操作；水力输送渣池式是在炉前水淬，经渣沟水力输送到渣池沉淀，用吊车抓渣，有循环和直流两种供水方式。国内255m³以上高炉多采用此种方法，此法与前一种相比，其优点是改善了炉前运输条件，避免了炉前污染。为了避免污水污染环境和减少耗水量，宜推广循环供水，但目前在过滤上存在一些问题。此外，由于冲渣水中带有许多浮渣，水泵磨损也很严重；搅拌槽泵送法又称为拉萨法，其工艺示意图如图7-2所示。

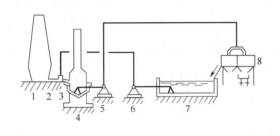

图7-2　搅拌槽泵送法水淬工艺示意
1—高炉；2—渣沟；3—粒化器；4—搅拌槽；
5—砂泵；6—水泵；7—集水池；8—脱水槽

工艺流程如下：熔渣经粒化器水淬后，渣和水一起流入搅拌槽中，被冲成的渣水混合物由泵打入分配槽内，再由分配槽将渣水混合物装入脱水槽中把渣和水过滤分开，渣由卸料口卸入翻斗机，运到料场堆积起来。水穿过脱水槽的金属网，进入集水管流入集水池。在搅拌槽底部，为了防止水冲渣沉降，并使渣水混匀输送，装有泵抽水管和给水管，并配备有搅拌喷嘴。由于熔渣冷却而产生大量水蒸气和硫化氢气体，为防止污染环境，在搅拌槽上部设置了排气筒。此法的优点是占地面积小，污染环境小，脱水效果好。但砂泵与输送管道易磨损，采用硬质合金或橡胶衬里的耐磨泵，使用寿命较长（约1.5～3年）。

② **矿渣碎石工艺**　矿渣碎石是高炉渣在指定的渣坑或渣场自然冷却或淋水冷却形成较为致密的矿渣后，再经过挖掘、破碎、磁选和筛分而得到的一种碎石材料。矿渣碎石的生产工艺有热泼法和堤式法两种。热泼法是将熔渣分层浇泼在坑内或渣场上，泼完后，喷洒适量水使热渣冷却和破裂，达到一定厚度后，即可用挖掘机等进行采掘，用汽车运到处理车间进行破碎、磁选、筛分加工，并将产品分级出售。该方法生产工艺简单，但有许多不足之处。目前国外多采用薄层多层热泼法，该法每次排放的渣层厚度为4～7cm、6～10cm和7～12cm。相比过去常用的单层放渣，该法的**优点**是操作容易；渣坑容积大；放出的渣层薄，熔渣中的气体容易逸出，渣的密度大；分层放渣时产生的玻璃态物质，易被上层的熔渣充分结晶化并得到退火。堤式法是用渣罐车将热熔矿渣运至堆渣场，沿铁路路堤两侧分层倾倒，待形成渣山后，再进行开采，即可制成各种粒级的重矿渣。堤式法实际上是一种开采渣山的方法，国内某些钢铁企业历年抛渣形成渣场后，为了利用重矿渣、挖掉渣山而进行的一种开采方法。

③ **膨胀矿渣和膨胀矿渣珠生产工艺**　膨胀矿渣是用适量冷却水急冷高炉熔渣而形成的一种多孔轻质矿渣。其生产方法目前主要有喷射法、喷雾法、堑沟法、滚筒法等。喷射法是欧、美有些国家使用的方法。一般是在熔渣倒向坑内的同时，坑边有水管喷出强烈的水平水流进入熔渣，使渣急冷增加黏度，形成多孔状的膨胀矿渣。喷出的冷却剂可以是水，也可以是水和空气的混合物，其压力为0.6～0.7MPa；喷雾器堑沟法是苏联生产膨胀渣的主要方法，其工艺类似于喷射法。使用的喷雾器为渐开线式的喷头或用装有小孔的水管制成。喷雾器设在沟的上边缘。放渣时，由喷雾器向渣流喷入压力为0.5～0.6MPa的水流，水流能够充分击碎渣流，使熔渣受冷增加黏度，渣中的气体及部分水蒸气固定下来，形成多孔的膨胀矿渣；滚筒法是国内常用的一种方法。此法工艺设备简单，主要由接渣槽、溜槽、喷水管和滚筒所组成。溜槽下面设有喷嘴，当热熔渣流过溜槽时，受到从喷嘴喷出的0.6MPa压力的水流冲击，水与熔渣混合一起流至滚筒上并立即被滚筒甩出，落入坑内，熔渣在冷却过程中放出气体，产生膨胀。

膨胀矿渣珠（简称膨珠）生产工艺示意图如图7-3所示。膨珠的生产工艺过程是热熔矿渣进入流槽后经喷水急冷，又经高速旋转的滚筒击碎、抛甩并继续冷却，在这一过程中熔渣自行膨胀，并冷却成珠。这种膨珠具有多孔、质轻、表面光滑的特点。而且在生产过程中用水量少，放出的硫化氢气体较少，可以减轻对环境的污染。膨珠又不用破碎，即可直接用作轻混凝土骨料。

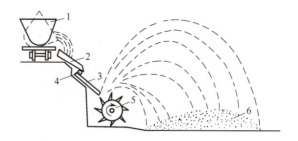

图7-3 膨珠生产工艺示意
1—渣罐；2—投渣槽；3—流槽；4—水管；5—滚筒；6—膨珠

(3) 高炉渣的综合利用

① **水渣作建材** 中国高炉渣主要用于生产水泥和混凝土。中国有75%左右的水泥中掺有水渣。由于水渣具有潜在的水硬胶凝性能，在水泥熟料、石灰、石膏等激发剂作用下，可显示出水硬胶凝性能，是优质的水泥原料。目前中国使用水泥渣制作的建材主要有以下几种。

a. **矿渣硅酸盐水泥** 简称矿渣水泥，是用硅酸盐水泥熟料和粒化高炉渣加3%~5%的石膏混合磨细制成的水硬性胶凝材料。其水渣加入量视所生产的水泥标号而定，一般为20%~70%。由于该种水泥吃渣量较大，因而是中国水泥产量最多的品种。目前，中国大多数水泥厂采用的水渣生产400号以上的矿渣水泥。这种水泥与普通水泥相比具有以下特点。

(a) 具有较强的抗溶出性和抗硫酸盐浸蚀性能，故能适用于水上工程海港及地下工程等，但在酸性水及含镁盐的水中，矿渣水泥的抗浸蚀性较普通水泥差；

(b) 水化热较低，适合于浇筑大体积混凝土；

(c) 耐热性较强，使用在高温车间及高炉基础等容易受热的地方比普通水泥好；

(d) 早期强度低，而后期强度增长率高，所以在施工时应注意早期养护。此外，在循环受干湿或冻融作用条件下，其抗冻性不如硅酸盐水泥，所以不宜用于水位时常变动的水利工程混凝土建筑中。

b. **石膏矿渣水泥** 是由80%左右的水渣加15%左右的石膏和少量硅酸盐水泥熟料或石灰混合磨细制得的水硬性胶凝材料。其中石膏的作用在于提供水化时所需要的硫酸钙成分，属于硫酸盐激发剂；少量硅酸盐水泥熟料或石灰的作用是对矿渣起碱性活化作用，能促进铝酸钙和硅酸钙的水化，属于碱性激发剂，一般情况下，石灰加入量为3%~5%以下，硅酸盐水泥熟料掺入量在5%~8%以下。这种石膏矿渣水泥成本较低，具有较好的抗硫酸盐浸蚀和抗渗透性，适用于混凝土的水利工程建筑物和各种预制砌块。

c. **石灰矿渣水泥** 是将干燥的粒化高炉矿渣、生石灰或消石灰以及5%以下的天然石膏，按适当的比例配合磨细而成的一种水硬性胶凝材料。石灰的掺入量一般为10%~30%。它的作用是激发矿渣中的活性成分，生成水化铝酸钙和水化硅酸钙。石灰掺量太少，矿渣中的活性成分难以充分激发；掺量太多，则会使水泥凝结不正常、强度下降和安定性不良。石灰的掺入量往往随原料中氧化铝含量的变化而变化，氧化铝含量高或氧化钙含量低时应多掺入石灰，通常先在12%~20%范围内配制。该水泥适用于蒸汽养护的各种混凝土预制品，水中地下路面等的无筋混凝土和工业与民用建筑砂浆。

d. **矿渣砖** 用水渣加入一定量的水泥等胶凝材料，经过搅拌、成型和蒸汽养护而成的砖。其生产工艺流程如图7-4所示。

图 7-4 矿渣砖生产工艺流程

矿渣砖所用水渣粒度一般不超过 8mm，入窑蒸汽温度约 80～100℃，养护时间 12h，出窑后即可使用。用 87%～92% 粒化高炉矿渣，5%～8% 水泥，加入 3%～5% 的水混合，所生产的砖强度可达到 10MPa 左右，能用于普通房屋建筑和地下建筑。此外，将高炉矿渣磨成矿渣粉，按质量比加入 47% 矿渣粉和 60% 的粒化高炉矿渣，再加水混合成型，然后再在 1.0～1.1MPa 的蒸汽压力下蒸压 6h，也可得到抗压强度较高的砖。

e. **矿渣混凝土** 是以水渣为原料，配入激发剂（水泥熟料、石灰、石膏），放入轮碾机中加水碾磨与骨料拌和而成，其配合比见表 7-3。

表 7-3 矿渣混凝土配合比

项目	不同标号混凝土的配合比			
	150 号	200 号	300 号	400 号
水泥	—	—	≤15	20
石灰	5～10	5～10	≤5	≤5
石膏	1～3	1～3	0～3	0～3
水	17～20	16～18	15～17	15～17
水灰比	0.5～0.6	0.45～0.55	0.35～0.45	0.35～0.4
砂浆细度	≥25	≥30	≥35	≥40
浆∶矿渣（质量比）	(1∶1)～(1∶1.2)	(1∶0.75)～(1∶1)	(1∶0.75)～(1∶1)	(1∶0.5)～(1∶1)

注：1. 表中配合比以砂浆为 100 计。
2. 水泥以 400 号硅酸盐水泥为准。

矿渣混凝土的各种物理力学性能，如抗拉强度、弹性模量、耐疲劳性能和钢筋的黏结力均与普通混凝土相似。其优点在于具有良好的抗水渗透性能，可以制成不透水性能很好的防水混凝土；具有很好的耐热性能，可以用于工作温度在 600℃ 以下的热工工程中，能制成强度达 50MPa 的混凝土。此种混凝土适宜在小型混凝土预制厂生产混凝土构件，但不适宜在施工现场浇筑使用。中国于 1959 年推广采用矿渣混凝土，经过长期使用考验，大部分质量良好。

② **矿渣碎石的利用** 矿渣碎石的物理性能与天然岩石相近，其稳定性、坚固性、撞击强度以及耐磨性、韧度均满足工程要求。矿渣碎石的用途很广，用量也很大，在中国可代替天然石料用于公路、机场、地基工程、铁路道砟、混凝土骨料和沥青路面等。

a. **配制矿渣碎石混凝土** 矿渣碎石混凝土是利用矿渣碎石作为骨料配制的混凝土。其配制方法与普通混凝土相似，但用水量稍高，其增加的用水量，一般按重矿渣质量的 1%～2% 计算。矿渣碎石混凝土具有与普通混凝土相近的物理力学性能，而且还有良好的保温、隔热、耐热、抗渗和耐久性能。一般用矿渣碎石配制的混凝土与天然骨料配制的混凝土强度相同时，其混凝土容重减小 20%。矿渣碎石混凝土的抗压强度随矿渣容重的增加而增高，配制不同标号混凝土所需矿渣碎石的松散容积密度列在表 7-4 中。

表 7-4 不同标号的混凝土所需矿渣碎石的松散容积密度

混凝土标号	400	300～200	150
松散容积密度／（kg/m³）	1300	1200	1100

矿渣混凝土的使用在中国已有六十多年的历史，新中国成立后在许多重大建筑工程中都

采用了矿渣混凝土，实际效果良好。例如鞍钢的许多冷却塔是20世纪30年代用矿渣碎石混凝土建造的，至今仍完好；鞍钢的8号高炉基础也是20世纪30年代建造的，其矿渣碎石混凝土的基础良好。

b. **矿渣碎石在地基工程中的应用**　矿渣碎石的强度与天然岩石的强度大体相同，其块体强度一般都超过50MPa，因此矿渣碎石的颗粒强度完全能够满足地基的要求。矿渣碎石用于处理软弱地基在中国已有几十年的历史，一些大型设备的混凝土，如高炉基础、轧钢机基础、桩基础等，都可用矿渣碎石作骨料。

c. **矿渣碎石在道路工程中的应用**　矿渣碎石具有缓慢的水硬性，对光线的漫射性能好，摩擦系数大，非常宜于修筑道路。用矿渣碎石作基料铺成的沥青路面既明亮，防滑性能又好，还具有良好的耐磨性能，制动距离缩短。矿渣碎石还比普通碎石具有更高的耐热性能，更适用于喷气式飞机的跑道上。

d. **矿渣碎石在铁路道砟上的应用**　矿渣碎石可用来铺设铁路道砟，并可适当减少列车行走时产生的振动和吸收噪声。中国铁路线上采用矿渣道砟的历史较久，但大量利用是在新中国成立后才开始的。目前矿渣道砟在中国钢铁企业专用铁路线上已得到广泛应用。鞍山钢铁公司从1953年开始在专用铁路线上大量使用矿渣道砟，现已广泛应用于木轨枕、预应力钢筋混凝土轨枕和钢轨枕等各种线路，使用过程中无任何缺陷。1967年鞍钢矿渣首次在哈尔滨至大连的一级铁路干线上使用，经过30多年的考验，效果良好。

③ 膨珠作轻骨料　近年来发展起来的膨珠生产工艺制取的膨珠质轻、面光、自然级配好、吸声、隔热性能好，可以制作内墙板楼板等，也可用于承重结构。用作混凝土骨料可节约20%左右的水泥，中国采用膨珠配制的轻质混凝土容积密度为1400～2000kg/m^3，较普通混凝土轻1/4左右，抗压强度为9.8～29.4MPa，热导率为0.407～0.528W/（m·K），具有良好的物理力学性质。膨珠作轻质混凝土在国外也广泛使用，美国钢铁公司在匹兹堡建造了一座64层办公大楼，用的就是这种轻质混凝土。

④ 高炉渣的其他应用　高炉渣还可以用来生产一些用量不大，而产品价值高，又有特殊性能的高炉渣产品。例如矿渣棉及其制品、热铸矿渣、矿渣铸石及微晶玻璃、硅钙渣肥等。现仅对矿渣棉和微晶玻璃的生产做一简单介绍。

矿渣棉是以高炉渣为主要原料，在熔化炉中熔化后获得熔融物再加以精制而得的一种白色棉状矿物纤维。它具有重量轻、保温、隔热、隔声、防震等性能。其化学成分和物理性能如表7-5、表7-6所示。

表7-5　矿渣棉的化学成分

化学成分	SiO$_2$	Al$_2$O$_3$	CaO	MgO	S
含量/%	32～42	8～13	32～43	5～10	0.1～0.2

表7-6　矿渣棉的物理性能

容积密度/（kg/m^3）	热导率/[W/（m·K）]	烧结温度/℃	纤维直径/μm	渣球含量（直径<0.5mm）/%	使用温度范围/℃
一级<100	<0.044	800	<6	<6	-200～700
二级<150	<0.046	800	<8	<10	-200～700

注：容积密度在1.96Pa压力下。

生产矿渣棉的方法有喷吹法和离心法两种。原料在熔炉熔化后流出，即用蒸汽或压缩空气喷吹成矿渣棉的方法叫喷吹法；原料在熔炉熔化后落在回转的圆盘上，用离心力甩成矿渣棉的方法叫离心法。矿渣棉的主要原料是高炉渣，约占80%~90%，还有10%~20%的白云石、萤石和其他如红砖头、卵石等，生产矿渣棉的燃料是焦炭。生产分配料、熔化喷吹、包装三个工序，喷吹法生产矿渣棉的工艺流程如图7-5所示。

图7-5　喷吹法生产矿渣棉的工艺流程

矿渣棉可用作保温材料、吸音材料和防火材料等，由它加工的产品有保温板、保温毡、保温筒、保温带、吸音板、窄毡条、吸音带、耐火板及耐热纤维等。矿渣棉广泛用于冶金、机械、建筑、化工和交通等部门。

微晶玻璃是近几十年发展起来的一种用途广泛的新型无机材料，高炉渣可作为其原料之一。矿渣微晶玻璃的主要原料是62%~78%的高炉渣、22%~38%的硅石或其他非铁冶金渣等，其制法是在固定式或回转式炉中，将高炉渣与硅石和结晶促进剂一起熔化成液体，然后用吹、压等一般玻璃成型方法成型，并在730~830℃下保温3h，最后升温至1000~1100℃保温3h使其结晶、冷却即为成品。加热和冷却速度宜低于每分钟5℃，结晶催化剂为若干氟化物、磷酸盐和铬、锰、钛、铁、锌等多种金属氧化物，其用量视高炉渣的化学成分和微晶玻璃的用途而定，一般为5%~10%。一般矿渣微晶玻璃需要配成如下化学组成：SiO_2 40%~70%；Al_2O_3 5%~15%；CaO 15%~35%；MgO 2%~12%；Na_2O 2%~12%；晶核剂5%~10%。

矿渣微晶玻璃产品，比高碳钢硬，比铝轻，其力学性能比普通玻璃好，耐磨性不亚于铸石，热稳定性好，电绝缘性能与高频瓷接近。矿渣微晶玻璃用于冶金、化工、煤炭、机械等工业部门的各种容器设备的防腐层和金属表面的耐磨层以及制造溜槽、管材等，使用效果也好。

7.2.2　钢渣的综合利用

(1) 概述

① 钢渣的**来源**　钢渣是炼钢过程中排出的废渣。炼钢的基本原理与炼铁相反，它是利用空气或氧气去氧化生铁中的碳、硅、锰、磷等元素，并在高温下与石灰石起反应，形成熔渣。钢渣主要来源于铁水与废钢中所含元素氧化后形成的氧化物，金属炉料带入的杂质，加入的造渣剂如石灰石、萤石、硅石等，以及氧化剂、脱硫产物和被侵蚀的炉衬材料等。根据炼钢所用炉型的不同，钢渣分为转炉钢渣、平炉钢渣和电炉钢渣；按不同生产阶段，平炉钢渣又分为初期渣和后期渣，电炉钢渣分为氧化渣和还原渣；按钢渣性质，又可分为碱性渣和酸性渣等。钢渣的产量与生铁的杂质含量和冶炼方法有关，约占粗钢产量的15%~20%。

② 钢渣的**组成**　钢渣是由钙、铁、硅、镁、铝、锰、磷等氧化物所组成。其中钙、铁、硅氧化物占绝大部分。各种成分的含量根据炉型钢种不同而异，有时相差较大。以氧化钙为例，一般平炉熔化时的前期渣中含量达20%左右，精炼和出钢时的渣中含量达40%以上；转炉渣中的含量常在50%左右；电炉氧化渣中约含30%~40%，电炉还原渣中则含50%以上。各种钢渣的化学成分见表7-7。

表 7-7 各种钢渣的化学成分　　　　　　　　　　　　　　　单位：%

种类	CaO	FeO	Fe_2O_3	SiO_2	MgO	Al_2O_3	MnO	P_2O_5
转炉钢渣	45～55	5～20	5～10	8～10	5～12	0.6～1	1.5～2.5	2～3
平炉初期渣	20～30	27～31	4～5	9～34	5～8	1～2	2～3	6～11
平炉精炼渣	35～40	8～14	—	16～18	9～12	7～8	0.5～1	0.5～1.5
平炉后期渣	40～45	8～18	2～18	10～25	5～15	3～10	1～5	0.2～1
电炉氧化渣	30～40	19～22	—	15～17	12～14	3～4	4～5	0.2～0.4
电炉还原渣	55～65	0.5～1.5	—	11～20	8～13	10～18	—	—

钢渣的主要矿物组成为硅酸三钙（$3CaO·SiO_2$）、硅酸二钙（$2CaO·SiO_2$）、钙镁橄榄石（$CaO·MgO·SiO_2$）、钙镁蔷薇灰石（$3CaO·MgO·2SiO_2$）、铁酸二钙（$2CaO·Fe_2O_3$）、RO（R 代表镁、铁、锰，RO 为 MgO、FeO、MnO 形成的固熔体）、游离石灰（fCaO）等。钢渣的矿物组成主要决定于其化学成分，特别与其碱度有关。炼钢过程中需不断加入石灰，随着石灰加入量增加，渣的矿物组成随之变化。炼钢初期，渣的主要成分为钙镁橄榄石，其中的镁可被铁和锰所代替。当碱度提高时，橄榄石吸收氧化钙变成蔷薇辉石，同时放出 RO 相。再进一步增加石灰含量，则生成硅酸二钙和硅酸三钙。

③ 钢渣的**性质**

a. 碱度　　钢渣碱度是指其中的 CaO 含量与 SiO_2、P_2O_5 含量加和的比，即 $R=CaO/(SiO_2+P_2O_5)$。根据碱度的高低，可将钢渣分为：低碱度渣（R 为 1.3～1.8）、中碱度渣（R 为 1.8～2.5）和高碱度渣（$R>2.5$）。

b. 活性　　$3CaO·SiO_2$、$2CaO·SiO_2$ 等为活性矿物，具有水硬胶凝性。当钢渣碱度大于 1.8 时，便含有 60%～80% 的 $2CaO·SiO_2$ 和 $3CaO·SiO_2$，并且随碱度增大 $3CaO·SiO_2$ 也增多，当碱度达到 2.5 时，钢渣的主要矿物质为 $3CaO·SiO_2$。

c. 稳定性　　钢渣含游离氧化钙（fCaO）、MgO、$3CaO·SiO_2$、$2CaO·SiO_2$ 等，这些组分在一定条件下都具有不稳定性，只有 fCaO、MgO 基本消解完后才会稳定。

d. 耐磨性　　钢渣的耐磨程度与其矿物组成和结构有关。若把标准砂的耐磨指数作为 1，则高炉渣为 1.04，钢渣为 1.43。钢渣比高炉渣还耐磨，因而钢渣宜作路面材料。

④ 钢渣的**综合利用概况**　　20 世纪初期国外开始研究钢渣的利用，但由于钢渣成分复杂多变，使得钢渣的利用率一直不高。各国都有大量钢渣弃置堆积，占用土地，影响环境。但随着矿源、能源的紧张以及炼钢和综合利用技术的发展，20 世纪 70 年代以来各国钢渣的利用率迅速提高。美国每年产生 1700 多万吨钢渣，利用率最高，在 70 年代已达到排、用平衡。

近年来，中国每年产生 1.5 亿吨左右钢渣，由于对钢渣的处理利用进行了大量的研究与开发，到 2019 年钢渣利用率已达 86% 左右，1t 钢渣的经济效益高达 40 元左右，取得了良好的经济效益和环境效益。钢渣的主要利用途径是在钢铁公司内部自行循环使用，代替石灰作熔剂，返回高炉或烧结炉内作为炼铁原料，也可以用于公路路基、铁路路基以及作为水泥原料，改良土壤等。

（2）钢渣的处理工艺

① 冷弃法　　钢渣倒入渣罐缓冷后直接运到渣场抛弃，中国钢铁厂的排渣方法以此种工艺为多。国内外的渣山多是由此工艺而形成的。这种工艺投资大，设备多，不利于钢渣加工及合理利用，有时因排渣不畅而影响炼钢。所以，新建的炼钢厂不宜采用此种工艺。

② 热泼法　　随着炼钢炉容量加大，氧气在炼钢炉中的应用，快速炼钢要求快速排渣，

从而发展起了热泼法工艺。热泼法是将炼钢渣倒入渣罐后，经车辆运到钢渣热泼车间，用吊车将渣罐的熔渣分层倒在渣床上，经空气冷却温度降至 350～400℃时再喷淋适量的水，使高温炉渣急冷碎裂并加速冷却，然后用装载机、电铲等设备进行挖掘装车，再运至弃渣场。需加工利用的钢渣，再运至钢渣处理车间进行破碎、筛分、磁选等工艺处理。热泼法工艺流程如图 7-6 所示。

图 7-6　钢渣热泼法工艺流程

热泼法需大型装载挖掘机械，设备损耗大，占地面积大，破碎加工粉尘量大，钢渣加工量大，但该法工艺较为成熟，操作安全可靠，排渣速度快。因而成为世界各国通用的转炉钢渣处理加工方法。

③ 盘泼水冷法　盘泼水冷法是在钢渣车间设置高架泼渣盘，用吊车将渣罐内熔渣泼在渣盘内，渣层一般为 30～120mm 厚，然后喷淋适量的水使钢渣急冷碎裂。再由吊车把渣盘翻倒，使碎渣倒在运渣车上，驱车至池边喷水降温，再将渣倒入水池内进一步降温冷却，使渣粉碎至粒度为 5～100mm，最后用抓斗抓出装车，送至钢渣处理车间，进行磁选、破碎、筛分、精加工。该法操作安全可靠，操作环境好，污染小，钢渣加工量少，但该法较烦琐，环节多，生产成本高。

④ 钢渣水淬法　由于钢渣比高炉渣碱度高、黏度大，其水淬难度也大。从 20 世纪 60 年代后期世界上一些国家开始试验研究水淬工艺，但投入工业生产使用的主要还是中国。中国在平炉、电炉上都有较为成熟的水淬工艺，转炉钢渣水淬也已形成了生产线。钢渣水淬工艺原理是高温液态钢渣在流出、下降过程中，被压力水分割、击碎，再加上高温熔渣遇水急冷收缩产生应力集中而破裂，同时进行了热交换，使熔渣在水幕中进行粒化。

由于炼钢设备、工艺布置、排渣特点不同，水淬工艺有多种形式，一般有以下三种形式。

a. 倾翻罐-水池法　对于一些大、中型转炉炼钢车间，在钢渣物化性能比较稳定，渣流动性较好时，采用渣罐和水渣池水淬工艺。通过倾翻渣罐使钢渣徐徐落入水池水淬，同时还有一排压力水流在水面上冲散熔渣，起到搅动池中水的作用，以避免局部过热。倾翻罐-水池法水淬工艺示意图如图 7-7 所示。

b. 中间罐（开孔）-压力水-水池（或渣沟）法　对于平炉、电炉及小型转炉炼钢车间，采用渣罐打孔在水渣沟水淬工艺。钢渣从炉中流到炉下开孔的渣罐内，经节流入水淬槽内，与压力水相遇，骤冷水淬成粒，并借水力把渣粒输送到车间外的集渣池中。此法的特点是用渣罐孔径限制最大渣流量，尽量做到水淬地点靠近排渣点，提高水淬率。中间罐（开孔）-压力水-水池（或渣沟）法水淬装置示意图如图 7-8 所示。

c. 炉前直接水淬工艺　该工艺只能用于炼钢排渣量控制比较稳定、渣量较少或连续排渣的工艺生产中。中、小平炉、电炉前期渣、小型转炉渣及铸锭渣可采用此工艺。炉前直接水淬工艺的特点是取消了带流渣孔的中间罐，改用导渣槽把熔渣导入水淬槽内，用冷却平炉后的回水冲渣。炉前直接水淬工艺布置示意图如图 7-9 所示。

钢渣水淬工艺的优点是流程简单，占地少，排渣速度快，运输方便。这对改革炼钢工艺及其区域布置，提高炼钢生产能力，减少基建投资和降低生产成本都是有利的。水淬钢渣因急冷，潜在较多的内能，并抑制了硅酸二钙（$2CaO \cdot SiO_2$）晶型转变及硅酸三钙（$3CaO \cdot SiO_2$）分解，性能稳定，产品质量好，为综合利用提供了非常方便的条件，用于烧结配料中粒度均匀无粉尘，不需加工。制作水泥时加工简便，性能稳定，在建筑工程中既可代替河沙又方便回收钢粒，使用价值高。

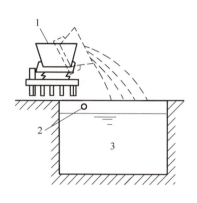

图7-7 倾翻罐-水池法水淬工艺示意

1—渣罐；2—喷嘴；3—水池

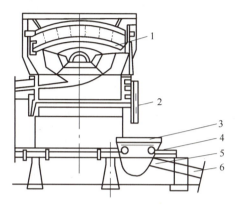

图7-8 中间罐（开孔）-压力水-水池（或渣沟）法水淬装置示意

1—平炉；2—熔渣；3—渣罐；4—流渣孔；5—喷嘴；6—水淬槽

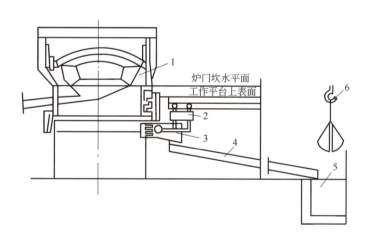

图7-9 炉前直接水淬工艺布置示意

1—平炉；2—滑动小车；3—粒化器；4—输渣罐；5—沉渣池；6—吊车抓斗

(3) 钢渣的综合利用

① 作为冶金原料

a. 作烧结熔剂 转炉钢渣一般含40%～50%的CaO，1t钢渣相当于0.7～0.75t石灰石。把钢渣加工到小于8mm的钢渣粉，便可代替部分石灰石作烧结熔剂用。配加量视矿石品位及含磷量而定，一般品位高、含磷低的精矿，可加入4%～8%。烧结矿中适量配入钢渣后，显著地改善了烧结矿的质量，使转鼓指数和结块率提高，风化率降低，成品率增加。再加上由于水淬钢渣疏松、粒度均匀，料层透气性好，有利于烧结造球及提高烧结速度。此外，由于钢渣中 Fe 和 FeO 的氧化放热，节省了钙、镁碳酸盐分解所需要的热量，使烧结矿燃耗降低。

钢渣作烧结熔剂，不仅回收利用了渣中的钢粒、氧化铁、氧化钙、氧化镁、氧化锰和稀有元素（V、Nb 等）等有用成分，而且成了烧结矿的增强剂，显著地提高了烧结矿的质量和产量。我国在钢渣用于烧结方面进行了大量的研究工作，不少钢厂取得了较好效果。例如济南钢厂在烧结矿中配入水淬转化炉钢渣后，其技术经济效果为烧结机利用系数提高 10% 以上；转鼓指数提高 2%～4%；焦耗降低 5%；FeO 降低 2%。虽然铁品位降低 1%～2%，但高炉利用系数仍提高 $0.1t/(d·m^3)$；焦比降低每吨铁 31kg。每吨钢渣使用价值可达 20 多元。

b. 作高炉或化铁炉熔剂　钢渣中含有 10%～30% 的 Fe、40%～60% 的 CaO 和 2% 左右的 Mn。若把其直接返回高炉作熔剂，不仅可以回收钢渣中的 Fe，而且可以把 CaO、MgO 等作为助熔剂，从而节省大量石灰石、白云石资源。钢渣中的 Ca、Mg 等均以氧化物形式存在，不需经过碳酸盐的分解过程，因而还可以节省大量热能。由于目前高炉利用高碱度烧结矿或熔剂性烧结矿，基本上不加石灰石，所以钢渣直接返回高炉代替石灰石的用量将受到限制。但对于烧结能力不够，高炉仍加石灰石的炼铁厂，用钢渣作高炉熔剂的使用价值仍很大。

钢渣也可以作化铁炉熔剂代替石灰石及部分萤石。使用证明，其对铁水温度、铁水含硫量、熔化率、炉渣碱度及流动性均无明显影响，在技术上是可行的。使用化铁炉的钢厂及相当一部分生产铸件的机械厂都可以应用。

c. 作炼钢返回渣　转炉炼钢每吨钢使用高碱度的返回钢渣 25kg 左右，并配合使用白云石，可以使炼钢成渣早，减少初期渣对炉衬的侵蚀，有利于提高炉龄，降低耐火材料消耗，同时可取代萤石。有部分钢厂在生产中使用，并取得了很好的技术经济效果。

d. 回收废钢铁　钢渣中一般含有 7%～10% 的废钢及钢粒，中国堆积的 1 亿多吨钢渣中，约有 700 万吨废钢铁。在基本建设中，开发旧有渣山，除钢渣可利用外，还可回收大量废钢铁及部分磁性氧化物。水淬钢渣中呈颗粒状的钢粒，磁选机很容易提取，可以作炼钢调温剂。

总之，钢渣在钢铁厂内部作冶金原料使用效果良好，利用价值也高。中国矿源磷含量低于 0.01%～0.04% 的地区，钢渣在本厂内的返回用量可以达到 50%～90%。

② 用于建筑材料

a. 生产水泥　由于钢渣中含有和水泥相类似的硅酸三钙、硅酸二钙及铁铝酸盐等活性矿物质，具有水硬胶凝性，因此可成为生产无熟料或少熟料水泥的原料，也可作为水泥掺合料。现在生产的钢渣水泥品种有：无熟料钢渣矿渣水泥、少熟料钢渣矿渣水泥、钢渣沸石水泥、钢渣矿渣硅酸盐水泥、钢渣矿渣高温型石膏白水泥和钢渣硅酸盐水泥等。各种钢渣水泥配比见表 7-8。

表 7-8　各种钢渣水泥的配比

品　种	标号	配合比 /%				
		熟料	钢渣	水渣	沸石	石膏
无熟料钢渣矿渣水泥	225～325	—	40～50	40～50	—	8～12
少熟料钢渣矿渣水泥	275～325	10～20	35～40	40～50	—	3～5
钢渣沸石水泥	275～325	15～20	45～50	—	25	7
钢渣硅酸盐水泥	325	50～65	30	0～20	—	5
钢渣矿渣硅酸盐水泥	325～425	35～55	18～28	22～32	—	4～5
钢渣矿渣高温型石膏白水泥	325	—	20～50	30～55	—	12～20

以上水泥适于蒸汽养护，具有后期强度高、耐腐蚀、微膨胀、耐磨性能好、水化热低等特点，并且还具有生产简便、投资少、设备少、节省能源和成本低等优点。其缺点是早期强度低、性能不稳定，因此限制了它的推广和利用。中国近几年钢渣水泥的生产发展较快，目前已有近30万吨的生产能力。此外，由于钢渣水泥中含有40%～50%的氧化钙，用它作原料配制水泥生料，越来越引起人们重视。据报道，日本研究用钢渣生产铁酸盐水泥，其水泥的抗压强度和其他主要性能几乎与硅酸盐水泥一样，研究中所用主要原料的配比及水泥的矿物组成见表7-9。

表7-9 铁酸盐水泥配比及矿物组成　　　　　　　　　　　　单位：%

项目		石灰石	黏土	硅砂	铁渣	钢渣	硅酸三钙 (C_3S)	硅酸二钙 (C_2S)	铝酸三钙 (C_3A)	铁铝酸四钙 (C_4AF)
硅酸盐水泥		1254	214	62	—	—	54	23	6	10
铁酸盐水泥	a	766	—	—	424	137	57	11	9	16
	b	851	—	34	362	117	62	11	8	14
	c	687	—	—	350	257	54	11	—	28
	d	835	—	52	272	199	63	10	—	22
	e	703	—	—	344	253	59	7	—	28
	f	820	—	60	272	199	54	18	—	22

试验时是将石灰石、高炉渣和钢渣以及少量的二氧化硅，按比例进行磨细混合，制成直径为0.5～1.5cm的小球，在电炉里加热到1340～1460℃，煅烧30min。与普通硅酸盐水泥相比，铁酸盐水泥早期强度高，水化热低。铁酸盐水泥中掺入石膏后，可生成大量硫铁酸盐，能有效地减少水泥的干缩和提高抗海水腐蚀的性能。试验还测定了熟料形成热，应用钢渣制造铁酸盐水泥，熟料的形成热大约可以比普通硅酸盐水泥减少50%。

中国目前生产的钢渣水泥主要有两种。一种是以石膏作激发剂的无熟料钢渣矿渣水泥，其配比为：钢渣40%～45%、高炉渣40%～45%、石膏8%～12%，标号达275～325。此种水泥早期强度低，仅用于砌筑砂浆、墙体材料和农用水利工程等。另一种是以水泥熟料为激发剂，其配比为：钢渣35%～45%、高炉水渣35%～45%、水泥熟料10%～15%、石膏3%～5%，标号在325以上。钢渣水泥具有水化热低、后期强度高、抗腐蚀和耐磨等优点，是理想的大坝水泥和道路水泥，已引起有关行业的重视。

b. 作筑路与回填工程材料　钢渣碎石具有容积密度大、强度高、表面粗糙、稳定性好、耐磨与耐久性好、与沥青结合牢固，因而广泛用于铁路、公路和工程回填。由于钢渣具有活性，能板结成大块，特别适于沼泽、海滩筑路造地。钢渣作公路碎石，用材量大并具有良好的渗水与排水性能，其用于沥青混凝土路面，耐磨防滑。钢渣作铁路道砟，除了前述优点外，还具有导电性小不会干扰铁路系统的电信工作。钢渣代替碎石存在体积膨胀这一技术问题，国外一般是洒水堆放半年后才能使用，以防钢渣体积膨胀，破裂粉化。中国用钢渣作工程材料的基本要求是：钢渣需陈化，粉化率不能高于5%，要有合适级配，最大块直径不能超过300mm，最好与适量粉煤灰、炉渣或黏土混合使用，严禁将钢渣碎石作混凝土骨料使用。

③ **用于农业**

a. 作钢渣磷肥　钢渣是一种以钙、硅为主含多种养分的具有速效又有后劲的复合矿质肥料，由于钢渣在冶炼过程中经高温煅烧，其溶解度已大大改变，所含各种主要成分易溶量达全量的 1/3～1/2，有的甚至更高，容易被植物吸收。钢渣中含有微量的锌、锰、铁、铜等元素，对缺乏此微量元素的不同土壤和不同作物，也同时起不同程度的肥效作用。实践证明：不仅钢渣磷肥（$P_2O_5>10\%$）肥效显著，即使是普通钢渣（P_2O_5 4%～7%）也有肥效；不仅适用于酸性土壤中效果好，而且在缺磷碱性土壤中使用也可增产；不仅水田施用效果好，即使是旱田，钢渣肥效仍起作用。中国许多地区土壤缺磷或呈酸性，充分合理利用钢渣资源，将促进农业发展，一般可增产 5%～10%。

施用钢渣磷肥时要注意：一是钢渣磷肥宜作基肥不作追肥使用，而且宜结合耕作翻土施下，沟施和穴施均可，但应与种子隔开 1～2cm；二是钢渣磷肥宜与有机堆肥混拌后再施用，这对中性、碱性土壤更有良好的综合肥效；三是钢渣磷肥不宜与氮素化肥（硫铵、硝铵、碳酸氢铵等）混合施用，以免挥发氮气；四是钢渣活性磷肥施用时，一定要注意与土壤的酸碱性相结合，要科学地在农田应用，不使土壤变坏或者板结。

b. 作硅肥　硅是水稻生长需求量大的元素，含 $SiO_2>15\%$ 钢渣磨细至 60 目以下，即可作硅肥，用于水稻生产，一般每亩施用 100kg，增产 10% 左右。

c. 作酸性土壤改良剂　CaO、MgO 含量高的钢渣磨细后，可作为酸性土壤改良剂，并且利用了钢渣中的磷和各种微量元素，其用于农业生产，可增强农作物的抗病虫害的能力。

7.2.3 粉煤灰的综合利用

（1）概述

① 粉煤灰的来源　粉煤灰是煤粉经高温燃烧后形成的一种似火山灰质混合材料。它是燃烧煤的发电厂将煤磨细成 100μm 以下的煤粉，用预热空气喷入炉膛成悬浮状态燃烧，产生混杂有大量不燃物的高温烟气，经集尘装置捕集就得到粉煤灰。粉煤灰被收集后有密封管道疏松排出。排出方法一般有干排和湿排两种。干排是将收集到的粉煤灰用螺旋泵或仓式泵等密闭的运输设备直接输入灰仓。湿排是通过管道和灰浆泵，利用高压水力把收集到的粉煤灰输送到贮灰场或江、河、湖、海。目前中国新上的热电厂大多采用流化床工艺，所产生的粉煤灰均为干排。

② 粉煤灰的组成　粉煤灰的化学组成与黏土质相似，其主要成分为二氧化硅、三氧化二铝、三氧化二铁、氧化钙和未燃炭，其余为少量 K、P、S、Mg 等化合物和 As、Cu、Zn 等微量元素。中国一般低钙粉煤灰的化学成分见表 7-10。

表 7-10　中国一般低钙粉煤灰的化学成分

成分	SiO_2	Al_2O_3	Fe_2O_3	CaO	MgO	SO_3	Na_2O 及 K_2O	烧失量
含量 /%	40～60	17～35	2～15	1～10	0.5～2	0.1～2	0.5～4	1～26

根据粉煤灰中 CaO 含量的高低，将其分为高钙灰和低钙灰。一般 CaO 含量在 20% 以上的为高钙灰，其质量优于低钙灰。中国燃煤电厂大多燃用烟煤，粉煤灰中 CaO 含量偏低，属低钙灰，但 Al_2O_3 含量一般比较高，烧失量也较高。此外，中国有少数电厂为脱硫而喷烧石灰石、白云石，其灰的 CaO 含量都在 30% 以上。

粉煤灰的矿物组成十分复杂，主要有无定形相和结晶相两大类。无定形相主要为玻璃体，约占粉煤灰总量的 50%～80%，此外，未燃尽的炭粒也属无定形相。结晶相主要有莫来石、石英、云母、长石、磁铁矿、赤铁矿和少量钙长石、方镁石、硫酸盐矿物、石膏、金红石、方解石等。莫来石多分布于空心微珠的壳壁上，极少单颗粒存在，它相当于天然矿物富铝红柱石，呈针状体，呈毛黏状多晶集合体，分布在微珠壳壁上。石英多为白色，有的呈单体小石英碎屑,也有的附在炭粒和煤矸石上呈集合体。这些结晶相往往被玻璃相包裹,因此,粉煤灰中单体存在的结晶体极为少见,单独从粉煤灰中提纯结晶相将极为困难。

③ 粉煤灰的**性质**　粉煤灰的物理化学性质取决于煤的品种、煤粉的细度、燃烧方式和温度、粉煤灰的收集和排灰方法。

粉煤灰物理性质是灰色或灰白色的粉状物,含水量大的粉煤灰呈灰黑色。它是一种具有较大内表面积的多孔结构,多半呈玻璃状。其主要物理性质如下:粉煤灰的密度与化学成分密切相关,低钙灰密度一般为1800~2800kg/m³,高钙灰密度可达2500~2800kg/m³;其松散干容积密度为600~1000kg/m³,压实容积密度为1300~1600kg/m³;空隙率一般为60%~75%;细度一般为45μm方孔筛,其筛余量一般为10%~20%,其比表面积为2000~4000cm²/g。

粉煤灰的活性是指粉煤灰在和石灰、水混合后所显示的凝结硬化性能。粉煤灰含有较多的活性氧化物(SiO_2、Al_2O_3),它们分别与氢氧化钙在常温下起化学反应,生成较稳定的水化硅酸钙和水化铝酸钙。因此粉煤灰和其他火山灰质材料一样,当与石灰、水泥熟料等碱性物质混合加水拌和成胶泥状态后,能凝结、硬化并具有一定强度。粉煤灰的活性不仅决定于它的化学组成,而且与它的物相组成和结构特征有着密切的关系。高温熔融并经过骤冷的粉煤灰,含大量的表面光滑的玻璃微珠含有较高的化学内能,是粉煤灰具有活性的主要矿物相。玻璃体中含的活性SiO_2和活性Al_2O_3含量越多,活性越高。

④ 粉煤灰的**综合利用概况**　粉煤灰是中国当前排量较大、较集中的工业废渣之一。2014年粉煤灰5.78亿吨,综合利用4.05亿吨。随着电力工业的发展,燃煤电厂的粉煤灰、灰渣和灰水的排放量逐年增加。大量的粉煤灰不加处理时,会产生扬尘,污染大气,而排入水系会造成河流淤塞,其中的有毒化学物质还会对人体造成危害。因此,粉煤灰再资源化已成为中国亟待解决的重大课题。从20世纪20年代就有人开始研究粉煤灰的再资源化问题,现已有了很大发展。当前一些国家已将它作为一种新的资源来利用,如美国已将灰渣列为矿物资源中的第七位,其利用率在20世纪70年代末就已达到40%以上。中国从20世纪50年代开始研究利用粉煤灰,其产生量及利用情况见表7-11。

表7-11　粉煤灰产生量及利用情况

项目	2008年	2009年	2010年	2011年	2012年	2013年	2014年
灰渣总量/亿吨	3.95	4.20	4.80	4.96	5.70	5.80	5.78
综合利用量/亿吨	2.65	2.85	3.26	3.47	3.93	4.00	4.05
利用率/%	67.09	67.86	67.92	69.96	68.95	68.96	70.07

目前,中国粉煤灰综合利用近4亿吨,由于放排量大、质量控制困难,加之灰渣产品开发投资大,销路不稳,因此每年仍有1亿吨左右灰渣排入灰场,占据大量土地,并有少量排入江河,造成环境污染。

目前,粉煤灰主要用来生产粉煤灰水泥、粉煤灰砖、粉煤灰硅酸盐砌块、粉煤灰加气混凝土及其他建筑材料,还可作为农业肥料和土壤改良剂、回收工业原料和作为环境材料。

(2) 粉煤灰的综合利用

① **粉煤灰在水泥工业的混凝土工程中的应用**

a. 粉煤灰代替黏土原料生产水泥　由硅酸盐水泥熟料和粉煤灰、加入适量石膏磨细制成的水硬胶凝材料,成为粉煤灰硅酸盐水泥,简称粉煤灰水泥。粉煤灰的化学组成同黏土类似,可用它来代替黏土配制水泥生料。水泥工业

粉煤灰的价值

采用粉煤灰配料可利用其中未燃尽的炭。如果粉煤灰中含 10% 的未燃尽炭，则每采用 10 万吨粉煤灰，相当于节约了 1 万吨燃料。另外，粉煤灰在熟料烧成窑的预热分解带中不需要消耗大量的热量，却很快就会生成液相，从而加速熟料矿物的形成。试验表明，采用粉煤灰代替黏土原料生产水泥，可以增加水泥窑的产量，降低燃料消耗量的 16%～17%。

b. 粉煤灰作水泥混合材　粉煤灰是一种人工火山灰质材料，它本身加水虽不硬化，但能与石灰、水泥熟料等碱性激发剂发生化学反应，生成具有水硬胶凝性能的化合物，因此可用作水泥的活性混合材。许多国家都制定了用作水泥混合材的粉煤灰品质标准。在配置粉煤灰水泥时，对于粉煤灰掺量的选择，应根据粉煤灰细度质量情况，以控制在 20%～40% 为宜。一般地，当粉煤灰掺量超过 40% 时，水泥的标准稠度需水量显著增大，凝结时间较长，早期强度过低，不利于粉煤灰水泥的质量与使用效果。用粉煤灰作混合材时，其与水泥熟料的混合方法有两种，即可将粗粉煤灰预先磨细，再与波特兰水泥混合，也可将粗粉煤灰与熟料、石膏一起粉磨。

矿渣粉煤灰硅酸盐水泥是将符合质量要求的粉煤灰和粒化高炉矿渣两种活性混合材料按一定比例复合加入水泥熟料中，并加入适量石膏共同磨制而成。矿渣粉煤灰硅酸盐水泥的配合比例，视具体情况通过实验确定，通常水泥熟料应在 50% 以上，矿渣在 40% 以下，粉煤灰在 20% 以下，这种水泥的后期强度、干燥收缩、抗硫酸盐等性能均比矿渣水泥和粉煤灰水泥优越。

c. 粉煤灰生产低温合成水泥　中国科技工作者研究成功用粉煤灰和生石灰生产低温合成水泥的生产工艺。其生产原理是将配合料先蒸汽养护（常压水热合成）生成水化物，然后经脱水和低温固相反应形成水泥矿物。低温合成水泥在煅烧过程中未产生液相，物相未被烧结。其生产工艺过程如下。第一步是石灰与少量晶种粉磨后与一定比例的粉煤灰混合均匀。配合料中石灰的加入量以石灰和粉煤灰中所含有效氧化钙含量计算以（22±2）% 为宜。配合料中有效氧化钙含量过低，形成的水泥矿物相应减少，水泥强度下降；有效氧化钙含量过高，不能完全化合，形成游离氧化钙过多，对水泥强度不利。在配合料中加入少量晶种，在蒸汽养护过程中可促使水化物的生成和改变水化物的生成条件，对提高水泥的强度有一定作用，晶种可以采用蒸汽硅酸盐碎砖或低温合成水泥生产过程中的蒸汽物料，加入量为 2% 左右。第二步是石灰、粉煤灰混合料加水成型，进行蒸汽养护，蒸汽养护是低温合成水泥的关键工序之一，在蒸汽养护过程中，生成一定量的水化物，以保证在低温煅烧时形成水泥矿物，一般蒸汽养护时间以 7～8h 为宜。第三步是将蒸汽养护物料在适宜温度下煅烧，并在该温度下保持一定时间。燃烧温度以 700～800℃ 为宜，煅烧时间与蒸汽物料的形状、尺寸、含炭量以及煅烧设备有关，以蒸汽砖在窑中煅烧为例，在 750℃ 温度下，煅烧时间波动在 30～90min 之间。第四步是将煅烧好的物料加入适量石膏，共同粉磨成水泥。水泥中加入的石膏。可以用天然二水石膏，也可以采用天然硬石膏，石膏加入量以 5%～7% 为宜，水泥细度以 4900 孔 /cm² 筛筛余 10% 左右为宜。低温合成水泥具有块硬、早强的特点，可制成喷射水泥等特种水泥，也可制成一般建筑工程用的水泥。

d. 粉煤灰制作无熟料水泥　用粉煤灰制作无熟料水泥包括石灰粉煤灰水泥和纯粉煤灰水泥。石灰粉煤灰水泥是将干燥的粉煤灰掺入 10%～30% 的生石灰或消石灰和少量石膏混合粉磨，或分别磨细后再混合均匀制成的水硬性胶凝材料。石灰粉煤灰水泥的标号一般在 300 号以下，生产时必须正确选定各原材料的配合比，特别是生石灰的掺量，以保证水泥的体积安定性，为了提高水泥的质量，也可适当掺配一些硅酸盐水泥熟料，一般不超过 25%。石灰粉煤灰水泥主要适用于制造大型墙板、砌块和水泥瓦等；适用于农田水利基本建设工程和底层的民用建筑工程,如基础垫层、砌筑砂浆等。纯粉煤灰水泥是指在燃煤发电的火力发电厂中,采用炉内增钙的方法,而获得一种具有水硬性能的胶凝材料。其制造方法是将燃煤在粉磨之前加入一定数量的石灰石或石灰,混合磨细后进入锅炉内燃烧,在高温条件下,部分石灰与煤粉中的硅、铝、铁等氧化物发生化学作用,生成硅酸盐、铝酸盐等矿物;收集下来的粉煤灰具有较好的水硬性,加入少量的激发剂如石膏、氯化钙、氯化钠等,共同磨细后即可制成具有较高水硬活性的胶凝材料。纯粉煤灰水泥可用于配制砂浆和混凝土,适用于地上、地下的一般民用、工业建筑和农村基本建设工程;由于该水泥耐蚀性、抗渗性较好,因而也可以用于一些小型水利工程。

e. 粉煤灰作砂浆或混凝土的掺和料　粉煤灰是一种很理想的砂浆和混凝土的掺合料。在混凝土中掺加粉煤灰代替部分水泥或细骨料,不仅能降低成本,而且能提高混凝土的和易性、提高不透水性、不透气性、抗硫酸盐性能和耐化学侵蚀性能、降低水化热、改善混凝土的耐高温性能、减轻颗粒分离和析水现象、减少混凝土的收缩和开裂以及抑制杂散电流对混凝土中钢筋的腐蚀。粉煤灰用作混凝土掺和料,早在20世纪50年代在国外的水坝建筑中得到推广。随着对粉煤灰性质的深入了解和电吸尘工艺的出现,粉煤灰在泵送混凝土、商品混凝土以及压浆、灌缝混凝土中也广泛掺用起来。国外在修造隧洞、地下铁道等工程中,广泛采用掺粉煤灰的混凝土。在地下铁道工程中,采用掺粉煤灰的混凝土,不仅节约水泥,使混凝土具有良好的和易性与密实性,并能抑制杂散电流对混凝土中钢筋的腐蚀作用。中国在混凝土和砂浆中掺加粉煤灰的技术也已大量推广。中国三门峡、刘家峡、亭下水库等水利工程,秦山核电站、北京亚运工程等,国内一些大的地下、水上及铁路的隧道工程均大量掺用了粉煤灰,不仅节约了大量水泥,而且提高了工程质量。如三门峡工程中,在重力坝内混凝土工程中共浇筑了约120万立方米的混凝土,掺用了相当于400号大坝矿渣水泥的20%～40%的粉煤灰,对混凝土内部的温升,改善混凝土的和易性和节省水泥用量等均获得良好效果。又如北京在砌筑工程中,比较常用的是50号和75号砂浆,每立方米掺入50～100kg磨细灰,可节约水泥17%～28%。如与加气剂结合使用,还可代替部分或全部白灰膏,在抹灰装修砂浆中可节约30%～50%的水泥。

② **粉煤灰在建筑制品工业中的应用**

a. 蒸制粉煤灰砖　蒸制粉煤灰砖是以电厂粉煤灰和生石灰或其他碱性激发剂为主要原料,也可掺入适量的石膏,并加入一定量的煤渣或水淬矿渣等骨料。精加工、搅拌、消化、轮碾、压制成型、常压或高压蒸汽养护后而制成的一种墙体材料。生产蒸制粉煤灰砖是用粉煤灰与石灰、石膏,在蒸汽养护条件下相互作用,生成胶凝性物质,来提高砖的强度。粉煤灰用量可为60%～80%,石灰的掺量一般为12%～20%,石膏的掺量为2%～3%。其生产工艺流程如图7-10所示。

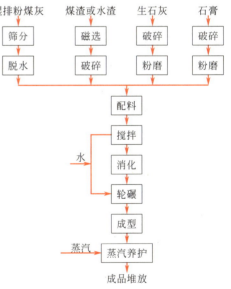

图7-10　蒸制粉煤灰砖生产工艺流程

以湿法排出的粉煤灰,从渣场捞取后,需要经过人工脱水或自然脱水,将含水量降至8%～20%才能使用。配制好的混合料,必须经过搅拌、消化和轮碾才能成型。搅拌一般在搅拌机中进行。使用生石灰时,混合料必须经过消化过程,否则被包裹在砖坯中的石灰颗粒继续消化会产生起泡、炸裂，严重影响砖的成品率和质量。轮碾的目的在于使物料均匀，增加细度，活化表面，提高密实度，从而提高粉煤灰砖的强度。成型设备可用夹板锤各种压砖机。成型后的砖坯即可进行蒸汽养护。蒸汽养护的目的在于加速粉煤灰中的活性成分（活性 SiO_2 和活性 Al_2O_3）和氢氧化钙之间的水化和水热合成反应，生成具有强度的水化产物，缩短硬化时间，使砖坯在较短的时间内达到预期的产品机械强度和其他物理力学性能指标。目前生产中采用常压蒸汽压力和温度各不相同。常压养护用的饱和蒸汽绝对压力一般为 0.1MPa，温度为 95~100℃；高压养护用的蒸汽绝对压力为 0.9~1.6MPa，温度为 174~200℃。常压养护通常为砖石或钢筋混凝土构筑的蒸汽养护室，高压养护则为密闭的圆筒形金属高压容器——高压釜。常压蒸汽养护和高压蒸汽养护的养护制度都包括静停、升温、恒温和降温几个阶段。高压养护因需配置高压釜，耗费钢材较多，基建投资大，目前国内多数粉煤灰建材厂多采用常压蒸汽养护。多年来的实践表明，在中国南方这种砖可以应用于一般工业厂房和民用建筑中。

b. 烧结粉煤灰砖　粉煤灰烧结砖是以粉煤灰、黏土及其他工业废料为原料，经原料加工、搅拌、成型、干燥、焙烧制成砖。其生产工艺和黏土烧结砖的生产工艺基本相同，只需在生产黏土砖的工艺上增加配料和搅拌设备即可。其工艺流程包括原料的加工、配料、对辊碾压、搅拌、加汽、成型、切坯、干燥、焙烧和成品出窑等工序。粉煤灰烧结砖的原料一般配比是：粉煤灰 30%~80%、煤矸石 10%~30%、黏土 20%~50%、硼砂 1%~5%，能烧结 75~150 号烧结砖。烧结粉煤灰砖利用了工业废渣节省了部分土地；粉煤灰中含有少量的碳，可节省燃料；粉煤灰可作黏土瘦化剂，这样在干燥过程中裂纹少，损失率低；烧结粉煤灰砖比普通黏土砖轻 20%，可减轻建筑物自重和造价。目前中国已有 50 多条粉煤灰烧结砖生产线，年产砖近 50 亿块，占建筑吃灰量的 40% 左右。

c. 生产蒸压泡沫粉煤灰保温砖　泡沫粉煤灰保温砖以粉煤灰为主要原料，加入一定量的石灰和泡沫剂，经过配料、搅拌、浇筑成型和蒸压而成的一种新型保温砖。其配比一般为：粉煤灰 78%~80%、生石灰 20%~22% 和适量泡沫剂。泡沫剂由松香、氢氧化钠、水胶经皂化反应而成。具体配法是 1000g 松香加上 180~200g 氢氧化钠，进行皂化反应。将其反应物松脂酸皂进行过滤清洗，加水胶 1000g 进行浓缩反应，生成母液，再配上适量的水。泡沫粉煤灰保温砖的生产过程是首先将粉煤灰和生石灰混合均匀，再加入泡沫剂，待其密度降至 650~700kg/m³ 时，向模内进行低位浇注，盖好盖板，最后送入卧式蒸压釜内进行蒸压养护。蒸压制度是静停 1h，养护 3h，升温 1h，使温度和压力缓慢上升，直至达到 185℃ 和 0.8MPa 为止，恒温 4h，然后使温度自然缓慢下降。这种蒸压泡沫粉煤灰保温砖适用于 1000℃ 以下各种管道冷体表面，以及高温窑炉中的保温绝热。

d. 粉煤灰硅酸盐砌块　粉煤灰硅酸盐砌块是以粉煤灰、石灰、石膏为胶凝材料，煤渣、高炉硬矿渣等为骨料，加水搅拌、振动成型、蒸汽养护而成的墙体材料，简称粉煤灰砌块。各种原料的一般配合比为：粉煤灰 27%~32%、灰渣 45%~55%、石灰 15%~25%、石膏 2%~5%、水 30%~36%。在生产中各种原料均要求一定细度。粉煤灰的细度要求是在 4900 孔/cm² 筛上筛余量不大于 20%。石灰和石膏的细度要求控制在 4900 孔/cm² 筛上筛余量 20%~25%。煤渣的粒度要求为最大容许粒径小于 40mm；1.2mm 以下颗粒含量小于 25%。粉煤灰砌块的生产一般包括原料处理、混合料制备、振动成型、蒸汽养护和成品堆放等过程，其生产工艺流程如图 7-11 所示。

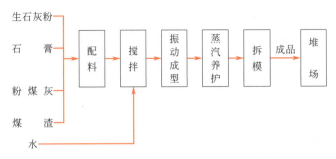

图 7-11 粉煤灰硅酸盐砌块生产工艺流程

混合料制备的主要工序为配料与搅拌。搅拌用强制式搅拌机或矿砂浆搅拌机。制备的混合料属于半干硬性轻质混凝土，为了保证制品的密实度需采用振动成型的方法。振动成型的设备可选用振动台。制品成型所用的模板以钢模板为好。混合料经振动成型后为了加速制品中胶凝材料的水热合成反应，使制品在较短时间内凝结硬化达到预期的强度，需要对制品进行蒸汽养护。常压蒸汽养护制度为：静停 3h，温度为 50℃ 左右。升温 6～8h，恒温 8～10h，温度为 90～100℃，降温 3h 左右，总养护周期为 1 昼夜。生产实践表明，这种砌块具有良好的耐久性，抗压强度为 9.80～19.60MPa，能节约水泥、减轻自重、缩短工期、造价低廉，并能提高生产效益。20 世纪 80 年代上海市曾用粉煤灰硅酸盐砌块建筑了数百万平方米的五六层住宅。

e. 粉煤灰加气混凝土 以粉煤灰为原料，适量加入生石灰、水泥、石膏及铝粉，加水搅拌成浆，注入模具蒸养而成多孔轻质建筑材料。其各种原料的配比为：粉煤灰 63%～68%、生石灰 10%～18%、石膏 10%、水泥 17%～27%，铝粉用量为 50～450g/m^3。粉煤灰加气混凝土的生产工艺包括原料处理、配料浇注、静停切割、高压养护等几个工序，其生产工艺流程如图 7-12 所示。粉煤灰加气混凝土的强度主要依靠粉煤灰中的二氧化硅、三氧化二铝和水泥、石灰中的氧化钙在蒸汽养护的条件下进行化学反应，生成水化硅酸盐而得到。发气剂主要是铝粉，双氧水（加漂白粉）等也可作为发气剂。粉煤灰加气混凝土的特点是质量轻而又具有一定的强度，绝热性能好，良好的防火性能，易于加工等。因而，它是一种良好的墙体材料。

f. 粉煤灰陶粒 粉煤灰陶粒是用粉煤灰作主要原料，掺入少量胶黏剂和固体燃料，经混合、成球、高温焙烧而成的一种人造轻质骨料。粉煤灰陶粒的生产一般包括原材料处理、配料及混合、生料球制备、焙烧、成品处理等工艺过程。采用半干灰成球盘制备生料球，烧结机焙烧陶粒的生产工艺流程如图 7-13 所示。

生产粉煤粉陶粒的主要原料是粉煤灰，辅助原料是胶黏剂和少量固体燃料。粉煤灰的细度要求是 4900 孔/cm^2 筛余量小于 40%；残余含炭量一般不宜高于 10%，并希望含炭量稳定。由于纯粉煤灰成球较困难，制成的生料球性能较差，掺加少量胶黏剂可改善混合料的塑性，提高生料球的机械强度和稳定性，胶黏剂一般可采用黏土、页岩、煤矸石、纸浆废液等。中国多数采用黏土作胶黏剂，掺入量一般为 10%～17%。

固体燃料可采用无烟煤、焦炭下脚料、炭质矸石、含炭量大于 20% 的炉渣等。中国多数厂家采用无烟煤作补充燃料。在实际生产中配合料的总含炭量控制在 4%～6%。配好的配合料需搅拌均匀。常用的搅拌设备有混合筒、双轴搅拌机、砂浆搅拌机等。混合料质量控制为：细度 4900 孔/cm^2 筛余量小于 30%，含炭量 4%～6%，含水量小于 20%。制备粉煤灰陶粒生料球的设备比较多，主要有挤压成球机、成球筒、对辊压球机、成球盘等。目前国内普遍采用成球盘成球。生料成球后即可焙烧,国内焙烧粉煤灰陶粒的设备主要有烧结机、回转窑、机械化立窑和普通立窑。

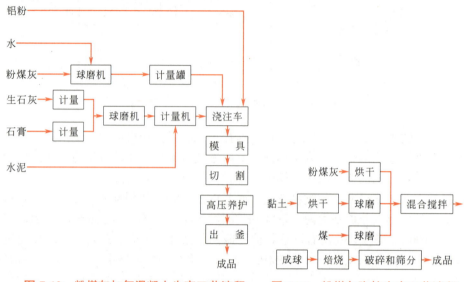

图 7-12　粉煤灰加气混凝土生产工艺流程　　图 7-13　粉煤灰陶粒生产工艺流程

粉煤灰陶粒的主要特点是重量轻、强度高、热导率低、耐火度高、化学稳定性好等,比天然石料具有更为优良的物理力学性能。粉煤灰陶粒可用于配制各种用途的高强度轻质混凝土,可以应用于工业与民用建筑、桥梁等许多方面。采用粉煤灰陶粒混凝土可减轻建筑结构及构件的自重,改善建筑物使用功能,节约材料用量,降低建筑造价,特别是在大跨度和高层建筑中,陶粒混凝土的优越性更为显著。

g. 粉煤灰轻质耐火保温砖　利用粉煤灰可生产出质量较好的轻质黏土耐火材料——轻质耐火保温砖。其原料可用粉煤灰、烧石、软质土及木屑进行配料,也可用粉煤灰、紫木节、高岭土及木屑进行配料。其原料的配比和粒度要求见表 7-12。

表 7-12　粉煤灰轻质耐火保温砖的配比和粒度

原料名称	配比/%	粒度/mm	原料名称	配比/%	粒度/mm
粉煤灰	36	4.699～2.362	粉煤灰	65	4.699～2.362
烧石	5	0.991	紫木节	24	0.701
软质土	43	0.701	高岭土	11	0.701
木屑	16	2.362	木屑	1.2m³/t(配合料)	2.362

粉煤灰轻质耐火保温砖生产过程如下:首先将各种原料分别进行粉碎,按照粒度要求进行筛分并分别存放。粉煤灰要求除去杂质,最好选用分选后的空心微珠,将几种原料配好后,先干混均匀,然后送入单轴搅拌机中并加入 60℃以上的温水开始粗混,然后送到搅拌机中进行捏炼,当它具有一定的可塑性时,再送往双轴搅拌机中进行充分捏炼,最后成型制坯。混拌捏炼好的泥料,从下料口送入拉坯机,拉出的泥条经分型切坯便得出泥毛坯。泥毛坯在干燥窑内经过 18～24h 干燥,毛坯水分降至 8% 以下,这时即可卸车、码垛、待烧。经干燥后的半成品放入倒焰窑或隧道窑中烧成,在倒焰窑中的烧成温度为 1200℃,共需烧成时间 44h,其中恒温时间为 4h,熄火后逐步将温度冷却至 60℃ 以下就可出窑。

粉煤灰轻质耐火保温砖的特点是保温效率高，耐火度高，热导率小，能减轻炉墙厚度，缩短烧成时间，降低燃料消耗，提高热效率，降低成本。现已被广泛应用于电力、钢铁、机械、军工、化工、石油、航运等工业方面。

③ **粉煤灰作农业肥料和土壤改良剂**

a. 作土壤改良剂　粉煤灰具有良好的物理化学性质，能广泛应用于改造重黏土、生土、酸性土和盐碱土，弥补其酸、瘦、板、黏的缺陷。其主要作用机理包括以下五个方面。

第一是改善土壤的可耕性。粉煤灰施入土壤后，可使土壤颗粒组成发生变化。黏质土壤掺入粉煤灰，可变得疏松，黏粒减少，砂粒增加。根据田间试验表明：对盐碱性土壤，施用前土壤含小于0.01mm的黏粒44.5%，每亩施5t粉煤灰后降为44.1%，每亩施25t粉煤灰后降为38.6%；对于黏土，未施前土壤中小于0.01mm的黏粒为75.09%，每亩施0.5t降为71.57%，每亩施15t后降为65.56%。这说明土壤中小于0.01的黏粒随着粉煤灰的使用量增加而减少，从而改善了土壤的可耕性。

第二是改善酸性土和盐碱土。对于盐碱地试验表明，春耕前土壤容积密度平均为1260kg/m^3，秋后每亩施灰20t，测得容积密度降为1010kg/m^3，达到了肥沃土壤的指标。土壤容积密度的降低，表明土壤的空隙率增加，一般土壤施用粉煤灰后空隙率可增加6%～22%，因而改善了土壤的透水透气性，促进了土壤的水、热、气的交换。粉煤灰中由于含大量CaO、MgO、Al_2O_3等有用组分，用于酸碱土能有效改变其酸碱性。

第三是提高土壤温度。粉煤灰呈现黑色，吸热性能好，施入土壤后，一般可使土层温度提高1～2℃。研究表明：每亩施灰1.25t，地面温度16℃，每亩施灰5t，地面温度17℃，每亩施灰7.5t，地下5～10cm处的土层增温0.7～2.4℃。地温提高对土壤养分的转化、微生物的活动、种子萌芽和作物生长发育都有促进作用。用它覆盖小麦和水稻育苗，可使秧苗发芽快、长得壮、抗低温、利于作物早熟和丰产。

第四是提高土壤保水能力。作为植物生长的土壤富有一定的空隙率，粉煤灰中的硅酸盐矿物与炭粒具有多孔性，因此，将粉煤灰施入土壤，能进一步改善土壤的空隙率和溶液在土壤中的扩散情况，从而调节了土壤的含水量，有利于植物正常生长。田间试验表明，施灰的土壤比未施灰的土壤其水分高4.9%～9.6%，每亩施灰0.625t，土壤含水率为21.98%，每亩施灰20t，土壤含水率为26.2%。

第五是增加土壤的有效成分，提高土壤肥力。粉煤灰除含有氮、磷、钾之外，还含有锰、铁、钠、硅、钙等元素，故可视为复合微量元素肥料，对农作物的生长有良好的促进作用。其中含氮量为0.05%～0.6%，含五氧化二磷为0.08%，含钾为4%左右。故土壤中施入粉煤灰可增加其有效成分，提高肥力。施用粉煤灰后，一般都能增产15%～20%。

b. 作农业肥料　粉煤灰含有大量枸溶性硅、钙、镁、磷等农作物所必需的营养元素。当其含有大量枸溶性硅时，可作硅钙肥；当含有较高枸溶性钙、镁时，可作改良土壤酸性土壤的钙镁肥；当含有一定磷、钾及微量组分时，可用于制造各种复合肥。粉煤灰中含有大量SiO_2和CaO，形成了具枸溶性硅酸钙，经干化后球磨，便制成了水稻生长必需的硅钙肥，当粉煤灰含P_2O_5达4%时，可直接磨细成钙镁磷肥；若含磷量较低，也可适当添加磷矿石、镁粉、添加剂$Mg(OH)_2$和助溶剂等，经焙烧、研磨，制成钙镁磷肥。武昌电厂采用了这一技术，石家庄电厂、马头电厂也开展了类似的攻关，其配比为磷矿石20%～45%、粉煤灰20%～40%、助熔剂和添加剂35%～40%，经焙烧、磨细制成磷肥，这种磷肥适应于酸性土壤，对油菜、大豆、食用菌有明显的增产效果，小麦、黄瓜、水稻、棉花和西红柿等增产

20%～30%，且能早熟5～15天。用粉煤灰添加适量石灰石、钾长石、煤粉，经焙烧、研磨制成硅酸钙钾复合肥。在日本等一些国家利用粉煤灰加碳酸钾、补助剂$Mg(OH)_2$、煤粉，经焙烧研制成硅钾肥。

④ **回收工业原料**

a. 回收煤炭资源　中国热电厂粉煤灰一般含炭5%～7%，其中含炭大于10%的电厂占30%，这不仅严重影响了漂珠的回收质量，不利于作建材原料，而且也浪费了宝贵的炭资源。据统计，仅湖南省各热电厂每年从粉煤灰中流失的煤炭达20万吨以上。煤炭的回收方法主要有以下两种。一种是浮选法回收湿排粉煤灰中的煤炭。浮选法就是在含煤炭粉煤灰的灰浆水中加入浮选药剂，然后采用气浮技术，使煤粒黏附于气泡上浮与灰渣分离。株洲、湘潭等电厂选用柴油作捕收剂，用松油为起泡剂，回收煤炭资源，回收率达85%～94%，尾灰含炭量小于5%，回收精煤灰热值大于20950kJ/kg，每吨精煤灰成本约10元，浮选回收的精煤灰具有一定的吸附性，可直接作吸附剂，也可用于制作粒状活性炭。另一种是干灰静电分选煤炭。由于与灰的介电性能不同，干灰在高压电场的作用下发生分离。静电分选炭回收率一般在85%～90%，尾灰含炭量在55%左右。回收煤炭后的灰渣利于作建筑原料。

b. 回收金属物质　粉煤灰中含有Fe_2O_3、Al_2O_3和大量稀有金属，在一定条件下，这些金属物质均可回收。粉煤灰中Fe_2O_3含量一般在4%～20%，最高达43%，当Fe_2O_3含量大于5%时，即可回收。Fe_2O_3经高温焚烧后，部分被还原成Fe_2O_3和铁粒，可通过磁选回收。辽宁电厂在一定磁场强度下，分选得含铁50%以上的铁精矿，铁回收率达40%以上。山东省曾作过比较，当粉煤灰含Fe_2O_3大于10%时，磁选一年可回收15万吨铁精粉。其经济价值远优于开矿，社会效益和环境效益则不可估量。粉煤灰含Al_2O_3一般在7%～35%。铝回收目前还处于研究阶段，一般要求粉煤灰中Al_2O_3含量大于25%时方可回收。目前铝回收主要由高温熔融渣、热酸淋洗法、直接熔解法等多种方法。另外，粉煤灰中还含有大量稀有金属和变价元素，如钼、锗、镓、钪、钛、锌等。美国、日本、加拿大等国进行了大量开发，并实现了工业化提取钼、锗、钒、铀。中国也做了许多工作，如用稀硫酸浸取硼，其溶出率在72%左右，浸出液螯合物富集后再萃取分离，得到纯硼产品，粉煤灰在一定条件下加热分离镓和锗，回收80%左右的镓，再用稀硫酸浸提、锌粉置换以及酸溶、水解和还原，最后制得金属锗。

c. 分选空心微珠　空心微珠是由51%～60% SiO_2、26.2%～39.9% Al_2O_3、2.2%～8.7% Fe_2O_3以及少量钾、铁、钙、镁、钠、硫的氧化物组成的熔融法结晶体，它是在1400～2000℃温度下或接近超流态时，受到CO_2的扩散、冷却固化与外部压力作用而形成的。当快冷时形成能浮于水上的薄壁珠，慢冷时形成圆滑的厚壁珠。空心微珠的容积密度一般只有粉煤灰的1/3，其粒径为0.3～300μm，大多数在75～125μm，目前，国内主要采用干法机械分选和湿法分选两种方法来分选空心微珠。空心微珠具有重量轻、强度高、耐高温和绝缘性能好等多种优异性能，因而已成为一种多功能的无机材料，主要应用在以下几个方面。第一是应用于塑料工业中，空心微珠是塑料的理想填料。其用于聚氯乙烯制品，可以提高软化点10℃以上，并提高硬度和抗压强度、改善流动性。用环氧树脂作胶黏剂，聚氯乙烯掺和空心微珠材料可制成复合泡沫材料。用它作聚乙烯、苯乙烯的充填材料，不仅可提高其光泽、弹性和耐磨性，而且具有吸音减振和耐磨效果。空心微珠目前已用于生产各种管材、异型材、地板、聚氯乙烯泡沫塑料以及钙塑制品等，其综合效益显著。第二是应用于轻质耐火材料和高效保温材料。粉煤灰是高温热动力作用的产物，高熔点成分富集，热稳定性好。具耐热、隔热和阻燃的特点，是新型高效保温材料和轻质耐火材料。利用空心微珠生产轻质隔热耐火砖。通过实验表明：一般节电达30%～40%，在使用温度上比普通硅酸铝耐火纤维炉衬高出150～200℃且具有重量轻、耐高温、隔热性能好、耐压强度高、节能等特点，可广泛应用于机械、冶金、化工、陶瓷和玻璃等多种行业。空心微珠保温最大优点是在高温下具有优异的保温性能，而且与它同体积的硅酸铝纤维复合型保温帽相比，价格便宜50%～70%，它的综合性能优于国内现有的各类保温帽。第三是应用于石油化学工业。空心微珠表面多微孔，可作石油化工的裂化催化剂和化学工业的化学反应催化剂，以提高产品的产量和质量；也可用作化工、医药、酿造、水工业等行业的无机球状填充剂、吸附剂和过滤剂，它由于硬度大、耐磨性能好，常被作为燃料工业的研磨介质，作墙面地板的装饰材料。以树脂为胶黏剂，空心微珠为主要填料，再加入增强剂制成的微珠人造大理石，具有材质轻、强度高、耐腐蚀、易加工、施工方便等优点，是用于建筑工程的墙面、台面、柱面和顶板等，装饰效果可与天然大理石相媲美。利用厚壁微珠还可生产耐磨涂料。第四是在其他方面的应用。空心微珠的轻质、耐腐蚀和高强度等性能，使之在军工领域被用作航天航空设备的表面复合材料和防热系统材料，并常被用于坦克刹车。

⑤ **作环保材料**

a. 环保材料开发　利用粉煤灰可制造分子筛、絮凝剂和吸附材料等环保材料。利用粉煤灰生产工艺技术与常规生产相比，生产每吨分子筛可节约0.72t Al（OH）$_3$、1.8t 水玻璃和0.8t 烧碱，且生产工艺中省去了稀释、沉降、浓缩、过滤等流程，生产的分子筛产品质量优于化工合成的产品。粉煤灰中含 Al_2O_3 高，主要以富铝水玻璃体形式存在。用粉煤灰与铝土矿、电石泥等高温焙烧，提高 Al_2O_3、Fe_2O_3 的活性，再用盐酸浸提，一次可制成液态铝铁复合混凝水处理剂，它的水解产物比单纯聚合铝、聚合铁的水解产物价位高，因而具有强大的凝聚功能和净水效果，是良好的絮凝剂。浮选回收的精煤具有活化性能，可用以制作活性炭或直接作吸附剂，直接用于印染、造纸、电镀等各行各业工业废水和有害废气的净化、脱色、吸附重金属离子，以及航空航天火箭燃烧剂的污水处理。

b. 用于废水处理　粉煤灰可用于处理含氟废水、电镀废水与含重金属离子废水和含油废水。粉煤灰中含有 Al_2O_3、CaO 等活性组分，它们能与氟生成配合物或生成对氟有絮凝作用的胶体离子，具有较好的除氟能力，它对电解铝、磷肥、硫酸、冶金、化工和原子能等生产中排放的含氟废水处理具有一定的去除效果。粉煤灰中含沸石、莫来石、炭粒和硅胶等，具有无机离子交换特性和吸附脱色作用。粉煤灰处理电镀废水，其对铬等重金属离子具有很好的去除效果，去除率一般在90%以上，若用 $FeSO_4$-粉煤灰法处理含铬废水，铬离子去除率达99%以上。此外，粉煤灰还可以用于处理含汞废水，吸附了汞的饱和粉煤灰经焙烧将汞转化成金属汞回收，回收率高，其吸附性能优于粉末活性炭。电厂、化工厂、石化企业废水成分复杂，甚至会出现轻焦油、重焦油和原油混合乳化的情况，用一般的处理方法效果不太理想，而利用粉煤灰处理，重焦油被吸附后与粉煤灰一起沉入水底，轻焦油被吸附后形成浮渣，乳化油被吸附、破乳，便于从水中出去，达到较好的效果。

7.2.4　硫铁矿烧渣的综合利用

（1）概述

① 硫铁矿烧渣的**来源**　硫铁矿烧渣是生产硫酸时焙烧硫铁矿产生的废渣。硫铁矿是中国生产硫酸的主要原料，当前采用硫铁矿或含硫尾砂生产的硫酸，约占中国硫酸总产量的80%以上。目前，中国硫酸工业中采用的硫铁矿原料，含硫量多数在35%以下。由于硫铁

矿含硫量低，渣质含量高，对充分利用硫铁矿中的铁资源带来了较大的困难。单位硫酸产品的排渣量与硫铁矿的品位及工艺条件有关。在相同的工艺条件下，硫铁矿品位越高，排渣量越少，反之则高。如中国广东云浮硫铁矿，平均含硫在31.04%，通过浮选可生产含硫大于48%的精矿，是中国目前品位最好的硫铁矿，生产1t硫酸，排除的废渣量仅为0.7t。而采用山西阳泉含硫在18%～24%的硫铁矿石则生产1t硫酸，排除的废渣可高达1.3～1.8t。

② 硫铁矿烧渣的**组成**　硫铁矿烧渣的组成与硫铁矿来源有很大关系，不同的硫铁矿焙烧所得的矿渣组分是不同的，但其组成主要是三氧化二铁、四氧化三铁、金属的硫酸盐、硅酸盐和氧化物以及少量的铜、铅、锌、金、银等有色金属。表7-13和表7-14分别给出了硫铁矿烧渣的化学组成和元素含量分析结果。

表7-13　中国部分硫酸企业硫铁矿烧渣的化学组成　　　　　　　　　　　　　单位：%

单位	Fe	FeO	Cu	Pb	S	SiO_2	Zn
大化公司化肥厂	35	—	—	—	0.25	—	—
铜陵化工总厂	55～57	4～6	0.2～0.35	0.015～0.04	0.43	10.06	0.043～0.083
吴泾化工厂	52	—	0.24	0.054	0.31	15.96	0.19
四川硫酸厂	46.73	6.94	—	0.05	0.51	18.50	—
杭州硫酸厂	48.83	—	0.25	0.074	0.33	—	0.72
衢州硫酸厂	41.99	—	0.23	0.0781	0.16	—	0.0952

表7-14　硫铁矿烧渣元素含量分析　　　　　　　　　　　　　　　　　　　单位：%

元素	Cu	Cr	Ti	As	V	Ni	Zn	Co	Mn	Pb	Ag
含量	0.02～0.04	0.003～0.005	0.5～0.8	0.01	0.02～0.08	0.006	0.03	0.005～0.006	0.08	0.003～0.05	0.0002

③ 硫铁矿烧渣的**危害**　硫铁矿烧渣对环境的危害程度，较之一些含重金属剧毒物的铬渣及某些有机废渣来说要小得多。但在堆积过程中，细微粉尘遇风飘扬，污染空气；下雨时，废渣中的粉尘随雨水流入河道，形成铁锈红色带，对人造成严重心理上的憎恶。硫铁矿烧渣在水溶液中浸泡后的组分，对环境所造成的危害并不太大，其原因是在硫铁矿烧渣中，对环境构成威胁的有害组分含量甚微，且大多为不溶物。国内某研究院曾对广东云浮硫铁矿的焙烧炉渣做过评价试验，对硫铁矿烧渣用水浸泡24h后，对浸泡液进行分析评价，结果表明，除Zn略有超标外，其余均符合农灌标准。而Zn元素对环境的危害程度是不严重的，作为人体所必需的特殊微量元素，适当地摄入，对人体是有利的。但过量地摄入锌，尤其是其溶胶或锌粉尘则对人体有危害，易产生咳嗽、耳鸣、上呼吸道黏膜慢性炎症及低血糖等病症。某些高砷硫铁矿生产硫酸时所得的烧渣，含有较高的砷，则需进行妥善的堆存处理，以免对环境造成危害。

④ 硫铁矿烧渣的**综合利用概况**　据统计，中国因生产硫酸而排放的硫铁矿烧渣，除10%左右供水泥及其他工业作为辅助添加剂外，大部分未加利用，占用了大量的土地，污染环境。为了解决矿渣堆存而带来的一系列问题，许多企事业单位曾致力于硫铁矿烧渣综合利用的研究和开发工作，原化工部和冶金部两部曾联合组成了硫铁矿烧渣综合利用规划调查组，先后几次对国内近百个大、中、小型矿山和硫酸厂进行过调查。根据对国内23家硫酸厂的调查，其中被利用作水泥配料占烧渣年利用率的80.59%，矿渣作炼铁原

料占烧渣年利用率的 8.81%，还有占烧渣总量的 10.6% 没有被利用。全国大多数小型厂仍采用水力排渣方式直接排放，治理率非常低。给环境治理和烧渣综合利用带来了很大困难。

（2）硫铁矿烧渣的综合利用

① **制矿渣砖** 将消石灰粉（或水泥）和烧渣混合成混合料，再成型，经自然养护后即制得矿渣砖。硫铁矿烧渣制砖的主要原料是硫铁矿烧渣，实现了废渣资源化，消除了污染，节省了废渣堆存占地，是解决硫铁矿烧渣污染环境的主要途径之一。硫铁矿烧渣制砖方法，分蒸养制砖和非蒸养制砖，主要取决于原料烧渣和辅料特性。上海硫酸厂使用含氧化铝活性组分较低矿渣，配以煤渣、煤灰和石灰石等辅料，采用蒸汽养护技术；长葛化工总厂烧渣中的活性组分较高，只有石灰一种辅料，采用自然养护技术。

烧渣砖生产工艺流程如图 7-14 所示。烧渣经充分粉细后与辅料按比例混合均匀，再加入适量水进行轮碾，使坯料进一步细化、均匀化和胶体化，经过轮碾后的混合物料，进一步陈化后，送入压砖机压制成型，成型后的砖坯送去养护，养护后检验即为成品砖。

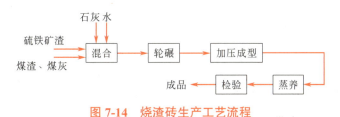

图 7-14 烧渣砖生产工艺流程

自然养护技术生产烧渣砖生产工艺条件见表 7-15。

表 7-15 烧渣砖生产工艺条件

项目	条件	项目	条件
烧渣中含硫 /%	0.4	养护时间 /d	28
石灰过烧量 /%	5	成型料含水量 /%	14～15
石灰中氧化镁含量 /%	5	成型压力 /MPa	15～20
原料粒度 /mm	2	养护温度 /℃	>10
配料比（烧渣∶其他）	84∶16		

② **磁选铁精矿** 以硫铁矿为原料，生产硫酸过程产生的硫铁矿烧渣中含有丰富的铁，利用磁选方法回收其中的铁是硫铁矿烧渣综合利用的较好方法之一。

硫铁矿烧渣磁选铁精矿工艺流程如图 7-15 所示。硫酸生产系统产生的矿渣收集到贮料仓，用圆盘给料机自动计量加入球磨机，同时磨到粒度，料浆流到缓冲槽，并不断搅拌，控制适当流量送入磁选机进行磁选，铁精矿中夹带的泥渣经水力脱泥后，送至成品堆场。尾矿和冲泥水送污水处理站处理，废渣可送水泥厂作为原料。

硫铁矿烧渣磁选铁精矿的工艺控制条件为：原矿渣含铁 42%～48%；原矿渣含硫小于 0.5%；配浆浓度为 10%～20%；料浆粒度小于 200 目占 80%；成品铁精矿含铁为 55%～60%；成品铁精矿含硫小于 0.3%；成品铁精矿收率大于 60%。

③ **重选铁精矿** 磁选硫铁矿烧渣回收其中铁成本较高，产量受矿种及操作条件影响较大，因此采用重选方法综合利用硫铁矿烧渣更具有一定的意义。重选是将一定浓度的硫铁矿渣浆，经溜槽重选的含铁量在 55%～60% 的铁精矿。

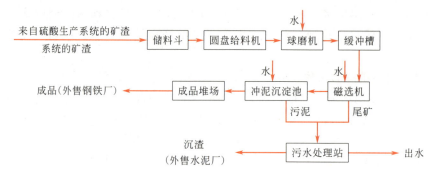

图 7-15　硫铁矿烧渣磁选铁精矿工艺流程

硫铁矿烧渣重选铁精矿工艺流程如图 7-16 所示。硫酸车间来的硫铁矿渣浆浓度为 10% 左右，经脱水槽脱水后送螺旋溜槽进行重选，重选后的精矿浓度为 35%，由砂浆泵送至精选矿渣堆场，而重选后的尾矿用尾矿砂泵经水旋器送到尾矿堆场，可作为水泥厂添加剂。

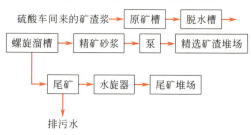

图 7-16　硫铁矿烧渣重选铁精矿工艺流程

硫铁矿烧渣重选铁精矿的工艺控制条件如下：原矿渣含铁 49%～52%；原矿渣含硫 0.2%～0.8%；配浆浓度为 10%；成品铁精矿含铁 55%～60%。

④ 高温氯化法回收有色金属　高温氯化法以日本光和精矿法为典型代表。其原理是将废渣与氯化钙均匀混合制成球团，在高温下焙烧，废渣中的有色金属生成金属氯化物，以气态方式随烟气排出，然后用水吸收，回收有色金属氯化物，回收有色金属后的硫铁矿烧渣可作为炼铁原料。经过氯化焙烧处理，硫铁矿烧渣中的有色金属的回收率可达到 90% 左右，该法是从含有有色金属较高的硫铁矿烧渣中回收利用有色金属的较好方法。

高温氯化法回收有色金属的工艺流程如图 7-17 所示。

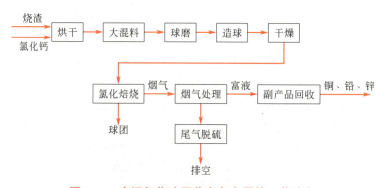

图 7-17　高温氯化法回收有色金属的工艺流程

在硫铁矿烧渣中加入浓度 40% 的氯化钙混合均匀，而后送入回转式干燥窑脱水干燥得到含水 10% 左右的混合烧渣。此烧渣经大混料系统充分混合，送入润式周边排料球磨机进行混捏球磨。混捏后烧渣送至圆盘造球机成球，然后送链板式干燥机干燥，干球再送至回转式氯化焙烧窑进行焙烧，球团经冷却后送去炼铁。从焙烧窑中排出的烟气含有色金属氯化物气体，经增湿塔、洗涤塔、电除雾器等烟气处理系统进行处理，有色金属氯化物被捕集到溶液中，尾气经脱硫后排入大气。含有有色金属的溶液经中和、置换等回收系统得到石膏、海绵铜、硫化铅、氢氧化锌等副产品，金、银等则富集在海绵铜中。最终溶液经蒸发脱水浓缩得到40%浓度的氯化钙溶液，此溶液返回原料系统循环使用。

高温氯化法回收有色金属工艺控制条件为：干燥后混合烧渣含H_2O（10±1）%、含$CaCl_2$（4.5±0.5）%；球磨后烧渣粒度325目大于70%；生球直径为8～18mm；生球抗压强度为每个球大于5kg；干球含水量小于0.5%；干球抗压强度为每个球大于50kg；焙烧温度为1100～1200℃；窑头压力为0～19.6Pa；窑尾压力为-49～-78.5Pa。

⑤ **作水泥配料**　烧渣经过磁选和重选后，含铁量30%左右，可以作为水泥的辅助配料。此外，更重要的是可以利用烧渣代替铁矿粉作为水泥烧成的助熔剂。加入助熔剂的目的是降低烧成温度，提高水泥的强度和抗侵蚀性能。水泥工业中对铁矿粉的品位要求，一般是含铁量为35%～40%，而硫对水泥质量是有害的。但由于烧成温度较高，脱硫率较好，因此铁矿粉的含硫量要求不十分严格。用硫铁矿烧渣代替铁矿粉作为水泥烧成的助熔剂时，烧渣中铁和硫的含量均能满足工业的要求，所以中国许多水泥厂广泛地利用烧渣代替铁砂矿粉，以降低水泥的成本。水泥生料的烧渣掺入量为3%～5%。当烧渣含铁量不高，而且有色金属的含量又不值得回收时，烧渣代替铁矿粉应用于水泥工业还是合理的。

⑥ 国外烧渣利用法　近年来，国外黄铁矿产量估计在1000万～1200万吨。世界上仍有很多国家有丰富的硫铁矿资源而缺少廉价的元素硫。诸如西班牙、葡萄牙、捷克和中国等国家，硫铁矿仍是制酸的基本原料。硫铁矿除了和元素硫一样在硫酸生产中能获得重要的化工原料外，矿渣还可以用于炼铁和提取有色金属。特别是铁矿资源较贫乏的国家，如德国、意大利和日本等国，对烧渣的综合利用已进行了多年，并有专门处理烧渣的工厂。国外对硫铁矿烧渣综合利用的方法，主要有以下几种。

a. 磁化焙烧-磁选-球团法　该法曾被意大利蒙特卡梯尼厂采用，年处理45万～50万吨烧渣，日产1100t球团。其工艺流程如图7-18所示。含8% Fe元素的黄铁矿进入生产硫酸的沸腾炉后，热烧渣再进入磁化沸腾床，以重油为还原剂，磁化后的烧渣经磁选以后，含铁量可以从49%提高到67%，Fe回收率为

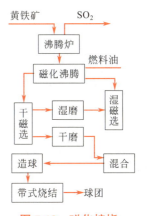

图7-18　磁化焙烧-磁选-球团法工艺流程

94%，最后用50m²带式烧结机生产成氯化球团。该法特点是利用热烧渣直接进行磁化焙烧，较节能。但该法只适用于纯净烧渣制成高品位的铁球团，也不能去除烧渣中的有色金属。

b. 盐酸浸出-氢还原-铁粉法　该法曾被日本等国采用。其工艺流程如图7-19所示。首先用C或CO将硫铁矿渣中的含铁组分还原为Fe+FeO，再用20%～30% HCl浸出。浸出液经过过滤、蒸发、浓缩，铁便以$FeCl_2·6H_2O$的形式结晶出来，将结晶干燥成$FeCl_2·2H_2O$，然后用H_2还原成铁粉。该法的特点是铁粉中的纯度可达99.2%，Cl 0.1%，HCl浸出剂可防止形成硫酸钙，并可除去硫。

c. 中温氯化-浸出-烧结法　该法被德国杜依斯堡炼铜厂采用，该厂共有36座9～11层的多层焙烧炉，年处理200万吨烧渣，产品含62% Fe。古巴卢蒙巴硫化金属厂有ϕ6.5m多层炉2座，用该法年处理烧渣7万吨。罗马尼亚的伐累尔卡腊古列斯克厂，年处理含铜渣7万吨。该法工艺流程如图7-20所示。

将烧渣配入适量的食盐，混匀后在500～600℃温度下进行中温氯化焙烧，使有色金属转变为可溶于水或稀酸的氯化物，然后浸出，从浸出液中回收有色金属。浸出渣配入煤后进

行烧结成块，送出炼铁。

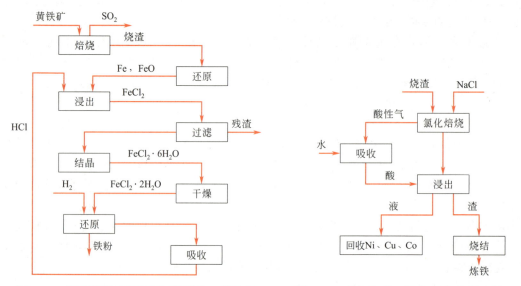

图 7-19　盐酸浸出 - 氢还原 - 铁粉法工艺流程　　图 7-20　中温氯化 - 浸出 - 烧结法工艺流程

d. 氯化挥发 - 沸腾炉法（氯流程）　该法在意大利进行过日处理 60t 规模的中间试验。其流程如图 7-21 所示。

该法是将烧渣在 700～850℃的条件下，进行流态化预还原处理，使其中的 Fe_2O_3 部分转变为 Fe_3O_4，或者在硫酸生产时，沸腾炉的焙烧条件控制在能产生磁性烧渣，然后进入通氯气的沸腾炉内，进行氯化挥发，温度为 900～980℃。在经磁选等环节，最后制成球团送去炼铁。该法的特点是依靠 Fe_2O_3 氧化放热而获得温度，没有氯化物水解现象，氯化过程中转化率高，挥发扩散快，但烟尘率高，热放率较低，操作较复杂。

e. 还原挥发 - 金属化球团法　该法在德国有工业试验装置，窑的规模为 $\phi3600mm\times41000mm$。该法工艺流程如图 7-22 所示。

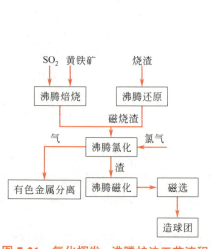

图 7-21　氯化挥发 - 沸腾炉法工艺流程

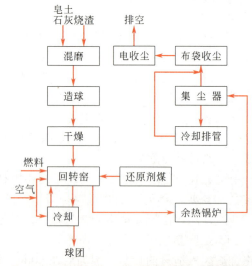

图 7-22　还原挥发 - 金属化球团法工艺流程

该法是将硫铁矿烧渣配入一定量的胶黏剂,如皂土或消石灰等混磨,然后造球。干燥后与还原剂共同加入回转窑中,以 1000～1150℃ 左右的温度,进行还原焙烧,物料中的 Zn、Pb 被还原挥发进入气相,在气相中又被氧化成氧化物,这种含有 Zn、Pb 等氧化物的炉气导入收尘系统,将它们捕集,送有色冶金工序。铁成金属铁或部分 FeO 留在球团中,成为海绵铁或叫金属化球团。一般铁的金属化率可高于 90%,Zn、Pb 的挥发率可大于 95%,还可收集 Cd、In、Ge 等其他金属。该法在对烧渣脱除 Pb、Zn 和 Cd、In、Ge 等金属的同时,可以获得金属化球团,流程简单可靠,又不存在氯化焙烧中的设备防腐问题。但不适用于含 Cu、Ag、Au 的烧渣。

(3) 硫铁矿烧渣处理实例

山东某化工厂用氰化法从硫铁矿烧渣中提取 Au、Ag、Fe 实例(据该化工厂孙世贺的资料)。

① **产品品种与生产规模**　山东某化工厂硫酸年产 4 万吨;磷肥年产 4 万吨;黄金年产 66kg;白银年产 100kg;铁精粉年产 6000t;编织袋年产 30 万个。

② **生产工序及废物来源**　硫酸生产包括配料、焙烧、净化、转化、吸收共五个工序。废物来自焙烧过程中产生的烧渣及净化过程中产生的污泥。

③ **硫铁矿烧渣组成及产量**　每年制酸系统可排出烧渣 3 万吨,其组成见表 7-16。

表 7-16　硫铁矿烧渣组成

元素	Au	Ag	Cu	Fe	Zn	Pb	S	SiO_2	Al_2O_3	CaO	As	C
含量/%	4.38	10	0.067	21.2	0.03	0.03	0.53	39.9	5.39	2.51	0.05	0.09

④ **硫铁矿烧渣处理工艺流程**

a. 原理　金、银、在有氧存在的氰化溶液中与氰化物反应,生成金氰配离子进入溶液,经液固分离后用锌置换,再经冶炼得到成品金、银,利用弱磁场将烧渣磁选得精铁矿。反应式如下。

$$4Au+8NaCN+O_2+2H_2O \longrightarrow 4NaAu(CN)_2+4NaOH$$

$$2Au(CN)_2^- + Zn \longrightarrow 2Au\downarrow + Zn(CN)_4^{2-}$$

b. 工艺流程　硫铁矿烧渣提取金、银、铁工艺流程如图 7-23 所示。合金烧渣送入球磨机磨细后进入水力旋流器分级,粗粒级返回重磨,细粒级进入搅拌槽浸取,同时向搅拌槽加入氰化钠和石灰。浸出后的矿浆用泵送入浓缩机洗涤,再进磁选机选铁,得精铁矿及尾砂。矿浆进污水处理工段,加入液氯,除去氰化物,处理后矿浆送入尾砂场。洗涤得到的合金较高的溶液送置换工段,加入锌粉,得到金泥,送冶炼车间获得金银产品。贫液返回流程循环使用。矿浆处理后,氰化物含量(以 CN^- 计)小于 0.5mg/L,达到国家排放标准,无二次污染。

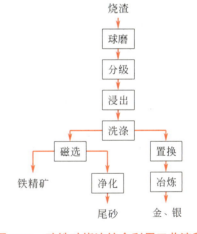

图 7-23　硫铁矿烧渣综合利用工艺流程

⑤ **主要设备**　硫铁矿烧渣处理主要设备见表 7-17。

⑥ **工艺控制条件**

a. 磨矿分级工段　处理量 100t/d;磨矿浓度 (64±2)%;磨矿细度 -320 目,占 70%～80%。

表 7-17　硫铁矿烧渣处理主要设备

名称	数量	规格	名称	数量	规格
圆盘给料机	1	DK-8，1.1kW	水泵	2	3BA-9，4kW
皮带机	1	B500×6000	胶泵	10	2PNJB，10kW
球磨机	1	ϕ1200×2400，55kW	水泵	2	GNL3-B，7.5kW
旋流器	2	ϕ150	搅拌槽	2	ϕ2500×2500，5.5kW
搅拌槽	8	ϕ3500×3500，10kW	加氯机	2	2J-1
浓缩机	1	ϕ12，单层	磁选机	2	GY600×1200，3kW
浓缩机	1	ϕ9，三层，4kW	汽车	1	EQ140-1
压滤机	2	BAJ20/635-2.5，2.2kW	装载机	1	ZL3D
净化槽	1	1600×2400×4000	推土机	1	东方红-60
水泵	5	2BA-6，4kW	箱式电阻炉	1	RJX-37-13，37kW

　　b. 浸出工段　NaCN 含量 0.02%～0.03%；CaO 含量 0.02%～0.03%；矿浆浓度（33±2）%；浸出时间 27h。

　　c. 洗涤工段　排浆浓度（55±2）%；处理量 100t/d。

　　d. 置换工段　Zn 加入量为 0.05kg/t 矿渣；Pb(AC)$_2$ 加入量为 0.1kg/班；真空度 680～730mmHg；处理量 12～16t/h。

　　e. 磁选工段　矿浆浓度（25±2）%；磁场强度 1500Oe。

　　f. 净化工段　Cl$_2$ 加入量为 7kg/t；pH 值为 10～11；处理后 CN$^-$ 浓度小于 0.5mg/L，pH 值为 6～8。

　　⑦ **处理效果**　本处理工程全浸出率达 68%；洗涤率可达 96%，置换率可达 98%；氰化回收率可达 64%；年产黄金 66kg；年产白银 100kg；含 55% 铁的铁精矿 6000t；每年可增加利税 100 多万元。硫铁矿烧渣提取 Au、Ag、Fe 后堆存在尾砂坝内不外排，不产生污染。污水处理后返回系统循环使用，不产生污染。矿浆处理过程中不产生有害物质，不产生二次污染，有较好的经济、社会和环境效益。

　　⑧ **工程运行情况及主要技术经济指标**　该工程于 1984 年 8 月竣工，9 月工程即投入运行。自投产运行以来，设备运转正常，各项指标均达到或超过设计要求。主要技术经济指标列于表 7-18 中。

表 7-18　主要技术经济指标

项目	指标	项目	指标
处理废物量/(t/d)	100	石灰量/(kg/t)	15
基建投资/万元	138	电耗/(kW·h/t)	38
设备总动力/kW	345.8	氯气/(kg/t)	6
氰化钠消耗量/(kg/t)	1.12	运转费用/(万元/年)	138
锌粉/(kg/t)	0.05	处理成本/(元/t)	55

　　⑨ **工程设计特点**　用氰化法从硫铁矿烧渣中提金选铁，技术可行，经济上合理，设备运转正常；该项目以制酸烧渣为原料，成本低；该项目将冶金、化工联系在一起，达到联合生产、综合利用的结果；采用先进的提金方法，成本低，效果好。

　　此法为中国制酸行列尾砂利用找到了一条路子，可在同行业中推广应用。

7.2.5 铬渣的综合利用

（1）概述

① 铬渣的来源与**组成**　铬渣是冶金和化工部门在生产重铬酸钠、金属铬过程中排出的废渣。其外观由黄、黑、赭等颜色，大多呈粉末状。铬渣组成随原料产地和配方的不同而改变，国内铬渣的化学成分含量大致为：三氧化二铬 2.5%～4%；氧化钙 29%～36%；氧化镁 20%～33%；三氧化二铝 5%～8%；三氧化二铁 7%～11%；二氧化硅 8%～11%；水溶性 Cr^{6+} 0.28%～1.34%；酸溶性 Cr^{6+} 0.9%～1.49%。铬渣的物相组成分别是：方镁石（MgO）20%；硅酸二钙（β-$2CaO \cdot SiO_2$）25%；铁铝酸钙（$4CaO \cdot Al_2O_3 \cdot Fe_2O_3$）25%；亚铬酸钙（$\alpha$-$CaCr_2O_4$）和铬尖晶石[$(Fe \cdot Mg)Cr_2O_4$] 5%～10%；铬酸钙（$CaCrO_4$）2%～3%；四水铬酸钠（$Na_2CrO_4 \cdot 4H_2O$）1%～3%；铬铝酸钙（$4Ca \cdot Al_2O_3 \cdot CrO_3 \cdot 12H_2O$）1%～3%；碱式铬酸铁[$Fe(OH)CrO_4$]＜0.5%；碳酸钙（$CaCO_3$）2%～3%；水合铝酸钙（$3CaC \cdot Al_2O_3 \cdot 6H_2O$）1%；氢氧化铝[$Al(OH)_3$] 1%。铬渣的物相组成对铬渣解毒处理和综合利用有决定性的影响。铬渣中六价铬化合物主要是四水铬酸钠、铬酸钙、铬铝酸钙和碱式铬酸铁四种矿物。此外，尚有一部分六价铬包藏在铁铝四钙、β-硅酸二钙固熔体中。

② 铬渣的**危害**　铬渣中的有害成分主要是可溶性铬酸钠、酸溶性铬酸钙等六价铬离子。这些六价铬离子的存在以及它的流失和扩散构成了对环境的污染和危害。铬渣对大气环境的影响主要表现在大风使铬渣扬尘，全国每年排放含铬粉尘约 2400t，其中大部分为生产过程排放，少部分为铬渣扬尘。1985 年由天津市环保部门组织有关单位对天津某铬盐厂周围地区大气进行监测，监测结果：在半径 0.5km 范围内超标 32 倍。铬渣对土壤和水环境影响。如果铬渣堆场没有可靠的防渗设施，遇雨水冲刷，含铬污水四处溢流、下渗，造成对周围土壤、地下水、河道的污染。如锦州铁合金厂周围土壤和地下水污染范围长达 12.5km，宽 1km，有 9 个自然村，近千眼井受 Cr^{6+} 不同程度的污染。沈阳新城化工厂堆存铬渣 7 万余吨，由于早期渣场没有"三防"措施，造成污染面积达 $1.5 \times 10^5 m^2$，深度达 2m 左右，附近长河水中 Cr^{6+} 浓度超过国家地表水允许浓度的 100 倍，致使水生物被毒死，并危及人类健康。铬渣对农作物的影响。食物中含铬在 0.175×10^{-6}～0.47×10^{-6}，饲料中含铬在 2×10^{-6} 以下，一般认为是允许的。以此衡量 1985 年天津监测结果，同生化工厂周围农作物籽粒及果实等可食部分的污染较轻，但其根叶的污染较严重，污染程度趋势与土壤污染趋势一致。铬渣对人身体健康的毒害很大。六价铬离子的化合物具有很强的氧化性，对人体的消化道、呼吸道、皮肤、黏膜以及内脏都有危害。长期接触六价铬化合物并患有铬中毒的人可引起全身症状：头痛、疲倦、消瘦、胃口不好，以及肝脏、肾脏进一步受到损害。最突出的是鼻中隔由糜烂而发生穿孔现象。手和臂部经常接触铬化物的地方，当皮肤有破损时，在皮肤表面会发生像火柴头或蚕豆大、边沿整齐、像"鸡眼"一样的溃疡。铬化合物还有致癌作用，其致癌部位主要是肺部。铬渣对环境造成的危害，已越来越引起广泛注意，铬渣治理的课题也受到科研和生产部门的广泛重视。

③ 铬渣的**综合利用概况**　我国铬盐生产始于 1958 年，20 世纪 70 年代到 80 年代初全国有 28 个铬盐生产厂，到 80 年代中期因污染问题使部分厂下马，保留 18 个生产厂，年总产量超过 5 万吨。近几年又盲目兴建了近百家铬盐生产厂，截止到 1989 年年底已生产的厂达 54 个，重铬酸钠年生产能力达 10 万吨。目前国内铬盐生产厂每生产 1t 重铬酸钠可产生 3～3.5t 铬渣；生产 1t 金属铬约排渣 15t。据估计，中国目前每年排放铬渣

十几万吨，累计堆放量约达 250 万吨。由于铬盐生产技术落后，1982 年铬的总收率平均为 76%，约有 1/4 的铬以溶液、飘尘和废渣的形式排入环境中，对环境造成严重危害。近年来环境问题受到国家和各级政府的高度重视。铬渣污染状况有了明显的改善。部分铬盐厂实现了含铬废水的封闭循环，有的厂实现铬渣全部综合利用。国内外在治理铬渣方面所采取的方法主要有：堆贮法是采取渣堆地面防渗并加盖防水，防止了铬渣流失和铬污染扩大，该法对暂时控制铬污染有一定效果；铬渣无害化处理是在铬渣中加入适量的还原剂，在一定条件下，铬酸钠和铬酸钙中的六价铬可以还原成三价铬，该法消除或降低了六价铬的危害，控制污染的扩大；铬渣的最终处理方法是综合利用，铬渣经综合利用可直接作为工业材料的代用品，加工成品，达到既消除六价铬离子的危害，又作为新材料资源得以充分利用。经过近 20 年的不断努力，中国在铬渣的综合利用上已取得了 20 多项研究成果，其中 8 项已实现工业化，从而使我国铬渣治理及综合利用上了一个新台阶。

（2）铬渣的综合利用

① 铬渣作玻璃着色剂 中国从 20 世纪 60 年代中期起就用铬渣代替铬铁矿作为绿色玻璃的着色剂。在高温熔融状态下，铬渣中的六价铬离子与玻璃原料中的酸性氧化物、二氧化硅作用，转化为三价铬离子而分散在玻璃体中，达到解毒和消除污染的目的，同时铬渣中的氧化镁、氧化钙等组分可代替玻璃配料中的白云石和石灰石原料，大大降低了玻璃制品生产的原材料消耗和生产成本。目前国内每年有 4 万余吨铬渣用作玻璃着色剂，占铬盐行业年排渣量的 40% 左右。下面以青岛红星化工厂为例说明。

铬渣制玻璃着色剂生产工艺流程如图 7-24 所示。用铲车将铬渣运至料仓，经槽式给料机送至颚式破碎机，粗碎至 40mm 以下，然后用皮带输送机，经磁力除铁器去除铁后，送至烘干机烘干。热源由燃煤燃烧室提供，热烟气经烘干机与铬渣顺流接触，最后经旋风除尘器及水浴除尘，由引风机将尾气排入大气。烘干后的铬渣用密闭斗式提升机送到密闭料仓内，用电磁振动给料机定量送入磁力除铁器，进一步除铁。再将物料送入悬辊式磨粉机粉碎至 40 目以上。铬渣粉由密闭管道送到包装工序，包装后作为玻璃着色剂出售。悬辊式磨粉机装有旋风分离器和脉冲收尘器，收集下的粉尘返回密闭料仓。

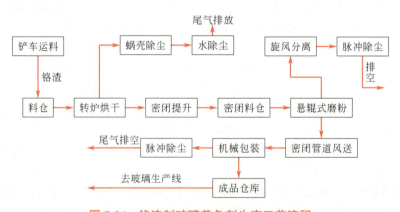

图 7-24 铬渣制玻璃着色剂生产工艺流程

铬渣作玻璃着色剂生产工艺控制条件为：粒度大于 40 目，筛余 5%；烘干烟气温度大于 400℃；烘干铬渣出料温度小于 80℃；铬渣含水量小于 5%。

② 铬渣制钙镁磷肥 铬渣与磷矿石、硅石、焦粉或无烟煤在高温下熔融生产钙镁磷

肥。用铬渣代替蛇纹石作熔剂，降低了焦炭消耗，并在生产中因以煤为燃料和还原剂，使铬渣中的六价铬离子还原生成三价铬离子，达到无害化的目的。中国从 20 世纪 70 年代开始先后有天津同生化工厂、长沙铬盐厂、重庆东风化工厂、青岛红星化工厂等单位进行了工业性试验，并取得了一定的成果。

铬渣制钙镁磷肥工艺流程如图 7-25 所示。将磷矿石、白云石、硅石、铬渣及焦炭按一定配比投入高炉，经过高温熔融，水淬骤冷，使晶态磷酸三钙转变成松脆的无定形、易被植物吸收的钙镁磷肥。在高温还原状态下，铬渣中的六价铬被还原为三价铬，以 Cr_2O_3 形式进入磷肥半成品玻璃体内被固定下来，从而达到解毒效果。

铬渣生产钙镁磷肥主要工艺控制条件如表 7-19 所示。

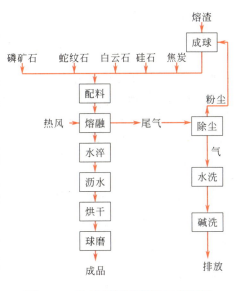

图 7-25　铬渣制钙镁磷肥工艺流程

表 7-19　铬渣生产钙镁磷肥主要工艺控制条件

项　目	指标	项　目	指标
焦比	0.30～0.45	半成品 P_2O_5 量 /%	13.5～14.5
炉料粒度 /mm	10～100	热风温度 /℃	250～330
掺渣量 /%	12～18	热风压力 /kPa	30～35
余钙碱度	0.95～1.30	水淬压力 /MPa	0.25～0.45
镁硅比	0.6～0.8	料柱高度 /m	5～6
氧化镁量 /%	12～18	炉温 /℃	1300～1450

铬渣代替蛇纹石生产钙镁磷肥，为铬渣的综合利用找到了一条广阔而经济的出路，减轻了铬渣对环境的污染，又废物利用，节约费用，取得了较好的经济效益和环境效益。对磷肥厂来说，铬渣是无偿原料，每吨铬渣可代替 0.7～0.8t 蛇纹石，按每吨蛇纹石 30 元，铬渣掺入量 10% 计，可降低成本 2.4 元。对于铬盐场，节省的治理费用更为可观，每吨铬渣的治理费用一般不超过 40 元，比干法解毒处理费用低 20～30 元，比湿法解毒处理费用低 50～60 元。

③ **铬渣干法解毒**　将铬渣与无烟煤按适当比例混合，在 800～900℃ 温度下进行焙烧，使六价铬还原成三价铬。我国对铬渣干法解毒技术进行多年研究，并取得了工业化实验成果，下面以青海铬盐厂为例说明铬渣干法解毒技术。铬渣干法解毒工艺流程如图 7-26 所示。

铬渣与煤炭按一定比例混合后提升到混合贮仓，借螺旋输送器送入回转窑内，在一定温度下进行焙烧还原，使六价铬还原成不易被水溶出的三价铬而达到解毒的目的。解毒后的铬渣放料入水淬池，用水淬冷高温铬渣，在淬冷水中，加入适量硫酸亚铁及硫酸，提高还原反应深度。

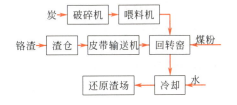

图 7-26　铬渣干法解毒工艺流程

铬渣干法解毒的工艺控制条件为：铬渣粒度小于 40mm，煤粉通过 6 网目；铬渣与煤炭配比为 100∶(10～13)；炉头温度 980～1050℃，炉尾温度 120～140℃，出料温度 880～950℃；窑气中 CO 含量

0.5%～1.0%以上，氧含量0.6%～1.0%以下；物料窑内停留时间25～30min；投料量每小时625～750kg。

该法具有工艺简单，设备少，投资省，解毒后的渣中六价铬含量符合国际排放标准，而且解毒后的废渣稳定性比用硫化钠湿法还原的铬渣稳定性好，湿法解毒铬渣存放中水溶性六价铬回升为干法解毒铬渣的18～210倍，具有较好的环境效益，与其他解毒法相比，处理费用低，具有较好的经济效益。铬渣还原解毒后的六价铬含量大幅度降低，为铬渣的综合利用或堆存创造了有利条件。

④ **铬渣炼铁**　用铬渣代替白云石、石灰石作为生铁冶炼过程的添加剂，在高炉冶炼过程中，铬渣中的六价铬可完全还原，脱除率达97%以上，同时使用铬渣炼铁，还原后的金属进入生铁中，使铁中铬含量增加，使机械性能、硬度、耐磨性、耐腐蚀性能提高。济南裕兴化工总厂、长清磷肥厂与冶金部钢铁研究总院合作，以根治和综合利用铬渣及硫铁矿烧渣为目的，进行了铬硫两渣的炼铁实验。实验表明：采用铬硫两渣能够生产出高、中、低碱度的烧结矿，质量基本合格；采用烧结工艺可将六价铬脱除97%以上，通过高炉高温还原冶炼两渣烧结矿，进一步消除六价铬，回收金属铬和铁，制成合格的含铬生铁。

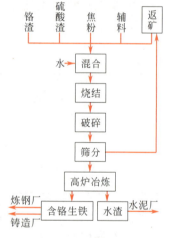

图7-27　铬硫两渣炼铁工艺流程

铬硫两渣炼铁工艺流程如图7-27所示。首先将铬渣、硫铁矿烧渣、焦粉、辅料按烧结配比计量，而后加入混料机，并加水混匀，混匀后的混合料送去烧结，烧结成的大块矿，再经破碎、筛分，大于5mm的合格物料投入高炉冶炼，小于5mm的细矿，再返回配料使用。高炉冶炼的最终产品是含铬生铁和水渣，含铬生铁供铸造厂和合金钢厂使用，水渣可作为水泥混合材料。

铬硫两渣炼铁工艺控制条件如下：焦渣比为3.08～3.86；风量为63～85m³/min；炉渣温度为1340～1450℃；烧结矿Cr^{6+}脱除率为97.46%。

以铬渣和硫铁矿烧渣为原料，采用烧结工艺可以将铬渣中的六价铬脱除97%以上，而后通过高炉高温还原冶炼，进一步彻底消除六价铬，回收铬、铁元素，生成含铬生铁，实现铬渣和硫铁矿烧渣两种废渣资源化。铬硫两渣炼铁的最大特点是能够消耗处理大量的废渣，每炼1t含铬生铁可以彻底处理铬渣3.55t，硫铁矿烧渣2t，铬铁回收率80%～90%、铬铁含铬10%～12%，每吨生铁售价在1000元以上；同时解毒后的高炉炉渣完全满足建材工业需要，可作为水泥混合材料。因此，铬硫两渣高炉炼铁技术具有很大的经济效益、环境效益和社会效益，值得进一步研究推广应用。

⑤ **铬渣制钙铁粉**　铬渣经风化筛分后进行打浆、湿磨磨细到一定粒度，经水洗、过滤、烘干、粉碎而成产品钙铁粉，钙铁粉是一种CT防锈颜料。现已建成年产钙铁粉300～1000t的生产装置，生产1t钙铁粉可耗用1.2～1.3t铬渣。

⑥ **铬渣制铸石**　将30%铬渣、25%硅砂、45%烟道灰和3%～5%轧钢铁皮混合粉碎，于1450～1550℃的平炉中熔融，在1300℃下浇铸成型，结晶、退火后经自然降温即为本品。此法解毒效果好，但投资较高，占地面积大，铬渣用量小，铸石销路不广，应用范围受到限制。中国20世纪80年代初已建成年产2000t和5000t铸石的生产装置。

⑦ **生产铬渣棉**　用铬渣制成的铬渣棉，其质量性能与矿渣棉基本相同，并可以消除六价铬的污染。生产铬渣棉的配比为8份铬渣、1份铜冶炼渣、1份硅砂和适量黄土。

7.2.6 碱渣的综合利用

（1）概述

① 碱渣的**来源与组成** 现代纯碱生产的主要方法是氨碱法，是以食盐、石灰石（煅烧生产石灰和二氧化碳）和氨为原料，盐水经吸氨、碳酸化得碳酸氢钠和氯化铵母液，经过滤、洗涤、煅烧得产品纯碱。母液与石灰乳混合，蒸馏回收的氨以及煅烧碳酸氢钠时产生的二氧化碳循环利用。纯碱废渣主要来自蒸氨过程排出的废渣，通常每生产1t纯碱要排出 $9 \sim 11 m^3$ 废液，其中含固体废物 $200 \sim 300 kg$。氨碱废液、废渣产生量及蒸馏废液的化学组成见表7-20和表7-21。

表7-20 氨碱废液、废渣产生量及性质

产生量/(m^3/t 碱)	固体物/%		pH 值	密度/(kg/m^3)	排出温度/℃
	总溶解物	悬浮物量			
9～11	15～22	0.8～1.2	11～15	1140	100

表7-21 蒸馏废液的化学组成

组分	含量/(kg/m^3)	组分	含量/(kg/m^3)
$CaCl_2$	95～115	$CaSO_4$	3～5
NaCl	50～51	SiO_2	1～5
$CaCO_3$	6～15	$Fe_2O_3+Al_2O_3$	1～3
CaO	2～5	NH_3	0.006～0.03
$Mg(OH)_2$	3～10	总固体物	3%～5%（体积）

② 碱渣的**危害** 目前，中国六大碱厂均地处沿海，氨碱废液废渣主要是靠筑坝堆存、废清液排海的办法处理。大连化学工业公司碱厂采用筑坝拦渣，由于渣场已堆满，造成大量废液超标溢流，废渣沉积堵塞航道的严重后果，已投资3500万元建设的"棉花岛渣场"可使用31年。青岛碱场废渣废液一直未经处理，明沟排入胶州湾，形成一片"白海"污染滩涂九平方公里，目前采取"围坝拦渣、清液排海、干法转运"排放方案，投资3100万元，渣场面积 $57hm^2$。天津碱场一直利用盐滩空地堆存处理废液废渣，经自然沉降后清液流入渤海，经年积渣如山，形成两座"白灰垡"，占地 $350hm^2$，随时有塌方危险，近开辟新渣场 $100hm^2$，投资5000万元。氨碱废液经沉淀后清液含有大量氯化钙和氯化钠，清液排入海中，会与海水混合产生次级沉淀，使海水浑浊，危及海洋生物的生存。

③ 碱渣的**综合利用概况** 目前全国氨碱、纯碱每年排放废液约 $3×10^7 m^3$，废渣约60万～100万吨，其中含汞盐泥的利用率仅为10%。中国碱渣综合利用技术早在20世纪50年代就开始了，主要在碱渣制造建筑材料及碱渣制水泥等技术方面的研究。在氨碱场废渣的利用方向，苏联、日本、德国、波兰等国都进行过较多的实验研究工作，并已有实验性工厂投产。碱渣的综合利用途径主要是：碱渣制水泥、建筑胶凝材料、钙镁肥、填衬材料和燃煤脱硫剂等。总之，中国氯碱工业由于工厂规模小而且布局分散，废物量大，污染物浓度高，加上治理技术上不完善，设备不能满足生产，因此氯碱固体废物处理尚需努力探索。

（2）碱渣的综合利用

① **制水泥** 天津碱厂对氨碱废渣制水泥进行了工业性试验开发，并取得了突破性进展，年产4000t水泥试验生产线，通过了有关部门的技术鉴定，水泥产品标号达到425号以上，

经国家水泥质量监测部门所进行的鉴定，产品符合国家硅酸盐水泥标准。以下简介氨碱废渣制水泥的有关工艺。

氨碱废渣制水泥工艺流程如图 7-28 所示。

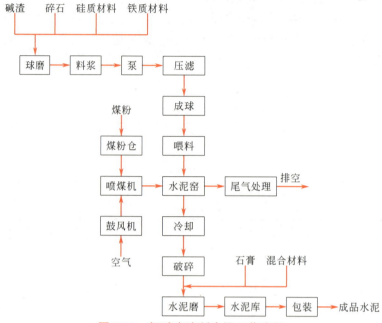

图 7-28　氨碱废渣制水泥工艺流程

原料碱渣、石灰石、硅质材料及铁质材料按比例混合制成料浆，经机械脱水得生料浆，生料经计量喂入回转窑煅烧成熟料，水泥熟料经冷却、破碎后加入石膏及混合料后，经水泥磨研磨到一定粒度包装成水泥产品。煅烧所需热量由喷煤机喷入回转窑内的粉煤燃烧供给。回转窑尾气含有氯化氢，需经尾气处理装置处理后排出。

碱渣制水泥的工艺控制指标：原料中生料碱渣占 40%～60%，碱渣和石灰石占 66%～93%；料浆的细度 4900 孔/cm^2，筛余小于 10%，水分小于 70%；熟料密度为 1400kg/m^3。

碱渣水泥生产过程能消耗处理大量的氨碱废渣，是解决废渣排放的有效途径之一，每吨水泥可消耗湿基碱渣 2t 左右，折合干渣 0.7t 以上。同时可减少渣场堆存占地，碱渣制水泥具有显著的环境效益和社会效益。与硅酸盐水泥生产装置相比，碱渣水泥生产工艺及设备复杂，投资费高、成本也略高，但只要在大规模生产中采用先进设备，优化设计，加强管理，碱渣水泥成本仍有希望接近普通硅酸盐水泥成本，因而，具有一定的经济效益。由于碱渣水泥属于废渣综合利用的环保治理项目，按国家规定投资优惠政策以及产品一定时期免税条件，碱渣水泥仍具有一定的竞争能力。

② **制建筑胶凝材料**　碱渣是一种水分和氯化物含量都较高的白色膏状物质，采用传统水泥生产工艺处理碱渣势必造成烘干能耗高、除尽氯化物困难等问题。焦作市化工三厂研究开发的碱渣建筑胶凝材料生产技术控制煅烧温度，使碱渣中的氯化物与生料中的相关组分形成稳定结构的矿相组分，再经复配、球磨得到类似水泥的胶凝材料，为氨碱废渣的综合利用开辟了一条新途径。

碱渣制建筑胶凝材料生产工艺流程如图 7-29 所示。首先将煤灰、石灰石煤矸石等辅料按比例混合烘干、粉磨后再与碱渣进行混合磨细,经制机制成段,送煅烧窑烧成水泥熟料,再经复配、球磨而成碱渣建筑胶凝材料。

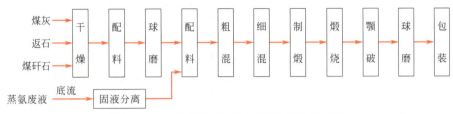

图 7-29 碱渣制建筑胶凝材料生产工艺流程

碱渣制建筑胶凝材料工艺控制指标:生料中氯根为 2%~8%,酸碱比为 1.6~2.0,CaO 含量 30%~40%,SiO_2 含量 8%~12%,Al_2O_3 含量 4%~8%,Fe_2O_3 含量 2%~4%,碱渣含水为 (50±1)%;熟料中产品含 Cl^- 小于 1.6%,煅烧温度为 (1000±100)℃。

碱渣胶凝材料每吨中试成本约 74.5 元,具有超过一般水泥指标的优良性能。它可以用于制作新型建材,特别是制作质轻、保暖、强度和价格适中的加气砌块制品。同时在免烧砖和保暖砖方面也有较大用量,可代替部分水泥作砌筑砂浆与素混凝土制品,具有早凝、快硬、强度高等特性。也可以做胶黏剂用于各种高档装修工程,如黏结大理石、马赛克、地板砖等,具有施工方便、固化快和黏着力大的特点。该产品具有生产工艺简单、能耗低、成本低、碱渣利用率高、产品应用广泛等优点,具有明显的环保、经济和社会效益。

③ **制钙镁肥** 中国青岛碱厂利用该厂的氨碱废渣和盐泥建成了年产 2000t 钙镁肥生产装置,现作一简介。氨碱废渣生产钙镁肥工艺流程如图 7-30 所示。

图 7-30 氨碱废渣生产钙镁肥工艺流程

碱渣制钙镁肥的工艺控制条件为:原料废渣含 $CaCl_2$ 85%~95%,$CaCO_3$ 8%~15%,$CaSO_4$ 3%~5%,CaO 1%~2%,$Mg(OH)_2$ 3%~10% 等;碱渣含固量大于 12%,盐泥含固量大于 10%;滤饼含水小于 50%;钙镁肥含水量小于 25%;钙镁肥含盐小于 7%。

中国从 1977 年开始分别在南方一些省市及大连市和青岛市的一些地区,进行了施用碱渣制钙镁磷肥的农田实验,先后达 7 年之久,取得了显著效果,并于 1985 年通过了化工部技术鉴定。以钙镁磷肥代替石灰石施于酸性或微酸性土壤,可起到改良土壤,增加肥源和提高地力的作用,可使水稻、花生、大豆、玉米等作物增产 8%~20%。中国南方约有 8 亿亩酸性土壤,北方也有大量微酸性土壤,均适宜施用钙镁肥,若按每年每亩需钙镁肥 50kg 计,则每年需钙镁肥 4000 万吨以上,因此市场广阔,是碱渣的有效出路之一。

7.3 矿业固体废物的综合利用

7.3.1 概述

矿业固体废物 包括矿山开采和矿石冶炼生产过程中产生的废物。其中矿山所产生的固体废物又分为废石(包括煤矸石)和尾矿两大类,两者均以量大、处理较复杂而成为环境污染的一大难题。矿山开采过程所产生的无工业价值的矿体围岩和夹石统称为废石。废石又包括井下矿石中掘进时采出的不能作为矿石使用的夹石和露天矿中剥离下来的矿床表面的围岩。一般地,井下矿每开采 1t 矿石要产生废石 2～3t,露天矿每开采 1t 矿石要剥离废石 6～8t,从而使得现有矿山废石已达 3 亿吨以上。一个大中型坑采矿山,基建工程中要产生 20 万～50 万立方米废石,生产过程中还会产生 6 万～15 万立方米废石。一个露天矿山的基建剥离废石量,少则几十万立方米,多则上千万立方米。仅中国几个较大的露天矿,总废石量已达数亿吨。矿石在选矿过程中选出目的精矿后,剩余的含目的金属很少的矿渣称为尾矿。通常,每处理 1t 矿石可产生尾砂 0.5～0.95t。中国目前大多数用湿法选矿,尾矿大多以流体状态排出,每年排出尾砂 1 亿吨左右,均用尾矿坝储存。

矿山废石和尾矿不仅占用了大量的土地,而且直接污染环境,威胁着人们生命财产的安全。一座中型的尾矿坝一般占地数百亩或更多,尾矿坝的平均基建费用达 200 万元左右。尾矿颗粒细、体积小、表面积大,具有遇水流失、遇风易飞扬等缺点,因此尾矿对空气、水体、农田和村庄都是一种潜在的危害。1964 年,英国威尔士北部的巴尔克矿池被洪水冲刷,尾矿流失后毁坏了大片肥沃的草原,其覆盖厚度达 0.5m,使土壤受到严重污染,牧草大片死亡。1970 年 9 月,赞比亚穆富利拉铜矿尾矿坝的尾砂涌入矿坑内,导致 89 名井下工人死亡,彼得森矿区全部被淹没。1986 年,中国湖南东坡铅锌矿的尾矿坝体因暴雨而坍塌,造成了数十人伤亡,直接经济损失达数百万元。

对于矿山固体废物的利用,至今还没有找到很好的出路。废石堆复田在国内尚属试验阶段,尾矿的处理利用率不到 32%,煤矸石的利用率也仅 38.5%。据报道,世界各国矿山井发所产生的固体废物每年达数百亿吨,这既是一笔巨大的财富,也是一个严峻的环保问题。为了地球资源,减少环境污染,防止生态破坏,号称世界第三大矿业公司的西澳公司,每年都投入数百万美元处理矿山废物,以恢复矿山的生态平衡。矿山废物的处理和利用越来越受到各国的重视。

7.3.2 煤矸石的综合利用

(1) 概述

① 煤矸石的**来源** 煤矸石是采煤过程和洗煤过程中排出的固体废物,是一种在成煤过程中与煤层伴生的一种含炭量较低、比煤坚硬的黑灰色岩石。它包括巷道掘进过程中的掘进矸石、采掘过程中从顶板、底板及夹层里采出的矸石以及洗煤过程中挑出的洗矸石。一般每采 1t 原煤排出矸石 0.2t 左右。

煤矸石变废为宝

② 煤矸石的**组成** 煤矸石的化学组成较复杂,所包含的元素可多达数十种。其主要成分是二氧化硅和三氧化二铝,另外还含有数量不等的三氧化二铁、氧化钙、氧化镁、氧化钠、氧化钾以及五氧化二磷、三氧化硫和微量的稀有金属元素,如镓、钒、钛、钴等,煤矸石的烧失量一般大于 10%。煤矸石的化学组成见表 7-22。

表 7-22 煤矸石的化学组成   单位:%

SiO_2	Al_2O_3	Fe_2O_3	CaO	MgO	TiO_2	P_2O_5	K_2O+Na_2O	V_2O_5
51～65	16～36	2.28～14.63	0.42～2.32	0.44～2.41	0.90～4	0.078～0.24	1.45～3.9	0.008～0.01

煤矸石是由碳质页岩、碳质砂岩、页岩、黏土等组成的混合物,其中的 C、H、O 是燃烧时能产生热量的元素,煤矸石的发热量一般为 4.19～12.6MJ/kg。不同地区的煤矸石由不

同种类的矿物组成,其含量相差也很悬殊,一般煤矸石主要由高岭土、石英、蒙脱石、长石、伊利石、石灰石、硫化铁、氧化铝等组成。煤矸石中的金属组分含量偏低,一般不具回收价值,但也有回收稀土元素的实例。

③ 煤矸石的**危害和治理** 煤矿经过多年开采,废弃的煤矸石堆积如山。煤矸石的堆积不仅占用大量土地,而且其中所含的硫化物散发后会污染大气和水源,造成严重的危害。煤矸石中所含的黄铁矿易被空气氧化,放出热量可促使煤矸石中所含煤炭风化以致自燃。煤矸石燃烧散发出的气味和有害的烟雾,使附近居民慢性气管炎和气喘病患者增多,周围树木落叶,庄稼减产。煤矸石受雨水冲刷,常使附近河流的河床淤积,河水受到污染。

为了防止煤矸石自燃,中国煤炭科研部门进行了大量实验研究。采用石灰水浇注治理煤矸石自燃,从理论和实践上都是可行的。一方面,石灰乳中和了自燃过程中产生的SO_2和CO_2气体,生成硫酸钙和碳酸钙等,使煤矸石表面形成硬膜,降低了煤矸石氧化活性表面,阻止了已燃煤矸石的氧化作用,同时也防止了尚未自燃的煤矸石的氧化。另一方面,石灰水中和酸性气体,并且使煤矸石处于碱性介质控制,从而破坏了微生物存在的条件,破坏了微生物对黄铁矿氧化作用起到的催化加速作用。

煤矸石虽然对环境造成危害,但是,如果加以适当的处理和利用,乃是一种有用的资源。含炭量较高的煤矸石,可回收煤炭或直接用作化铁、烧锅炉和烧石灰等工业生产的燃料;含炭量较低的煤矸石,可用于生产水泥、烧结砖、轻质骨料、微孔吸声砖和煤矸石棉和工程塑料等建筑材料;含炭量极少的煤矸石,自燃后的煤矸石经过破碎、筛分后,可以配制胶凝材料。一些煤矸石,还可用来生产化学肥料及多种化工产品,如结晶三氧化铝、固体聚合铝、水玻璃以及化学肥料氨水和硫酸铵等。

(2) 煤矸石的综合利用

① **煤矸石代替燃料** 煤矸石含有一定数量的固定炭和挥发分,一般烧失量在10%~30%,发热量可达4.19~12.6MJ/kg,所以煤矸石可用来代替燃料。四川永荣矿务局发电厂用煤矸石掺入发电,五年间利用煤矸石22.4万吨,相当于节约原煤17万吨。近10年来,煤矸石被用于代替燃料的比例相当大,一些矿山的矸石山甚至消失。目前采用煤矸石作燃料的工业生产主要由以下四个方面。

a. 化铁 铸造生产中一般都采用焦炭化铁。但根据实验证明用焦炭和煤矸石的混合物作燃料化铁,也取得了较好的效果。有的生产厂家用发热量为7.54~11.30MJ/kg的煤矸石代替1/3左右的焦炭。如用直径800mm的冲天炉化铁时,底炭为300~350kg,每批料为:石灰石80~85kg,生铁800kg,焦炭75kg。如在底炭中加入400kg煤矸石,每批料中加入120kg煤矸石,则底炭加焦炭200~250kg,每批料加焦炭50kg即可。煤矸石的块径要求80~200mm,铸铁的化学成分和铸件质量都符合要求。由于煤矸石灰分较高,要求做到勤通风、勤出渣、勤出铁水。

b. 烧锅炉 使用沸腾锅炉燃烧,是近年来发展的新燃烧技术之一。沸腾锅炉的工作原理是将破碎到一定程度的煤末用风吹起,在炉膛的一定高度上呈沸腾状燃烧。煤在沸腾炉中的燃烧,既不是在炉排上进行的,也不是像煤粉炉那样悬浮在空间燃烧,而是在沸腾炉料床上进行。沸腾炉的突出优点是对煤种适应性广,可燃烧烟煤、无烟煤、褐煤和煤矸石。沸腾炉料层的平均温度一般为850~1050℃,料层较厚,相当于一个大蓄热池,其中燃料仅占5%左右,新加入的煤粒进入料层后和几十倍的灼热颗粒混合,能很快燃烧,故可应用煤矸石代替。生产实践表明,利用含灰分达70%、发热量仅7.5MJ/kg的煤矸石,沸腾锅炉运行正常。

煤矸石应用于沸腾锅炉,为煤矸石的利用找到了一条新途径,可大大地节约燃料和降低成本。但由于沸腾锅炉要求将煤矸石破碎至 8mm 以下,故燃料的破碎量大,煤灰渣也大,使沸腾层埋管磨损严重,耗电量增大。

c. 烧石灰　烧石灰一般都是利用煤炭作为燃料,每生产 1t 石灰需燃煤 370kg 左右。烧石灰石要求煤炭破碎至 25～40mm,使生产成本升高。国内一些厂家用煤矸石代替燃料烧石灰取得成功。用煤矸石烧石灰石,除特别大块的需破碎外,100mm 以下的均无需破碎,生产 1t 石灰石大约需煤矸石 600～700kg。虽然从消耗上来讲稍高一些,但使用煤矸石代替煤炭,使炉窑的生产操作正常稳定,生产能力有所提高,石灰质量较好,生产成本也有了显著降低。

d. 回收煤炭　煤矸石中混有一定数量的煤炭,可以利用现有的选煤技术加以回收。在用煤矸石生产水泥、砖瓦和轻骨料等建筑材料进行综合利用时,必须预先洗选煤矸石中的煤炭,从而保证煤矸石建筑材料的产品质量以及稳定了生产操作。从经济角度上来说,回收煤炭的煤矸石含煤炭量一般应大于 20%。一些国家已采用了水力旋流器分选和重介质分选两种洗选工艺从煤矸石中回收煤炭。水力旋流器分选工艺流程如图 7-31 所示。

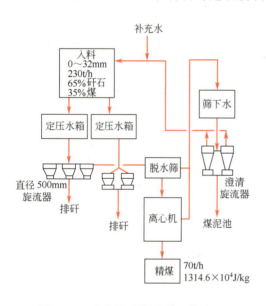

图 7-31　水力旋流器分选工艺流程

该工艺主要设备包括五台直径 508mm 伦科尔型水力旋流器、定压水箱、脱水筛和离心脱水机等组成。伦科尔型水力旋流器是一种新型高效率的旋流器,其优点之一是旋流方向与普通旋流器采用的顺时针方向不同,而是逆时针方向旋转,煤粒由旋流器中心向上选出,煤矸石从底流排出。这种旋流器易于调整,可在几分钟内调到最佳工况。另一优点是该种旋流器不需永久性基础,便于移动,可以根据煤矸石山和铁道的位置把全套设备用低架拖车搬运到适当地点,这比固定厂址的分选设备机动灵活易操作。重介质分选工艺可以英国苏格兰矿区加肖尔选煤厂为例。该厂采用重介质分选法从煤矸石中回收煤,日处理煤矸石 2000t。该工艺设有两个分选系统,分别处理粒度为 9.5mm 以上的大块煤矸石和 9.5mm 以下的细粒煤矸石。大块煤矸石用两台斜轮重介质分选机分选,选出精煤、中煤和废矸石三种产品。精煤经脱水后筛分成四种粒径的颗粒供应市场。小块煤矸石用一台沃赛尔型重介质旋流器洗选,选出的煤与斜轮分旋机选出的中煤混合,作为末煤销售。这种沃赛尔型重介质旋流器洗选效率达 98.5%,可以处理非常细的末煤和煤矸石,每小时处理能力为 90t。

② **生产水泥**　煤矸石中的二氧化硅、三氧化二铝及三氧化二铁的总含量一般在 80% 以上,它是一种天然黏土质原料,可以代替黏土配料烧制普通硅酸盐水泥、特种水泥和无熟料水泥等。

生产普通硅酸盐水泥　生产煤矸石普通硅酸盐水泥的主要原料是石灰石、煤矸石、铁粉混合磨成生料,与煤混拌均匀加水制成生料球,在 1400～1450℃ 的温度下得到以硅酸三钙为主要成分的熟料,然后将烧成的熟料与石膏一起磨细制成。利用煤矸石生产普通硅酸盐水泥熟料的参考配比为:石灰石69%~82%,煤矸石13%~15%,铁粉3%~5%,煤13%左右,水16%~18%。利用煤矸石配料时,主要应根据煤矸石三氧化二铝含量的高低以及石灰质等原料的质量品位来选择合理的配料方案。为便于使用,一般将煤矸石按三氧化二铝含量多少分为低铝(约20%)、中铝(约30%)和高铝(约40%)三类。用于生产普通硅酸盐水泥的煤矸石含三氧化二铝量一般为7%~10%,属低铝煤矸石,其生产同黏土,但应注意对煤矸石应进行预均化处理。所谓预均化是指对煤矸石在采掘、运输、贮存过程中,采取适当的措施进行预均化处理,使其成分波动在一定范围内,以满足生产工艺的要求。较适用的措施有尽量定点供应、采用平铺竖取方法和采用多库贮存进行机械倒库均化措施。用煤矸石生产的普通硅酸盐水泥熟料,硅酸三钙含量在50%以上,硅酸二钙含量在10%以上,铝酸三钙含量在5%以上,铁铝酸钙含量在20%以上。钙中水泥凝结硬化快,各项性能指标均符合国家有关标准。

生产特种水泥　利用煤矸石含三氧化二铝高的特点,应用中、高铝煤矸石代替黏土和部分矾土,可以为水泥熟料提供足够的三氧化二铝,制造除具有不同凝结时间、快硬、早强的特种水泥以及普通水泥的早强掺和料和膨胀剂。生产煤矸石速凝早强水泥的主要原料是石灰石、煤矸石、褐煤、白煤、萤石和石膏,中国某厂生产的煤矸石速凝早强水泥原料配比:石灰石67%,煤矸石16.7%,褐煤5.4%,白煤5.4%,萤石2.0%,石膏3.5%。其熟料化学成分的控制范围为:CaO 62%~64%,SiO_2 18%~21%,Al_2O_3 6.5%~8%,Fe_2O_3 1.5%~2.5%,SO_3 2%~4%,CaF_2 1.5%~2.5%,MgO 含量小于4.5%。这种速凝早强特种水泥28天抗压强度可达49~69MPa,并具有微膨胀特性和良好的抗渗性能,在土建工程上应用能够缩短施工周期,提高水泥制品生产效率,尤其可以有效地用于地下铁道、隧道、井巷工程,作为墙面喷覆材料及抢修工程等。

生产无熟料水泥　煤矸石无熟料水泥是以自燃煤矸石经过800℃温度煅烧的煤矸石为主要原料,与石灰、石膏共同混合磨细制成的,亦可加入少量的硅酸盐水泥熟料或高炉水渣。煤矸石无熟料水泥的原料参考配比为:煤矸石60%~80%、生石灰15%~25%、石膏3%~8%。若加入高炉水渣,各种原料的参考配比为:煤矸石30%~34%、高炉水渣25%~35%、生石灰20%~30%、无水石膏10%~13%。这种水泥不需生料磨细和熟料煅烧,而是直接将活性材料和激发剂按比例配合,混合磨细。生石灰是将煤矸石无熟料水泥中的碱性激发剂,生石灰中有效氧化钙与煤矸石中的活性氧化硅、氧化铝在湿热条件下进行反应生成水化硅酸钙和水化铝酸钙,使水泥强度增加;石膏是无熟料水泥中的硫酸盐激发剂,它与煤矸石中的活性氧化铝反应生成硫铝酸钙,同时调节水泥的凝结时间,以利于水泥的硬化。煤矸石无熟料水泥的抗压强度为3040MPa,这种水泥的水化热较低,适宜作各种建筑砌块、大型板材及其预制构件的胶凝材料。

③ **生产建筑材料**　煤矸石烧结砖　煤矸石烧结砖以煤矸石为主要原料,一般占坯料质量的80%以上,有的甚至全部以煤矸石为原料,有的外掺少量黏土,其各种原料的参考配比为:煤矸石70%~80%,黏土10%~15%,砂10%~15%。有的利用纯煤矸石。适用制烧结砖的煤矸石化学成分有一定的要求。一般要求二氧化硅含量在50%~70%,三氧化二铁含量在2%~8%,氧化镁在3%以下,硫含量在1%以下,钾、钠等的主要物理性能也应满足适当的要求,塑性指数一般为7%~15%发热量一般为3.8~5MJ/kg。

煤矸石烧结砖适用煤矸石代替黏土作原料,经过粉碎、成型、干燥、焙烧等工序加工而成。其生产工艺流程如图7-32所示。

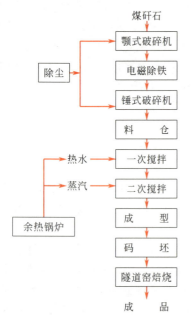

图 7-32 煤矸石烧结砖生产工艺流程

煤矸石的粉碎工艺一般采用二级破碎或三级破碎工艺。当采用二级破碎工艺时，第一级粗破碎可选用颚式破碎机，第二级细破碎可选用锤式风选式破碎机。当采用三级破碎工艺时，可在第一级与第二级破碎之间增加一台反击式破碎机作中破碎。当煤矸石中含有一定量石灰石、黄铁矿或泥料的塑性较差时，为了保证产品的质量和成型工艺对泥料塑性的要求，细破碎可选用球磨或球磨与锤碎相结合的工艺，将锤碎与球磨加工的物料掺和使用。一般对煤矸石物料粒度的控制范围是：大于 3mm 的颗粒不能超过 5%，1mm 以下的细粉应在 65% 以上。煤矸石烧结砖的成型工艺一般均采用塑性挤出成型。加水物料在挤泥机内采用连续挤出的方法，使无定型的松散泥料压成紧密的、具有一定断面形状的泥条、然后经切坯机将泥条切成一定尺寸的砖坯。砖坯的成形水分控制在 15% ~ 20%。由于煤矸石粉料的浸水性差，为了使成形水分在泥料中得到均匀分布，一般采用两次搅拌或采用蒸汽热搅拌来改善泥料的塑性。塑性挤出的含水率较高的成形砖坯必须经过干燥工艺才能入窑焙烧。目前除个别厂家仍采用自然干燥外，一般均利用余热进行人工干燥。由于煤矸石坯料中含有一定数量的颗粒料，加之砖坯含水量比黏土砖坯低，因此干燥周期短。干燥收缩一般在 2% ~ 3% 范围内。焙烧工艺是煤矸石烧结砖生产中的一个既复杂而又关键的工序。煤矸石的烧结温度范围一般为 900 ~ 1100℃。焙烧窑用轮窑、隧道窑比较适宜。由于煤矸石中有 10% 左右的炭及部分挥发物，故焙烧过程中无需加热。

煤矸石烧结砖质量较好，颜色均匀，其容积密度一般为 1400 ~ 1700kg/m³，抗压强度一般为 9.8 ~ 14.7MPa，抗折强度为 2.5 ~ 5MPa，抗冻、耐火、耐酸、耐碱等性能均较好，可用来代替黏土砖。利用煤矸石代替黏土制砖可以化害为利，变废为宝，节约能源，节省土地，改善环境，创造利润，具有一定的环保、经济和社会效益。这种砖比一般单靠外部燃料焙烧的砖可节约用煤 50% ~ 60% 左右，但有时会出现"黑心""压抑"的疵病，严重影响煤矸石砖的质量。

a. 煤矸石生产轻骨料　轻骨料是为了减少混凝土的密度，而选用的一类多孔骨料，轻骨料应比一般卵石、碎石的密度小得多，有些轻骨料甚至可以浮在水上。用煤矸石生产轻骨料的工艺大致可分为两类：一类是用烧结剂生产烧结型的煤矸石多孔烧结料；另一类是用回转窑生产膨胀型的煤矸石

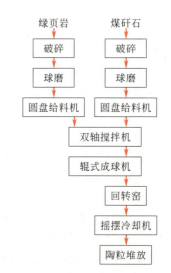

图 7-33 煤矸石陶粒生产工艺流程

陶粒。目前国内生产煤矸石轻骨料还处于试验阶段，多采用回转窑法，煤矸石陶粒的生产工艺包括破碎、磨细、加水搅拌、选粒成球、干燥、焙烧、冷却等工序，其生产工艺流程如图7-33所示。

煤矸石陶粒所用原料为煤矸石和绿页岩。绿页岩是露天矿剥离出来的废石，磨细后塑性较大，煤矸石陶粒主要用它作为球胶结料。其原料配比是绿页岩：煤矸石等于2∶1。生料球在回转窑内焙烧，焙烧温度为1200～1300℃。

用煤矸石生产的轻骨料性能良好，煤矸石陶粒成品的松散容积密度为480～590kg/m³，颗粒容积密度为850～950kg/m³，筒压强度为1.27～2.50MPa，1h吸水率为5.7%～8.2%。用该种轻骨料可配制200～300号混凝土，用煤矸石生产的轻骨料所配制的轻质混凝土具有容积密度小、强度高、吸水率低的特点，适于制作各种建筑的预制件。煤矸石陶粒是大有发展前途的轻骨料，它不仅为处理煤炭工业废料，减少环境污染找到了新途径，还为发展优质、轻质建筑材料提供了新资源，是煤矸石综合利用的一条重要途径。

b. 生产微孔吸音砖　用煤矸石可以生产微孔吸音砖。其生产工艺流程如图7-34所示。

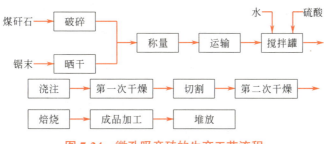

图7-34　微孔吸音砖的生产工艺流程

首先将粉碎了的各种干料同白云石、半水石膏混合，然后将混合物料与硫酸溶液混合。约15s后，将配制好的泥浆注入模。在泥浆中由于白云石和硫酸发生化学反应而产生气泡，石泥浆膨胀并充满磨具。最后，将浇注料经干燥、焙烧而制成成品。这种微孔吸音砖具有隔热、保温、防潮、防火、防冻及耐化学腐蚀等特点，其吸声系数及其他性能均能达到吸声材料的要求。其取材容易，生产简单，施工方便，价格便宜。

生产煤矸石棉　煤矸石棉是利用煤矸石和石灰为原料，经高温熔化，喷吹而成的一种建筑材料。其原料配比为：煤矸石60%、石灰石40%或煤矸石60%、石灰石30%、萤石6%～10%。煤矸石的熔化设备可采用以焦炭为燃料的冲天炉。焦炭与原料的配比为1∶(2.3～5)。生产煤矸石棉的具体工艺过程为：先将炉底部的流出口关好，用焦炭末和锯木屑的混合物锤紧，直到喷嘴的高度为止，然后在上面铺一层木柴作引火燃料。最后铺一层焦炭、一层煤矸石和石灰式的混合料，每次装料150kg左右。料装好后，将木柴点燃以引着焦炭，炉内燃烧温度可达1200～1400℃，煤矸石全部熔融后，将熔融状态的液体从喷嘴流出，并用风机以10°仰角将熔浆吹入密封室中，即为煤矸石棉。

④ **生产化工产品**　从煤矸石中可生产化学肥料及多种化工产品，如结晶三氯化铝、水玻璃以及化学肥料硫酸铵等，现对几种化工产品作简单介绍。

a. 制结晶三氯化铝　结晶三氯化铝是以煤矸石和化工工业副产盐酸为主要原料，经过破碎、焙烧、磨碎、酸浸、沉淀、浓缩结晶和脱水等生产工艺而制成。结晶三氯化铝分子式为$AlCl_3 \cdot 6H_2O$，外观为浅黄色结晶颗粒，易溶于水，是一种新型净水剂，制取结晶三氯化铝的煤矸石要求含铝量较高，含铁量较低，其生产工艺流程如图7-35所示。煤矸石在酸浸前需经焙烧，脱掉附着水和结晶水，改变晶体结构使之活化，以利酸浸。焙烧的方法是将煤矸石经破碎至粒度小于8mm后送入沸腾炉，使其在（700±50）℃温度下焙烧0.5～1h。将焙烧后的煤矸石渣排到凉渣场自然冷却后，送入球磨机磨碎。将磨细到小于0.246mm的粉料与溶剂盐酸进行反应，生成三氯化铝转入溶液中。这一工序就是结晶氯化铝的浸出反应。经沉淀和过滤，就得到含三氧化铝的浸出液，铝渣排入渣坑，作生产水泥的混合材，以提高水泥标号的安定性。酸浸后，大量煤矸石粉渣因颗粒很细而悬浮在浸出液中，形成浆状。可采用自然沉降法使渣液分离。为加速沉降，可在悬浮液中加入一定量的絮凝剂，如聚丙烯酰胺等。经渣液分离后的三氧化铝浸出液，送入浓缩罐内进行浓缩结晶，温度为120～130℃的蒸汽通入浓缩罐的夹套内，其内蒸汽压力保持0.3～0.4MPa。为加快浓缩结晶速度，可采用负压浓缩方式，真空度控制在约0.067MPa以上。浸出液经浓缩后即有结晶出现，当液固比达到1∶1左右时，即可出料放入冷却罐冷却到50～60℃，晶粒进一步增长。浓缩液再经真空过滤即可得到产品结晶三氯化铝。结晶三氯化铝是一种较好的净水剂，也是精密铸造型壳硬化剂和新型的造纸施胶沉淀剂，可广泛应用于石油、冶金、造纸、铸造、印染、医药和自来水等工业。

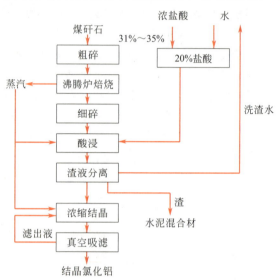

图7-35　结晶三氯化铝生产工艺流程

b. 制水玻璃　现行水玻璃生产主要由干法和湿法两种。干法是用纯碱和石英砂为原料，经高温熔融制成，湿法是以烧碱和石英为原料，在0.8MPa压力下，经6h反应后制得。用煤矸石制水玻璃的工艺流程如图7-36所示。将浓度为42%的液体烧碱、水、酸浸后的煤矸石按一定配比混合制浆进行碱解。再用蒸汽间接加热物料，当反应达到预定压力0.2～0.25MPa和反应1h后，放入沉降槽沉降，清液经真空抽滤即可得到水玻璃。沉渣经水洗后，经过滤将渣清除。用煤矸石制水玻璃的特点是煤矸石经盐酸处理后，渣中的二氧化硅活性提高，在较低压力或常压下即可与液体烧碱反应生成水玻璃。水玻璃可广泛应用于纸制品、建筑等行业，也可进一步经压蒸、碳酸化、中和等加工过程生产出橡胶补强剂白炭黑。

c. 生产硫酸铵　煤矸石内的硫化铁在高温下生成二氧化硫，再氧化而生成三氧化硫，三氧化硫遇水生成硫酸，并与氨的化合物生成硫酸铵。经过实验，这种硫酸铵是一种很好的肥料。用煤矸石生产硫酸铵的生产工艺包括焙烧、选料和粉碎、浸泡和过滤、中和、浓缩结晶、干燥包装和成品。其工艺流程简述如下：未经自燃的煤矸石要经焙烧，即将煤矸石堆

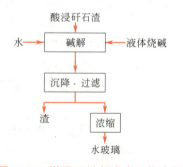

图7-36　煤矸石制水玻璃工艺流程

成5～10t一堆，堆中放入木柴和煤，点燃后闷烧10～20天，并定期向堆表面喷水以保持一定的潮湿层，待堆表面出现白色结晶时，焙烧完成即可取料应用。将未燃烧的煤矸石以及

烧透的煤矸石都选出不用，而只选用那些已燃烧过但未烧透的、表面呈黑色的煤矸石，其烧结层间和表面凝结了白色的硫酸铵结晶，为了提高浸泡率，需将选出的原料在浸泡前破碎至25mm以下。将粉碎物料在水池内进行浸泡，料水比为2∶1，浸泡时间约4～8h，为了充分利用原料中的有用成分，可采取多次循环浸泡法。为了减少浸泡液中的杂质，必须经过过滤，并且浸泡液还要在沉淀池中澄清5～10h。向浓缩前的浸泡液中加入氨水或磷矿物进行中和，调节溶液的pH值达到6～7为止，以中和浸泡液中一定量的酸，避免破坏土壤结构和腐蚀工具。将浸泡澄清液进行蒸发、浓缩，将浓缩后的溶液倒入结晶池内，任其自然冷却结晶，再经过滤，可得硫酸铵结晶。再经自然晾干或人工烘干后，即得成品硫酸铵。

7.4 城市垃圾的综合利用

7.4.1 城市垃圾的组成

城市垃圾是指在城市日常生活中或者为城市日常生活提供服务的活动中产生的固体废物以及法律、行政法规规定视为城市垃圾的固体废物，而不包括工厂所排出的工业固体废物。如菜叶、废纸、废碎玻璃制品、废瓷器、废家具、废塑料、厨房垃圾、建筑垃圾等。城市垃圾的成分很复杂，但大致可分为有机物、无机物和可回收废品几类。属于有机物的垃圾主要为动植物性废物；属于无机物的垃圾主要为炉灰、庭院灰土、碎砖瓦等；可回收废品主要为金属、橡胶、塑料、废纸、玻璃等。近年来，工业发达国家的城市垃圾成分也有了根本的变化，世界上现代化的城市中家庭燃料构成已从过去用煤、木柴改用煤气、电力；垃圾中曾占很大比重的炉渣大为减少。许多国家城市居民的日常食品改为冷冻、干缩、预制的成品和半成品，家庭垃圾中的有机物，如瓜皮、果核等大为减少；而各类纸张或塑料包装物、金属、塑料、玻璃器皿以及废旧家用电器等产品大大增加。几个国家的垃圾组成见表7-23。中国垃圾成分与工业发达国家的显著差别是：无机物多，有机物少，可回收的废品也少。中国部分城市的垃圾成分概况见表7-24。

表 7-23 几个国家的垃圾组成和排出量

成分 /%	英国	法国	荷兰	德国	瑞士	意大利	美国
有机物	27	22	21	15	20	25	12
纸	38	34	25	28	45	20	50
灰、渣	11	20	20	28	20	25	7
金属	9	8	3	7	5	3	9
玻璃	9	8	10	9	5	7	9
塑料	2.5	4	4	3	3	5	5
其他	3.5	4	17	10	2	15	8
平均含水 /%	25	35	25	35	35	30	25
每人每年平均量 /kg	320	270	210	350	250	210	820

表 7-24 中国部分城市垃圾成分概况

成分	北京	天津	无锡	湘潭	厦门	杭州	武汉
无机物 /%	60	67	78	80	75	72	66.4
有机物 /%	35	26	17	17	22	23	30.8
可回收废品 /%	5	7	5	3	3	5	2.8

7.4.2 城市垃圾的处理

城市垃圾中往往有病原微生物存在，直接作为农肥，危害亦很大，病原体可随瓜果、蔬菜返回城市，传病给人，因此需要妥善处理。城市垃圾的处理原则，首先是无害化，处理后的垃圾化学性质应稳定，病原体被杀灭，要达到中国无害化处理暂行卫生评价标准的要求。其次是尽可能资源化，处理后将其作为二次资源加以利用。最后是应坚持环境效益、经济效益和社会效益相统一。在一定条件下，城市垃圾的无害化和资源化是紧密联系在一起的。

（1）城市垃圾的预处理

城市垃圾无害化处理前需进行预处理。预处理的主要措施有分类、破碎、风力分选、磁选、静电分选以及加压等。风力分选法是利用垃圾与空气逆流接触，使垃圾中轻重不同的成分分离。分离出来的轻物质，一般均属有机物（如纸、塑料等），重物质则为无机物（如砖、金属、玻璃等）。浮选法是经过筛分或风力分选后的轻物质送入水池中，玻璃屑、碎石、碎砖、骨头、高密度塑料等沉至池底，轻的有机物则浮在水面。磁流体分选法是将经过风力分选及磁选后富含铝的垃圾放入水池中，调整水溶液密度，使铝浮出水面，而其他物质仍沉在池底。风力分选前，磁选法用于从破碎后固体废物中回收金属碎片。静电分选法一般在磁选法之后，用以从垃圾中除去无水分小颗粒夹杂物，其效果较风力分选、筛分为佳。由于含水分的有机物导电性好，可为高压电极所吸引，而不吸收水分的玻璃、陶瓷器、塑料、橡胶等杂物导电性差，不受电场作用，依重力方向向下落使两类物质分离。目前，这些预处理技术在工业发达国家采用较多，中国采用较少。国内少数大城市采用的垃圾分选装置，主要是由一些矿山机械改装而成。

（2）城市垃圾的最终处理

城市垃圾的最终处理方法有卫生填埋、焚烧、堆肥和蚯蚓床。

① **卫生填埋** 卫生填埋是一种防止污染的填埋方法，由于填埋过程是一层垃圾一层土交替进行，又称为夹层填埋法。从横断面看，垃圾和砂土交互填埋，既可防止垃圾的飞散和降雨时的流失，又可防止蚊、蝇等虫害孳生，以及臭气、火灾发生，因而常称为卫生填埋法。卫生填埋法有一般卫生填埋法和滤沥循环卫生填埋法两种，分别简述如下。

a. 一般卫生填埋法 一般卫生填埋法是在回填场地上，先铺一层若干厘米厚的垃圾，压实后再铺上一层若干厘米厚的松土、沙或粉煤灰等覆盖层，以防鼠蝇等孳生，并可使产生的臭气逸出以防自燃起火。然后依次用土将垃圾分割在夹层结构中，夹层厚度视垃圾种类而异。按日本废物处理法规定：一般生垃圾厚度 2～3m，覆土 20～30cm，覆土材料可采用良质砂土、一般土壤、砖瓦和废建筑材料等。填埋至预定目标之前，至少要留出 60cm，覆以表土。表土覆盖厚度因垃圾种类而异，以有效利用土地考虑，以 1.0～1.5m 为宜。填埋的垃圾会分解下沉，在填埋的土地上，一般 20 年内不宜建造房屋，只能作为公园、绿化地、农田或牧场。

b. 滤沥循环卫生填埋法 滤沥循环卫生填埋法是近年发展起来的一种方法，其特点是将回填垃圾的含水量从 20%～25% 提高到 60%～70%，收集其滤沥液循环使用，使垃圾保持湿润，从而加速有机物的厌氧分解，使填埋物加速下沉。滤沥循环系统由外部水源、泵站、贮水池和管网等构成。为防止滤沥液污染地下水，还要设集水坑，洼地四壁要不透水，如遇松散土层，需加铺沥青层或塑料薄膜。四壁的坡度至少为 3∶1，薄膜上覆盖 15～30cm 的细土保护层。集水坑也要有坡度，使水流集中。洼地底部按水流方向埋置滤管，使滤沥液向集水坑集中。滤管应用大颗粒松散固料作为滤料围护，并与一个垂直露出地面的立管相通。

要有一个全年贮水的监测井。为了保护垂直管和监测井，外面要有一个至少 1m 的大套管作为人孔，四壁要留垃圾取样口。滤管附近几米处留通气孔，使沼气及其他易燃气体不致集聚。通气管插至埋滤管的滤料层，防止氧气与滤沥液接触产生沉淀，影响循环使用。

② **焚烧** 当垃圾的热值大于 3.3MJ/kg 时，可以自燃方式进行焚烧，否则需借助辅助燃料进行焚烧。工业发达国家城市垃圾的热值多在 4.2MJ/kg 以上，所以这些国家的垃圾焚烧工艺一般是自燃方式。中国城市垃圾中可燃物少，产生的热值一般均不足 3.3MJ/kg，难以自燃，采用辅助燃料进行燃烧既耗能源又不经济，故目前不宜用焚烧法处理垃圾。随着人民生活水平的提高和商品包装的更新，中国城市垃圾的成分将会发生变化，在将来有可能采用焚烧法。但目前可用焚烧法处理医院垃圾。一方面因为医院垃圾中纱布、棉花、废纸等可燃物多；另一方面医院垃圾需要彻底消毒，以防病原污染扩散。

垃圾焚烧法的优点是垃圾中的病原体灭除彻底；焚烧后的灰渣要占原体积的 5%，因此减容效果大；产生的热量可以发电或供热。工业发达国家 4t 垃圾焚烧后产生的热量，与 1t 煤油的热量几乎相等。

③ **堆肥** 堆肥是中国目前城市垃圾处理采用较多的方法。一方面这是因为中国农村有着数千年来堆肥的习惯；另一方面农村需要肥料，农家肥主要由粪便和灰土进行混合堆放制成。城市中的粪便和垃圾中的有机物与灰土是理想的堆肥原料，采用这些原料堆肥，既可以达到垃圾无害化处理的目的，又可以生产出优质有机肥料。单独采用城市垃圾堆肥，因有机物少，肥效不大，大多以混合采用粪便与垃圾堆肥为好。堆肥有好氧和厌氧两种，多数采用好氧。好氧堆肥时间短，不产生恶臭，好氧堆肥露天进行所需时间，冬季约为 1 个月，夏季约为半个月。好氧堆肥占地面积较大，粉碎后的垃圾、粪便和灰土分层在地面上，堆高 3m，底宽 4m，顶宽 2m，长度不限，加土覆盖表面。在堆底预先开挖通风沟，堆中预先插入通风管，以保证好氧分解菌所需的氧气。堆中好氧菌分解有机物时产生生物热，当气温 20℃时，3～5 天后堆中温度可上升至 60℃左右，此后有机物产生消化，病原菌及寄生虫卵逐渐被灭活，当大肠菌值达到 0.1～0.01g 时，可推断病原菌存在的可能性很小，即达到无害化目的。然后倒垛再堆，倒垛 2～3 次，堆肥即可完成。堆肥后体积可减小 30%～50%，堆肥后经干燥质量约为堆肥前的 70%，堆肥的碳氮比不宜小于 20：1，含水率以 40%～50% 为宜，堆肥后总会有所降低，速效氮则上升。中国粪便高温堆肥法无害化卫生评价建议标准为：最高堆温达 50～55℃以上，持续 5～7 天，蛔虫卵死亡率 90%～100%，大肠菌值 10^{-2}～10^{-1}。工业发达国家采用成套机械进行堆肥作业，与土地堆肥相比较，消化仅需 3～5 天，占地面积可缩小 4/5，中国目前尚未普遍具有此种条件。

④ **蚯蚓床** 城市垃圾可以利用蚯蚓处理。蚯蚓可将这些城市垃圾转变为肥效高，无臭味的蚯蚓粪土，还能获得大量蚯蚓体作医药原料，蚯蚓体内蛋白质含量与鱼肉相当，是畜禽和水产养殖的优良饲料，可以收到一举多得效果。在国外都有养殖蚯蚓处理有机垃圾的企业，美国现有 9 万个蚯蚓场，日本有垃圾工厂 200 多家，年处理垃圾 5.5 万吨，可每年增殖蚯蚓体 2500t，年产 1.8 万吨蚯蚓粪，一年即可收回蚯蚓厂基建投资。蚯蚓处理有机垃圾的机理是：首先，蚯蚓体内分泌能分解蛋白质、脂肪、碳水化合物和纤维素的各种酶类；其次，在蚯蚓消化道中，有大量细菌、霉菌、放线菌等微生物共生，这就是环卫战线的大力士，分解消化有机垃圾的能力很强。日食量为自身体重的 60%～70%。蚯蚓是喜湿、好暖、怕光的低等动物，在养殖时需注意。蚯蚓寿命约两年，蚯蚓死亡时或在高温条件下，能产生一种自溶酶的物质，将自己的身体分解成液体，使其死后无影无踪。发展蚯蚓养殖是处理城市垃圾、化害为利的有效措施之一，应大力发展。目前中国有些城市养殖蚯蚓处理有机垃圾已试

验成功。

7.4.3 城市垃圾的回收利用

由于工业发展，城市规模不断扩大，当前世界上工业发达国家城市垃圾数量剧增。据估算，目前发达国家垃圾增长率为 3.2%～4.5%，发展中国家为 2%～3%。全球年产垃圾 100 亿吨，其中美国达 30 亿吨，中国城市垃圾增长率约 9%，年产垃圾量达 1.5 亿吨左右。而对如此大的垃圾"包袱"，紧靠简单的填埋和焚烧处理显然已不合适了，应对城市垃圾进行综合处理，以保护自然环境，恢复再生原料资源。

城市垃圾是丰富的再生资源的源泉，其所含成分分别为：废纸 40%，黑色和有色金属 3%～5%，废弃食物 25%～40%，塑料 1%～2%，织物 4%～6%，玻璃 4% 以及其他物质。大约 80% 的垃圾为潜在的原料资源，可以重新在经济循环中发挥作用。因此，为了解决城市垃圾问题，必须创造和采用机械化的高效处理方法，回收有用成分并作为再生原料加以利用。利用垃圾有用成分作为再生原料有着一系列优点，其收集、分选和富集费用要比初始原料开采和富集的费用低好几倍，可以节省自然资源，避免环境污染。垃圾所含废纸是造纸的再生原料，由于纸张和纸板需求量的迅速增长，正导致森林资源的衰竭，而处理利用 100 万吨废纸，即可避免砍伐 600km^2 的森林。120～130t 罐头盒可回收 1t 锡，相当于开采冶炼 400t 矿石，这还不包括经营费用。处理垃圾所含废黑色金属，可节省铁矿石炼钢所需电能的 75%，节省水 40%，而且显著减少对大气的污染，降低矿山和冶炼厂周围堆积废石的数量。利用垃圾中的废物质，不仅可减少对环境的污染，而且可获得补充饲料来源，明显提高农业效益，用 100 万吨废弃食物加工饲料，可节省出 36 万吨饲料用谷物，生产 45000t 以上的猪肉。近年来，中国每年来自居民的废旧物质回收金额达 48 亿元，许多城市有健全的废品回收系统，凡是可利用的废旧物质，如废纸、废金属、旧织物、玻璃等大多通过这个系统回收，作为资源重复利用。如北京每年从居民中收购的废物达十几万吨，相当于北京垃圾总量的 10%。世界上许多工业发达国家都大力开展了从垃圾中回收有用成分的研究工作，大量的垃圾综合处理技术方案取得了专利权。例如意大利的索雷恩切希尼公司在罗马兴建的两座垃圾处理工厂，可处理城市垃圾量的 70% 以上。其处理工艺是对垃圾中的黑色金属、废纸和有机垃圾等基本有用成分进行全面回收，并且还回收塑料和玻璃供重复利用。应该指出的是，一国的最好的垃圾处理经验，也不能全盘照搬到另一国，必须发展适合本国情况的垃圾综合处理方法。城市垃圾处理的特点主要决定于下面几个方面的因素：成分差别；各种原料的紧缺程度及具体国家的生产需求量；不同种类再生原料与初始原料的比价等经济因素。

7.4.4 废电池的回收与综合利用

（1）概述

据统计 2020 年中国各类电池生产量达到 188.5 亿只，人均消耗 13.5 只，中国电池工业还将有很大的发展。由于电池内含有大量的有害物质（如重金属、废酸、废碱等），当其未经处置进入环境后，会对环境及人体健康造成严重威胁。重金属是环境中持久性最强的物质，无法使它们变质或将其破坏，而且它们还能与有机物发生反应而生成毒性更强的金属有机物，这些持久性的金属有毒污染物进入环境后，汞、镉、铅等金属会在生物体中积累，将在今后几十年甚至上百年给人类产生极大的危害。同时，废电池作为资源存在的一种形式，其中仍含有大量的可再生资源。中国是电池的生产大国，每年都要消耗大量的锌、锰、铅、镉等金属，如果加以回收利用，在保护环境的同时又可以节省大量的宝贵资源。

电池的种类繁多，主要有锌-二氧化锰酸性电池、锌-二氧化锰碱性电池、铅酸蓄电池、镍镉电池、氧化银电池、氧化汞电池、镍氢电池和锂电池等。每种电池都有不同的型号，其组成成分也有很大的不同。

① 锌-二氧化锰酸性电池。这种电池也称为酸性电池，以固体锌筒作锌-二氧化锰酸性电池的阳极，二氧化锰作为阴极，电解液为氯化铵或氯化锌的水溶液，因此它是酸性的，其成分含量（mg/kg）如下：As（3～236），Cr（69～677），Cu（5～4539），In（3～101），Fe（34～307000），Pb（14～802），Mn（120000～414000），Hg（3～4790），Ni（13～595），Cl（9900～130000），Sn（26～665），Zn（18000～387000）。

② 锌-二氧化锰碱性电池。该电池以粉末锌为阳极，二氧化锰为阴极，电解液是氢氧化钾，所以被称为碱性电池，其成分含量（mg/kg）为：As（2～239），Cr（25～1335），Cu（5～6739），In（39～100），Fe（50～327300），Pb（16～58），Mn（28800～460000），Hg（118～8201），Ni（13～4323），K（25600～56700），Sn（26～665），Zn（18000～387000）。从中可以看出酸性、碱性电池中含有汞、砷、铬、铅等有害元素。由于酸性、碱性电池造价低廉、工艺简单、使用方便，这是其他种类电池无法比拟的，在可预见的将来，仍然会是电传工业的支柱产品。

③ 铅酸蓄电池。该电池以金属铅为阳极，氧化铅为阴极，以硫酸作为电解液，可以重复充电使用。主要用于汽车、铁路、军工等领域，随着中国汽车工业的发展，对蓄电池的需求将越来越大，1997年中国铅总消耗量为47.2万吨，其中铅电池耗铅量32.1万吨，占68%。铅酸蓄电池的使用寿命一般为1.1～2年，中国每年大约有30万吨的废铅酸蓄电池产生。由于铅酸蓄电池体积大、回收价值高，因此对其的回收在中国开展较早，目前可达90%以上。但是在废铅酸蓄电池的回收冶炼过程中，中国传统采用反射炉冶炼铅，回收率一般在80%左右，但整个回收工作处于一种无序状态，占主体的是个体专业户，他们将废铅酸蓄电池集中，解体后直接将酸液倒掉，然后将铅卖给再生铅厂及蓄电池厂，或者直接进行土法冶炼，不但造成金属铅的浪费，而且对环境造成了极大的危害。

④ 镍镉电池。镍镉电池的阳极为海绵状金属镉，阴极为氧化镍，电解液为氢氧化钾或氢氧化钠的水溶液，其中阳极物质一般要加入一些活性物质，阳极和阴极物质分别填充在冲孔镀镍钢带上。镍镉电池的最大特点是可以充电，能够重复使用多次。其成分含量（mg/kg）为：Ni（116000～556000），Cd（11000～173147），K（13684～34824），pH值12.9～13.5。镉及其化合物均为有毒物质，对于人体的心、肝、肾等器官的功能具有显著的危害，因此必须对镉离子的排放浓度制定严格的标准。镍镉电池具有长寿命、工艺相对简单、成本相对较低等特点，在中国的消耗量仍在迅速增长，所以，对镍镉电池的回收处理必须加以重视。

⑤ 氧化银电池。该电池由氧化银粉末作为阴极，与汞混合的粉末状锌作为阳极，含有饱和锌酸盐的氢氧化钠或氢氧化钾水溶液作为电解液。有时还在阴极加入二氧化锰，阳极中包括锌汞齐和溶解在电解液中的凝胶剂，锌汞齐中锌粉末的含量为2%～15%，电池的壳一般由分层的铜、锡、不锈钢、镀镍钢和镍组成。其成分含量（mg/kg）为：Ag（37590～353600），Cu（40720～47110），Mn（13830～226000），Ni（186～30460），Na（294～2250），K（19270～99350），Hg（629～20800），pH值10.7～13.3。氧化银电池常为纽扣电池，用于手表、计算器等便携式电器。

⑥ 氧化汞电池。氧化汞电池以锌粉或锌箔同5%～15%的汞混合作为阳极，氧化汞与石墨作为阴极，电解液是氢氧化钠或氢氧化钾水溶液。其成分含量（mg/kg）为：

Zn（8140～141000）、Cd（1.4～30）、Na（154～2020）、K（11960～50350）、Hg（229300～908000），pH值10.7～13.3。

⑦ 镍氢电池。镍氢电池与镍镉电池有相似的结构和相同的工作电压，但由于采用稀土合金或钛镍合金等储氢材料作为阳极活性物质，取代了致癌物质镉，不仅使这种电池成为一种绿色环保电池，而且使电池的比能量提高了40%，达到60～80W·h/kg和210～240W·h/L。镍氢电池1999年产量达到4亿只。随着移动通信、笔记本电脑飞速增长对高性能、无污染、小型化电池的需求越来越旺盛，镍氢电池产业在发达国家发展迅猛。目前镍氢电池性能不仅在普通功率方面优势明显，而且在高功率方面的优势也逐步显露，由于其在电动工具、电动汽车和军事方面良好的使用前景，各国对此技术的发展极为重视。中国的镍氢电池产业是较为落后的，电池的技术水平和档次都相当低，其核心原料大都依靠进口，中国应该制定法规逐步减少有害电池的生产，大力发展镍氢电池工业。

⑧ 锂电池。锂电池是目前较新的一种电池，可以分为锂离子蓄电池和聚合物锂蓄电池两类。锂离子蓄电池由可使锂离子嵌入及脱嵌的碳阳极、可逆嵌锂的金属氧化物阴极和有机电解质组成，其工作电压为镍氢电池或镍镉电池的三倍，因此1个锂电池相当于3个镍氢电池或镍镉电池。这种电池的比能量可超过100W·h/kg和280W·h/L；聚合物锂蓄电池是金属锂为阳极，导电聚合物为电解质的新型电池，其比能量可达到170W·h/kg和350W·h/L。

综上所述，不同种类的废电池其组成和含量差别很大，因此各类废电池对环境的危害程度也不同。在中国应该通过两种途径对废电池的危害加以控制。一方面从源头减少污染的产生，大力推行无害化电池的研制与生产，根据谁污染谁负责的原则，对有害电池收取污染治理费，从而逐步减少有害电池的生产。另一方面，加强废电池综合利用技术的研究，推行垃圾分类收集，尽快建立废电池综合回收公司。

（2）电池的回收

中国是世界上干电池生产及消费最大的国家，然而只有几个大城市开展了回收旧电池的活动。一方面是群众环境意识不高，认识不到废旧电池的危害性。另一方面是因为没有专门的处理公司，收集起来的废旧电池只能集中堆放无法处理，给环境部门造成负担，所以其对废旧电池回收的积极性不高。

中国目前经济还不是很发达，就目前的技术来讲，回收处理废电池可能是不盈利的，但在废电池的回收方面必须做好以下两方面的工作。

① **关于废电池的处理费用问题**。应对市场上销售的有害电池征收一定税率的处理费用，这不但可以为废电池处理提供部分资金，还可以通过经济杠杆促使公众购买无害电池；对有害电池的生产厂家征收污染税，促使厂家生产无害电池，减少有害电池的生产；从社区居民的垃圾处理费中拿出部分资金对电池回收企业进行补贴；对废电池回收企业免于税收，并根据其回收与再生量的大小进行补贴。

② **关于废电池的回收问题**。应加大宣传，让每个人都知道电池的危害性，在每个电池上面贴有"电池有害，请勿随意丢弃"的中文字样，使环保意识逐步深入人心；发动广大中小学生收集废电池，同时在居民小区、超级市场、电池零售店建立废电池回收点，并且对回收者进行奖励；建立相关法律，对违反者处以罚金。

（3）废电池的综合利用技术

废电池中含有大量的重金属、废酸、废碱等，为避免其对环境的污染和危害，首先应该考虑采取综合利用的方法回收有利用价值的元素，对不能利用的物质进行无害化处理，达到回收资源、保护环境的目的。由于电池的种类繁多,因此对它们的处理方法有很大的差别,目前普遍采用的有废旧干电池的综合利用技术、废旧镍镉电池的综合利用技术及混合电池的综合利用技术。

① **废旧干电池的综合利用技术**。废旧干电池的回收利用主要是要解决金属汞等其他有用物质的回收及废气、废液、废渣的处理两个方面的问题。目前,废旧干电池的综合利用技术主要有湿法和火法两种冶金处理方法。

a. 湿法冶金方法 废旧干电池的湿法冶金回收过程是使锌-锰干电池中的锌、二氧化锰与酸作用生成可溶性的盐而进入溶液,溶液经过净化后电解生产金属锌和电解二氧化锰或生产化工产品、化肥等,所用的具体方法有焙烧-浸出法和直接浸出法。焙烧-浸出法是将干电池机械切割,分选出碳棒、铜帽、塑料。并使电池内部粉料和锌筒充分暴露,然后在600℃的温度条件下,在真空焙烧炉中焙烧6~10h,使金属汞、氯化铵挥发成气相,通过冷凝设备加以回收,尾气必须经过严格处理,使汞含量降至最低;焙烧产物经过粉磨后加以磁选、筛分可以得到铁皮和纯度较高的锌粒,筛出物用酸浸出,然后从浸出液中通过电解回收金属锌和电解二氧化锰。该法的工艺流程如图7-37所示。直接浸出法是将废干电池破碎、筛分、洗涤后,直接用酸浸出干电池中的锌、锰等金属物质,经过过滤、滤液净化后,从中提取金属或生产化工产品,该法工艺流程如图7-38所示。

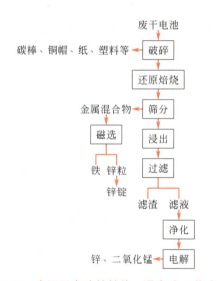

图7-37 废旧干电池的焙烧-浸出法工艺流程

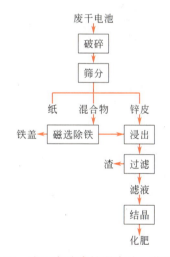

图7-38 废干电池直接浸出法工艺流程

b. 火法冶金方法 火法冶金处理废干电池是在高温下使废干电池中的金属及其化合物氧化、还原、分解、挥发及冷凝的过程。火法又分为传统的常压法和真空法两类。常压方法有两种:一是在较低温度下加热废干电池,先将汞挥发,然后在较高温度下回收锌和其他重金属;二是将废干电池在高温下进行焙烧,使其中易挥发的金属及其氧化物挥发,残留物作为冶金中间产物或另行处理,其工艺流程如图7-39所示。

真空法是基于组成废旧干电池各组分在同一温度下具有不同的蒸气压,在真空中通过蒸发和冷凝,使其分别在不同的温度下相互分离,从而实现综合回收利用。蒸发时,蒸气压高的组分进入蒸气,蒸气压低的组分则留在残渣或残液中;冷凝时,蒸气在温度较低处凝结成液体或固体。虽然目前尚缺乏真空法处理废旧干电池的经济指标,但从粗锌精炼过程中的能耗来说,火法为$(6\sim10)\times10^6$,电解法为$(10.8\sim12.6)\times10^6$,而真空法不大于3.6×10^6,

可以看出真空法的能耗必定低于其他方法，因此其成本也必然低；而且真空法的流程短，对环境污染小，各有用成分的综合利用率高，具有较大的优势，值得广泛推广。

② **废旧镍镉电池的综合利用技术**。废旧镍镉电池的回收利用技术可以分为湿法和火法两大类。火法回收基本上是利用金属镉易挥发的性质，其温度范围为 900～1000℃。对于镍的火法回收，简单的方式是让其熔入

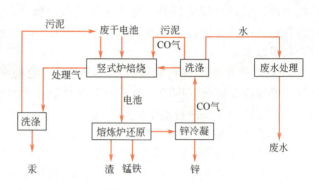

图 7-39　处理废干电池的常压法的工艺流程

铁水中，采用较高温度的电炉冶炼，但其回收的产品是铁镍合金，没有实现镍的分离回收。由于电池中的镉、镍多以氢氧化物状态存在，加热时变成氧化物，故采用火法回收时，要加入炭粉作为还原剂；对于湿法工艺的浸出阶段，大多数采取硫酸浸出，少数采取氨水浸出。采取氨水浸出，铁不参加反应，浸出剂易于回收，可以循环利用，无二次污染。硫酸虽然成本低，但是大量的铁参加反应，浸出剂消耗量大，较难回收且二次污染严重。具体到镍、镉的分离，有电解沉淀、沉淀析出、萃取以及置换等几种方式。荷兰研究院进行过镍镉废电池湿法冶金回收处理的深入研究，其工艺流程如图 7-40 所示。首先对废镍镉电池进行破碎和筛分，筛分物分为粗颗粒和细颗粒。粗颗粒主要为铁外壳以及塑料和纸。通过磁分离将粗颗粒分为铁和非铁两组分，然而分别用 6mol/L 的盐酸在 30～60℃温度下清洗，去除黏附的镉。清洗过的铁碎片可以直接出售给钢铁厂生产铁镍合金，而非铁碎片由于含有镉需要作为危险废物处置。细颗粒则用粗颗粒的清洗液浸滤，约有 97% 的细颗粒和 99.5% 的镉被溶解在浸滤液中。过滤浸滤液滤出主要为铁和镍的残渣，残渣约占废电池的 1%，作为危险废物进行处置。过滤后的浸滤液用溶剂萃取出所含的镉，含镉的萃取液用稀盐酸再萃取，产生氯化镉溶液，将溶液的 pH 值调至 4，然后通过沉淀、过滤去除其所含的铁，最终通过电解的方法回收镉，可以得到纯度为 99.8% 的金属镉。提取镉的浸滤液含有大量的铁和镍，铁可以通过氧化沉淀去除，然后用电解方法从浸出液中回收高纯度的镍。

③ **混合电池的综合利用技术**。对于混合型废电池目前采用的主要技术为模块化处理方式，即首先对于所有电池进行破碎、筛分等预处理，然后全部电池按类别进行分选。混合电池的综合利用采用火法、湿法或混合处理的方法。瑞士 Recytec 公司利用火法和湿

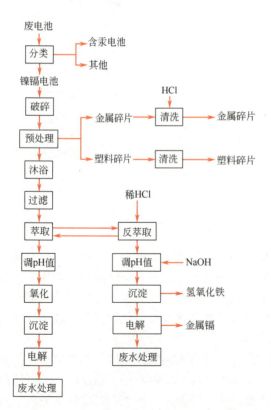

图 7-40　废旧镍镉电池湿法处理工艺流程

法结合的方法，处理不分拣的混合废电池，并分别回收其中的各种重金属。图 7-41 为处理流程。首先将混合废电池在 600～650℃的负压条件下进行热处理，热处理产生的废气经过冷凝将其中的大部分组分转化为冷凝液，冷凝液经过离心分离分为几部分，即含有氯化铵的水、液态有机废物、废油以及汞和镉。废水用铝粉进行置换沉淀去除其中含有的微量汞后，通过蒸发进行回收。从冷凝装置出来的废气通过水洗后进行二次燃烧以去除其中的有机成分，然后通过活性炭吸附，最后排入大气，洗涤废水同样进行置换沉淀去除所含微量汞后排放。热处理剩下的固体废物首先要进行破碎，然后在室温至50℃的温度下水洗，使氧化锰在水中形成悬浮物，同时溶解锂盐、钠盐、钾盐。清洗水经过沉淀去除氧化锰，然后经过蒸发部分回收碱金属盐。废水进入其他过程处理，剩余固体通过磁选回收铁，最终的剩余固体进入电化学系统，这些固体主要有锌、铜、镉、镍及银等金属，还有微量的铁。在这一系统中，利用氟硼酸进行电解沉积，不同的金属用不同的电解沉积方法回收，每种方法都有它自己的运行参数，酸在整个系统中循环使用，沉渣用电化学处理以去除其中的氧化锰。整个过程没有二次废物产生，水和酸闭路循环，废电池组分的95%被回收，但是回收费用较高。

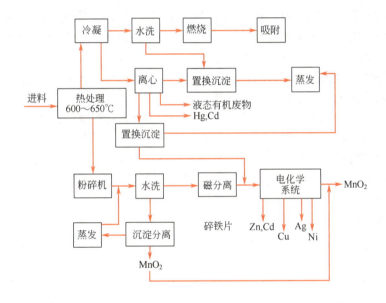

图 7-41　Recytec 公司废电池处理流程

（4）铅酸蓄电池的回收利用技术

铅酸蓄电池广泛应用于汽车、摩托车的启动、应急灯设备的照明等。中国铅酸蓄电池年产量为 $3000×10^4$kW·h，普遍应用的汽车用铅酸蓄电池的寿命大约为 1～2 年，按全国废铅酸蓄电池的年产量 2500 万只左右计，其中废铅量大约为 30 万吨。铅酸蓄电池的回收利用主要以废铅的再生利用为主，还包括废酸以及塑料壳体的利用。由于铅酸蓄电池体积大、易回收，目前中国废铅酸蓄电池的金属回收率大约达到 80%～85%，远高于其他种类的废电池。

① 废铅酸蓄电池的**组成**。构成铅酸蓄电池的主要部件是正负极板、电解液、隔板和电池槽，此外还有一些零件如端子、连接条和排气栓等。废铅酸蓄电池的各部分组成成分如表 7-25 和表 7-26 所示。从中可以看出，其中含有大量的金属铅、锑等，铅的存在形态主要有溶解态、金属态、氧化态，可以通过冶炼过程将其提取再生利用。

表 7-25 废铅酸蓄电池铅膏的成分

成分	Pb	S	PbSO$_4$	PbO	Sb	FeO	CaO	其他
质量分数 /%	5	5	42.1	38	2.2	0.75	0.88	6.07

表 7-26 电解液中的金属成分

金属	铅粒	溶解铅	砷	锑	锌	锡	钙	铁
含量 /(mg/L)	60~240	1~6	1~6	20~175	1~13.5	1~6	5~20	20~150

② 废铅酸蓄电池的**资源化管理状况**。铅酸蓄电池与其他小型电池不同，具有体积大、易收集、资源化价值高、再生利用处理技术较为成熟等特点。世界发达国家都十分重视含铅废料的回收，再生铅产量已超过原生铅的产量，据统计，1996 年世界再生铅产量为 262.2 万吨，占精炼铅产量的 48%，1998 年世界再生铅产量为 294.6 万吨，占精炼铅产量的 59.8%，再生铅工业主要分布在北美洲和欧洲，其中美国 1996 年再生铅产量占总铅产量的 74.5%，德国、法国、瑞典和意大利等国家一直保持在此 95% 以上。

③ 废铅酸蓄电池的**回收利用技术**。废铅酸蓄电池的回收利用主要以废铅再生利用为主，还包括对废酸及塑料废壳的利用。再生铅主要采用火法、湿法及固相电解三种处理技术。火法又分为无预处理混炼、无预处理单独冶炼和预处理单独冶炼三种工艺。无预处理混炼就是将废铅蓄电池经去壳倒酸等简单处理后，进行火法混合冶炼，得到铅锑合金。该工艺金属回收率为 85%~90%，废酸、塑料及锑等元素未合理利用，污染严重；无预处理单独冶炼就是废蓄电池经破碎分选后分出金属部分和铅膏部分，二者分别进行火法冶炼，得到铅锑合金和精铅，该工艺回收率为 90%~95%，污染控制较第一类有较大的改善；预处理单独冶炼就是废蓄电池经破碎分选后分出金属部分和铅膏部分，铅膏部分脱硫转化，然后二者分别进行火法冶炼，得到铅锑合金和软铅，该工艺金属回收率为 95%。火法处理又可以采取不同的熔炼设备，其中普通反射炉、水套炉、鼓风炉和冲天炉等熔炼的技术落后，金属回收率低、能耗高、污染严重。湿法冶炼工艺可使用铅泥、铅尘等生产含铅化工产品，如三盐基硫酸铅、二盐基亚硫酸铅、红丹、黄丹和硬脂酸铅等，可在化工和加工行业得到利用。工艺流程为铅泥→转化→溶解沉淀→化学合成→含铅产品，该工艺简单、易操作、无环境污染，可取得较好的经济效益，产品回收率 95% 以上，其废水经处理后含铅小于 0.001mg/L，符合排放标准。全湿法处理产品可以是精铅、铅锑合金、铅化合物等，完全消除了火法造成的污染，综合利用水平高。固相电解还原是一种新型炼铅方法，该法金属铅的回收率比传统炉火熔炼法高出 10% 左右，其机理是把各种铅的化合物放置在阴极上进行电解，正离子型铅离子得到电子被还原成金属铅，工艺流程为废铅污泥→固相电解→熔化铸锭→金属铅。每生产 1t 铅约耗电 700kW·h，回收率可达 95% 以上，回收铅的纯度可达 99.95% 以上，产品成本大大低于直接利用矿石冶炼铅的成本。

废酸经集中处理可用作多种用途，包括回收的废酸经提纯、浓度调整等处理作为生产蓄电池的原料；废酸经蒸馏提高浓度用于铁丝厂除锈用；供纺织厂中和含碱废水使用；利用废酸生产硫酸铜等化工产品等。

废铅酸蓄电池的塑料壳体可重复使用，完整的壳体经清洗后可继续回用，损坏的壳体清洗后，经破碎后可重新加工成壳体，或加工成别的制品。

④ 废铅酸蓄电池的**资源化实例**。意大利 Ginatta 回收厂的生产能力为每天 4.5t，对废铅酸蓄电池进行处理，处理能力为每小时 1.175kg，生产工艺流程如图 7-42 所示。该处理工艺包括对废电池进行拆解，电池底壳同主体部分分离；对电池主体进行活化，硫酸铅转化成氧

化铅和金属铅；电池溶解转化生成纯铅；利用电解池将电解液转化复原。回收利用工艺过程中的底泥处理工序中，硫酸铅转化成碳酸铅，转化结束后，底泥通过酸性电解液从电解池中浸出，电解液中含铅离子和底泥中的锑得到富集，在底泥富集过程中，氧化铅和金属铅发生作用。

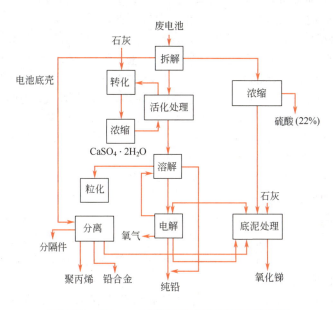

图 7-42 Ginatta 回收厂废电池处理工艺流程

7.4.5 医疗废物及其处置技术

（1）概述

① **医疗废物的定义**。《医疗废物焚烧炉技术要求（试行）》（GB 19218—2003）规定，医疗废物是指城市乡镇中各类医院、卫生防疫、病员修养、医学研究及生物制品等单位产生的废物。具体指医疗机构、预防保健机构、医学科研机构医学教育机构等卫生机构在医疗、预防、保健、检验、采供血、生物制品生产、科研活动中产生对环境和人体造成危害的废物，它包括《国家危险废物名录》所列的 HW01 医院临床废物，如手术、包扎残余物；生物培养、动物试验残余物；化验检查残余物；传染性废物；废水处理污泥等；HW03 废药物、药品，如积压或报废的药品；HW16 感光材料废物，如医疗院所的 X 射线和 CT 检查中产生的废显影液及胶片。

② **医疗废物的性质**。医疗废物是具有传染性的危险废物，含有大量的病原微生物、寄生虫，还含有其他有毒物质，属于危险性较大的致病微生物有脊髓灰质炎病毒、埃可病毒、柯萨奇病毒 A、柯萨奇病毒 B、肝炎病毒、呼吸道和肠道病毒、腺病毒等。总之，医疗废物是一种危害极大的特殊废物。

③ 医疗废物的分类。按照来源和特性，医疗废物通常可分为六种形式：一是一次性医疗用品，包括注射器、输液器、扩阴器、各种导管、药杯、尿杯、换药器具等；二是传染性废物，带有传染性和潜在传染性的废物主要包括来自传染病区的污物（医疗废物及患者的活检物质、粪、尿、血、剩余饭菜、果皮等生活垃圾）与血和伤口接触的各种污染物（如手套、手术巾、床垫、衣服、棉球、棉签、纱布、石膏、绷带等）、病理性废物（手术切除物、肢

体、胎盘、死婴、实验动物尸体组织等）、实验室废物（病理性的、血液的、微生物的、组织的废物、太平间的废物以及其他废物）；三是锐器，主要是用过废弃的或一次性的注射器、针头、玻璃、解剖锯片、手术刀及其他可引起切伤或刺伤的锐利器械；四是药物废物，包括过期的药品、疫苗、血清、从病房退回的药物和淘汰的药物等；五是细胞毒废物，包括过期的细胞毒废物以及被细胞毒废物污染的镊子、管子、手巾、锐器等相关物质；六是废显影液及胶片，包括废显影液、定影液、正负胶片、相纸、感光原料及药品。

④ **医疗废物的产生量**。一般情况下，国内外对医疗废物的产生量经验估算，大中城市医院的医疗废物的产生量一般是按住院部产生量和门诊部产生量之和计算，住院部为 0.5～1.0kg/（床·天），门诊部为 20～30 人次产生 1kg，一般医院每张床每日污水产量约计 0.25～1t 左右。据美国文献报道，每年医疗废物的产生量达 200 万吨，约占固体废物产生量的 1%左右。据国内某些大城市的不完全调查，上海市各级各类医院拥有各类病床 6.83 万张（其中市区为 5.87 万张，郊区为 0.96 万张）。病床使用率为 83.93%计，全市每天产生医疗废物为 29～58t；其中市区为 24.6～49.2t，郊区为 4.4～8.8t，全年按 360 天计算，医疗废物年产生量为 10440～20880t，其中市区约占 85%。

（2）医疗废物的处置

医疗废物属于传染性废物，其中的污染物质是附着其上的病原微生物，因此杀灭病原微生物并防止其与人群的接触就是医疗废物污染控制的目的。医疗废物处理的目的是使排出的垃圾废物稳定化、安全化和减量化。传染性污染物处理方法主要有消毒（物理消毒法、化学消毒法）、焚烧和填埋等处理法。

① **消毒**。医疗废物的消毒方式目前主要是高压蒸汽灭菌法，但是如果采用高压灭菌对医疗废物进行消毒，医院就必须购置较大的专用高压釜，而且在进行高压蒸汽消毒过程中还会产生挥发性有毒化学物质。也可以采用化学药剂消毒灭菌的方法，这常用于传染性液体废物的消毒。除此之外，医疗废物灭菌处理方法还有微波灭菌、干热处理、电浆喷枪、放射性处理、电热去活法、玻璃膏固化等方法，但是在国内尚无人使用。

a. 高压蒸汽灭菌法　适用于受污染的、工作服、培养基、注射器等，蒸汽在高压下具有温度高、穿透力强的优点，在 130kPa、121℃维持 20min 能杀灭微生物，是简便、可靠、经济、快速的灭菌方法，其原理是在压力下蒸汽穿透到物体内部，使微生物的蛋白质凝固变性而将其杀灭。

b. 化学消毒法　是对受传染病患者污染的物品最常使用的消毒方法，最常使用的消毒剂有含氯消毒剂、洗涤消毒剂、甲醛等消毒剂。

c. 微波消毒法　微波是一种高频电磁波，消毒时使用的频率通常为 915MHz 和 2450MHz。物体在微波作用下吸收其能量产生电磁共振效应并可加剧分子运动，微波能迅速转化为热能，使物体升温，微波加热可穿透物体，使其内部和外部同时均匀升温，因此比一般加热方法节省能耗、速度快、效率高，微波杀菌的原理既是热效应又是综合效应。含水量高的物品最易吸收微波，升温快，消毒效果好。

② **焚烧**。医疗垃圾大多带有传染性，采用焚烧的方法处理医疗垃圾是最彻底和较简便的方法。因此，焚烧是医疗废物处理最常用的方式，它具有减容减量、杀菌灭菌、稳定等多项功能，在世界各国，普遍采用焚烧作为医疗废物的处理方法。据报道，美国在 1996 年大约有 3700 台医院焚烧炉在运行，中国过去没有专用的医疗垃圾焚烧炉，医疗垃圾处理处置十分困难，垃圾投入公共垃圾箱内或设简易焚烧炉焚烧。造成疾病传播流行、大气污染，从 20 世纪 80 年代起，逐步采用通过专家鉴定的焚烧炉进行焚烧处理。中国目前采用的医用垃圾焚烧炉有再燃式、转动料盘式热解逆燃式等，焚烧采用的助燃剂多为轻柴油或煤油、煤气

或天然气，以煤为助燃剂的焚烧炉数量很少。目前焚烧存在的环境污染问题是医院大多采用自用的小型间歇式固定床焚烧炉，由于各种原因不配置烟气净化装置，医院临床废物在焚烧过程中产生的尾气会含有烟尘、酸性气体、重金属物质和有毒有机物等，烟尘主要是燃烧不完全或不燃物质造成的颗粒物质，这些颗粒物质主要是来自废物中的无机物质、有机物挥发或氧化形成的金属氧化物和金属盐及附着在无机颗粒上的未燃尽有机物等；酸性气体主要包括氯化氢、二氧化硫、氮氧化物等，其中未经处理的烟气中氯化氢浓度可以高达 $10^{-4} \sim 10^{-3} g/m^3$，污染环境并腐蚀设备，医院临床废物中的 PVC 塑料等是废气中 HCl 的主要来源；而烟气中的二氧化硫和氮氧化物浓度则较低；烟气中的重金属主要来自废弃的手术刀、锡箔纸、塑料等，在焚烧过程中，金属或形成蒸气或形成金属氧化物，附着在隔离物质上，使得重金属浓缩；而有毒微量有机物质来自焚烧的不完全或在烟气中的再合成。间歇式焚烧炉在启动和熄火时将会发生不完全燃烧，以至炉内出现氧量降低，产生燃烧不完全的气态碳氢化合物，这些物质与废物中的氯元素结合，就有可能产生二噁英等有毒物质。

③ **填埋**。填埋是固体废物的最终处置方式。但是，对于医疗废物来说，直接采用填埋方式有很多困难，原因在于医疗废物一般不允许混入生活垃圾填埋，《生活垃圾填埋场污染控制标准》明确规定禁止传染性废物进入生活垃圾填埋场，而医疗废物进入生活垃圾填埋场将会成为一个潜在的疾病传染源。由于危险废物安全填埋场一般是对无机物质进行最终安全处置，有机物质不能进入，而医疗废物中含有各种各样的废物，其中包括大量不易腐蚀的废物，在进入填埋场后将产生生物和化学反应，使得填埋场的稳定受到威胁，因此中国颁布的《危险废物填埋污染控制标准》也明确规定禁止医疗废物进入危险废物安全填埋场。医疗废物专用填埋场如采用石灰隔离或其他灭菌方式将医疗废物掩埋，由于病原体没有或难于杀灭，易污染地下水。如采用严格的安全填埋措施将大大提高处置费用。

总之，医院垃圾处理涉及许多问题，还有许多工作要做，包括各地医院垃圾的数量、组成、处理方式、去除等调查；医院垃圾焚烧后底灰和飞灰的数量、组成和处理方法，特别是重金属的固化与分离；垃圾焚烧过程参数控制，主要集中在医院垃圾预处理技术和焚烧温度；垃圾焚烧热能的合理利用途径；金属制品的处理，特别是熔融设备选型、温度等。

(3) 医疗废物的管理

① 国外对医疗废物立法管理简况。英国作为欧盟成员国之一，所有的立法都必须遵守欧盟的法律和法规，而且该法律一经通过，欧盟的其他成员国也必须自动遵守，并在指定期限内将该法规列入本国的法规之中。到目前为止，英国医疗废物管理法规主要有以下几项：1990 年 11 月 1 日《环境法 1990》生效，该法律全力促进污染综合防治；1991 年 2 月 1 日，颁布了有关每小时处理量为 1t 以下的医院废物焚烧工艺指南，所有这些焚烧炉的建立都必须获得当地机关的许可证；1992 年 5 月，污染巡视团颁发了"废物处置和医院废物焚烧"的指南，该指南适用于处理量为 1t 以上的焚烧炉；欧盟《关于危险废物焚烧的指令》（94/67/EC，1994 年 12 月 16 日）；欧盟《关于危险废物的指令》（91/689/EEC，1991 年 12 月 12 日）。在美国，传染性废物和医疗废物的管理依据是法规、准则和标准。传染性废物和医疗废物的法规是由不同层次的政府制定的，由于管辖权的不同，不同的州与州甚至县与县之间所制定的法规之间的差异是很大的。为了规范传染性废物的处置，美国国会通过了两项法律并授权给美国环境保护署，它们分别是 1976 年通过的《资源保护和回收法》和 1988 年通过的《医疗废物跟踪法》。日本厚生省在 1989 年 11 月颁布了《医疗废物处理指南》，同时要求各医疗机构根据该指南调整体制，1991 年 10 月国会通过的《有关废物的处理及清扫的法律》的修正案，规定了医疗废物处理收费的负担原则，经过近十年的努力，目前日本各医院都基本完善

了医疗废物的处理系统。

② 国内医疗废物管理现状。国家卫生健康委员会（原卫生部）曾颁布《关于建立健全医院感染管理组织的暂行办法》《关于加强一次性使用输液器、一次性使用无菌注射器临床使用管理的通知》；1989年卫生部颁布的《医院分级管理评审标准》中，医疗废物处理也是评审标准之一；1990年卫生部下达《医院感染管理规范（试行）》中明确规定"二级以上医院必须设置焚烧炉，由专人负责，并有相应的管理制度""各种废弃的标本、锐利器具、感染性敷料及手术切除的组织器官等，尚未采取有效回收处理措施的一次性医疗器具必须焚烧""焚烧炉排出的烟尘应符合环境保护部门的有关标准"。1999年建设部颁布了《医疗废物焚烧设备技术要求》，1996年全国人大常委会通过了《中华人民共和国固体废物污染环境防治法》，其中规定了禁止危险废物同生活垃圾混在一起进行填埋处置。根据这一法律，2000年颁布的《危险废物焚烧污染控制标准》中，明确规定了医院废物的焚烧炉控制标准，在《"十五"全国危险废物集中处置场规划》中明确指出："医疗废物不适于其他处理处置方法，必须采用焚烧方式，医疗废物禁止再生和重新利用。"1995年上海市人民政府颁布了《上海市危险废物污染防治办法》之后，市环保局先后颁布了《上海市危险废物经营许可证管理办法》和《上海市危险废物转移联单管理办法》，对本市范围内的危险废物加强统一管理和控制。

中国部分省市对医疗废物实行区域化集中处理做了大量探索工作，取得了许多宝贵经验，但在实际运作过程中还存在以下三个方面的问题。

第一是医疗废物收费标准问题。目前中国部分已实施医疗废物集中处理或委托处理的省市对医疗废物处理费有两类收费标准，一类是按医疗床位数收费，另一类是按医疗废物的产生量收费，如按床位收费，就发生各医院纷纷将原本交环卫部门清运的生活垃圾、办公室普通垃圾也一并拉到医疗废物焚烧处理站处理，一下子超出处理站的处理负荷，使焚烧设备超负荷运转，运行成本超出处理费用，而且设备得不到适当的维修和保养，最终导致焚烧炉提前损坏，使医疗废物处理站难以维持正常的运行。如按质量收费，就出现上述相反的现象，收不到或收不足医疗废物，也使焚烧处理站难于生存。

第二是拖欠处理费问题。按规定梯形废物焚烧处理站是独立法人，对医疗废物实行有偿服务，但有部分医院拖欠处理费得不到解决。

第三是包装容器和运输设备问题。普遍存在医疗废物收集袋过薄易破，造成污物渗漏，包装容器的使用还需统一规范，运输设备也需配备专业化设备，防止废物及渗滤液泄漏、废物腐败发臭和疾病感染。

总之，中国医院垃圾处理问题还完全处于起步阶段，处理技术未成熟，管理制度还在制订之中。

7.5　放射性固体废物的综合利用

自1942年人类实现了第一次自持链式反应以来，核工业得到迅速发展，放射性固体废物也越来越多。放射性固体废物的控制和处理成为环境保护的重要课题。核工业产生的放射性废物涉及100多种元素，900多种放射性同位素，由于各种放射性同位素衰变到安全或无害水平需要的时间不一，有些衰变很快，有些需要几百年，而大量长半衰期的超铀元素则需要几十万年的时间。因而放射性固体废物的处理与其他工业固体废物的处理有根本的不同。

7.5.1　放射性固体废物的来源

放射性固体废物的主要来源包括以下三个方面。

① **开矿、矿石加工、制备核燃料等过程产生的放射性固体废物**。铀矿石的种类多，品位低，其开采的废石进行堆浸和洗泥等预处理产生的矿渣和尾砂的数量很大。由于铀矿石品位低，其尾砂的量与原矿石数量几乎相等，化学组分与原矿石相差不大，尾砂中残留铀一般不超过原矿石铀含量的 10%，但其铀衰变子体绝大部分残留在尾矿中，其中镭占原矿中镭的 95%～99.5%，尾矿中保留了原矿石中总放射性的 70%～80%。尾矿中粒度细小的尾泥含铀及镭更高。除此之外，还有加工过程中污染的废弃设备、管道、滤布、包装材料、劳保用具和金属保护套等。该类放射性固体废物数量大，除尾砂和冶炼尾渣外，一般放射性核素浓度低，多在矿山和水冶厂就地堆存或回堆矿井，很少处理。但尾砂与尾渣需要采取稳定和控制措施。

② **核燃料辐射后产生的裂变产物**。反应堆中燃料经辐射以后产生人工核燃料钚-239，为了从辐射过的燃料元件中提取钚，回收铀，需要对辐射过的燃料元件进行化学处理。化学处理是主要将铀和钚-239分离出来作为核燃料，而裂变产物几乎全部进入废液、废气或固体废物中，它是放射性固体废物量最多的一个环节。此外，还有处理被放射性污染的设备、材料、废弃的过滤器、废液时形成的泥浆及其各种防护用品。该类高放固体废物和超铀固体废物，含有几乎全部裂变产物和大量长半衰期的超铀元素，需经过几十万年才能衰减到无害水平，因此必须进行安全处理。

③ **反应堆内废核燃料物质经辐射后产生的活化产物以及放射性同位素应用单位放射性污染产物**。反应堆固体废物包括离子交换树脂过滤器、过滤器上的泥浆、蒸发残渣、燃料元件碎片、废弃防护用品、混凝土块以及放射性同位素应用过程中污染的各种固体废物。该类污染物含有中等偏低放射性核素，必须进行安全处理。

7.5.2 放射性固体废物的处理

目前，放射性固体废物的处理方法主要有减容处理和固化处理两种。

① **减容处理**　方法包括切割处理、压缩减容和焚烧减容三种。

a. 切割处理　切割处理用于减少大件物体的体积或按不同污染程度拆卸设备部件。切割处理要在专门的房间进行，小物件可在防尘柜中切割，对于玻璃器件则压碎处理。

b. 压缩减容　大量放射性污染物如纸张、塑料、织物、橡胶以及各种小件制品都是可压缩的，可通过压力机压缩减容。压缩减容需在密闭室进行，同时应在负压下操作，以免在压缩过程中产生灰尘飞散。经压缩后的固体废物体积约减至原来的 1/6～1/3。

c. 焚烧减容　焚烧减容必须充分考虑固体废物的理化性质、热值及燃烧的稳定性，爆炸成分以及燃烧时产生有毒气体的材料应先剔除。焚烧减容适于处理可燃物如纸、布、木材、塑料及橡胶等。其优点是相比于压缩减容，其体积可减至原来的 1/100～1/30，而压缩减容仅为 1/6～1/3，而且焚烧后灰分稳定。其缺点是进入焚烧炉前需将固体废物分类，去除不可燃物质，而且燃烧产生烟尘、气溶胶和挥发性物质，需要净化装置和高度处理，会增加设备费、运输费和设备维修保养费。

② **固化处理**　是将减容后的放射性固体废物封闭在固化体中使其稳定化、无害化的一种方法。其机理为将放射性固体废物参与某些化学过程而被引入某种稳定的晶格中或将放射性固体废物用惰性材料固化包容。常见的固化处理有水泥固化、沥青固化、塑料固化和玻璃固化。

a. 水泥固化　水泥固化可用普通硅酸盐水泥，为了改善固化体性能，多采用矿渣或粉煤灰水泥，也可适量掺入粉煤灰等。放射性固体废物与水泥的比例应根据废物形状、固化处置方法而定。固化过程要注意养护，一般需 20～30 天。

b. 沥青固化　沥青固化是把放射性固体废物与沥青混合、加热、蒸发而固化的过程。沥青固化的优点是沥青固化体致密，空隙少，不易渗水，比水泥固化有害物质浸出率低，不受废物的种类和形状影响，处理后立即硬化，不需养护，对大多酸、碱、盐有一定的耐腐蚀性和辐射稳定性。其缺点是沥青导热性差，加热蒸发效率差，当废物中残余水分高时，受热易发泡并产生飞沫随废气进入大气而污染环境。沥青燃点在420℃左右，具有可燃性。

c. 塑料固化　塑料固化是以塑料为固化剂与放射性固体废物、填料按适当配料比混合、固化而形成一定强度和稳定性固化体的过程。塑料固化的优点是使用方便，以保证质量，适用于放射性固体废物的固化处理。其主要缺点是耐老化性差。

d. 玻璃固化　玻璃固化是以玻璃为固化剂，将其按一定比例与放射性固体废物混合，并在高温下熔融，经退火转化为稳定的玻璃固化体。玻璃固化的优点是玻璃溶解度小、溶出率低、减容系数大，主要是用于处理高放固体废物。

7.5.3　放射性固体废物的回收利用

在核动力装置和人工燃料的高能级裂变产物中，有10多种寿命较长的裂变同位素，它们裂变产额较高，大多是自然界中不存在的，若能合理加以利用，可以减少固体废物排放量。目前人类已能从核反应堆和人工核燃料钚-239、铀-233生产过程的裂变产物中回收有用的同位素。回收利用最多的是锶-90，用它制成核能电池广泛用于宇宙飞船、人造卫星、海上灯塔与航标等。回收放射性同位素铯-137作为辐射源，广泛用于工业、农业、医疗和科学研究，如医疗、消毒、杀虫、改良品种等。此外，还可以回收自发光物质如氪-85、锶-90、钷-147，可用它们作发光粉等。

7.6　危险废物的综合利用

7.6.1　危险废物的定义

① 联合国环境署（UNEP）："危险废物是指除放射性以外的那些废物（固体、污泥、液体和用容器盛装的气体），由于它们的化学反应性、毒性、易爆性、腐蚀性或其他特性引起或可能引起对人类健康或环境的危害。不管它是单独的或与其他废物混在一起，不管是产生的或是被处置的或正在运输中的，在法律上都称为危险废物。"（1985年）

② 根据《中华人民共和国固体废物污染环境防治法》的规定，**危险废物**是指列入国家危险废物名录或者根据国家规定的危险废物鉴别标准和鉴别方法认定的具有危险特性的废物。

③ 美国环保局（U.S.EPA）："危险废物是固体废物，由于不适当的处理、贮存、运输、处置或其他管理方面，它能引起或明显地影响各种疾病和死亡，或对人体健康或环境造成显著的威胁。"（《资源保护与回收法》，1976年）

危险废物具有急性毒性、易燃性、反应性、腐蚀性、浸出毒性、疾病传染性。

7.6.2　危险废物的来源

危险废物来源于工业、农业、商业、医疗卫生各部门乃至人类的日常生活。工业企业是危险废物的最主要来源之一，集中于化学原料及化学品制造业、采掘业、黑色和有色金属冶炼及其压延加工业、石油加工及炼焦业、造纸及其制品业等工业部门。其产量约占工业固体废物总量的 1.5%～2.0%，其中一半来自化学工业。

医疗卫生业也是危险废物的主要来源。众多的医院每年都会产生数量巨大的医疗垃圾，这些危险废物或含有有害物质，或含有致病细菌，处理不当将会造成严重的危害。

此外，城市垃圾中的废电池和某些日用化工产品也属于危险废物。资料显示，一节 5 号旧电池能损坏 $1m^2$ 土地，使土壤永久失去利用价值，即使是 1 颗纽扣电池也能对数 10L 水造成污染。我国电池的产量占世界总产量的 30% 以上，居世界第一，年产干电池超过 150 亿只，消费量 70 亿只。作为电池生产和消费大国每年必将产生数量庞大的废电池。

7.6.3 危险废物的性质

危险废物具有毒害性、易燃性、易爆性、腐蚀性、传染性、化学反应性、疾病传染性以及危害的长期性和潜伏性等特性。表 7-27 为美国对危险废物危害特性的定义及鉴别标准。

表 7-27 美国对危险废物危害特性的定义及鉴别标准

项 目	危险废物的特性及其定义	鉴别标准
易燃性	闪点低于定值；或经过摩擦、吸湿、自发的化学变化有着火的趋势；或在加工、制造过程中发热，在点燃时燃烧剧烈而持久，以致管理期间会引起危险	美国 ASTM 法，闪点低于 60℃
腐蚀性	对接触部位作用时，使细胞组织、皮肤有可见性破坏或不可治愈的变化；使接触物质发生质变，使容器泄漏	pH>12.5 或 pH<2 的液体；在 55.7℃ 以下时对钢制品的腐蚀速度大于 0.64cm/a
反应性	通常情况下不稳定，极易发生剧烈的化学反应，与水剧烈反应，形成爆炸性混合物或产生有毒的气体；含有氰化物或硫化物；在常温、常压下即可发生爆炸反应，在加热或有引发源时可爆炸；对热或机械冲击有不稳定性	
放射性	由于核衰变而能放出 α、β、γ 射线的废物中，放射性同位素超过量最大允许浓度	
浸出毒性	在规定的浸出或萃取方法的浸出液中，任何一种污染物的浓度超过标准值。污染物指镉、汞、砷、铅、铬、银、六氯化苯、甲基氯化物、毒杀芬、2,4-D 和 2,4,5-T 等	美国 EPA/EP 法试验，超过饮用水 100 倍
急性毒性	一次性投给实验动物的毒性物质，半致死量（LD_{50}）小于规定值的毒性	美国 NIOSH 实验方法，口服毒性 $LD_{50} \leq 50mg/kg$ 体重；吸入毒性 $LD_{50} \leq 2mg/L$；皮肤吸收毒性 $LD_{50} \leq 50mg/kg$ 体重
水生生物毒性	鱼类试验，常用 96h 半数（TL_{m96}）受试鱼死亡的浓度值小于定值	$TL_{m96}<1000mg/L$
植物毒性	藻类 96h 生长抑制的最小慢性值	半抑制浓度 $TL_{m50}<1000mg/L$
生物蓄积性	生物体内富集某种元素或化合物达到环境水平以上，实验时呈阳性结果	阳性
遗传变异性	由毒物引起的有丝分裂或减数分裂细胞的脱氧核糖核酸或核糖核酸的分子变化产生致癌、致畸、致突变的严重影响	阳性
刺激性	使皮肤发炎	使皮肤发炎 ≥ 8 级

7.6.4 危险废物的收集

产生者产生的危险废物可由产生者直接运往收集站或回收站，也可通过地方主管部门配备的专用运输车辆按规定路线运往指定的地点贮存或做进一步的处理。其收集转运方案如图 7-43 所示。

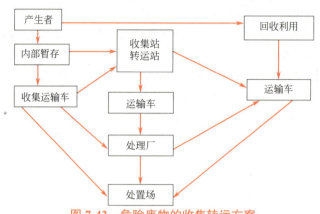

图 7-43 危险废物的收集转运方案

收集站一般由砖砌的防火墙及铺设有混凝土地面的若干库房式构筑物组成，贮存废物的库房室内必须空气流通，以防止具有毒性和爆炸性的气体积聚而产生危险。收集的废物应详细登记其类型和数量，并按废物不同特性分别妥善存放。

转运站的位置应选择在交通便利的场所或其附近，由设有隔离带或埋于地下的液态危险废物贮罐、油分离系统及盛有废物的桶或罐等库房群组成。站内人员应负责废物的交接手续，按时将所收存的危险废物如数装进运往处理厂的运输车厢，并责成运输者负责途中的安全。

7.6.5 危险废物的运输

危险废物的主要运输方式为公路运输。为确保运输安全，在采用汽车为主要运输工具来运输危险废物时，应采取如下控制措施。

危险废物运输管理办法

① 承担危险废物运输的车辆必须经过主管单位检查，并持有运输许可证；车身涂有明显的标志或适当的危险符号，以引起关注。

② 负责危险废物运输的司机应经过培训并持有证明文件的人员担任，必要时需有专业人员负责押运工作。

③ 组织危险废物运输的单位，应事先制订出详尽的运输计划，有废物泄漏时的有效应急措施。

7.6.6 危险废物的贮存

危险废物的产生者，必须有安全存放危险废物的装置，如钢桶、钢罐、塑料桶(袋)等。一旦危险废物产生出来，必须依照法律迅速将它们妥善地存放于这些装置内，并在容器或贮罐外壁清楚标明内盛物的类别、数量、装进日期以及危害说明。

除剧毒或某些特殊危险废物，如与水接触会发生剧烈反应或产生有毒气体和烟雾的废物、氰酸盐或硫化物含量超过 1% 的废物、腐蚀性废物、含有高浓度刺激性气味物质或挥发性有机物的废物、含杀虫剂及除草剂等农药的废物、含可聚性单体的废物、强氧化性废物等，须以密封包装之外，大部分危险废物可采用普通的钢桶或贮罐盛装。

7.7 厨余垃圾的综合利用

7.7.1 厨余垃圾定义及分类

厨余垃圾参照住房和城乡建设部在餐厨垃圾处理技术中的内容以及规范条例明确其就是

餐饮垃圾以及厨余产生的垃圾。其中餐饮垃圾一般多为单位食堂或是个人饭店餐馆等产生的剩余食物，如蔬菜、水果、面点等废弃物。

厨余垃圾指的是在日常生活中人们在使用饭菜后剩余的饭菜、果蔬等有机垃圾或是食物的废料。

7.7.2 厨余垃圾处理的现状

目前，国内外对厨余垃圾的处理一般按固体废物的物理法、化学法、生物法等方法来处理，具体的处理技术有填埋、焚烧、堆肥、发酵等方式。

我国厨余垃圾处理整体处于起步阶段，目前处理现状主要包括以下三个方面：一是厨余垃圾的处理能力弱，新增厨余垃圾处理能力 3.44 万吨/日，处理率大约为 14%，没有无害化处理的厨余垃圾大约为 86%，还谈不上进一步资源化利用；二是厨余垃圾产生量大。据测算，2018 年我国厨余垃圾产生量达 1.08 亿万吨，2019 年我国厨余垃圾产生量达 1.13 亿万吨，2020 年我国厨余垃圾产生量达 1.18 亿万吨；三是厨余垃圾处理行业政策、标准尚未完善。政策、法规、规范、标准欠缺，运营机制、模式还不成熟，存在竞争格局分散、单个企业处置规模能力较小等许多问题。

7.7.3 厨余垃圾存在的主要问题

（1）处理政策法规体系不健全

一是厨余垃圾的**收集运输体系不健全**。目前实行的收集运输模式有待进一步改进。厨余垃圾集散点设置欠合理，距离较远的集散点需配置大型运输车，但因各方面的因素制约大型运输车无法抵达目的地。二是厨余垃圾**无害化处理标准不够规范**。目前厨余垃圾主要通过卫生填埋和焚烧发电等方式进行无害化处理，对于卫生填埋点的具体标准还没有具体的规定，焚烧发电的方式对于生态环境带来的影响也没有具体的评价标准。三是厨余垃圾**处理企业缺乏督导考评**。有部分厨余垃圾处理企业并未完全取得有关环保部门颁发的厨余垃圾经营性处置服务许可证。详细记录厨余垃圾的种类、数量、去向、用途等情况的台账制度执行不力。

（2）回收常态化机制不完善

一是小餐饮企业和餐饮为副业的宾馆的厨余垃圾目前不在回收范围内。目前的厨余垃圾回收只覆盖规模酒店，面广量大的小餐饮企业和一些餐饮为副业的宾馆并不在此列，从而使得不少厨余垃圾没能及时回收。二是部分餐饮企业选择非法收运厨余垃圾。在利益驱动下，民间收集运输厨余垃圾的行为缺乏监管，部分厨余垃圾被用来喂养"垃圾猪"或提炼"地沟油"，从而对食品安全构成严重影响。

（3）处理企业监督管理不到位

一是随意倾倒或者堆放厨余垃圾。部分厨余垃圾处理签约企业存在厨余垃圾排放不按规定装袋，甚至随意倾倒的现象，给环境卫生管理工作带来极大的不便。同时，厨余垃圾处理签约企业的违法行为随意性较大，从而存在监管取证难、处罚难的实际困难。二是部分厨余垃圾处理签约企业与不法商贩形成地下产业链。一些不法商贩上门向厨余垃圾处理签约企业收集厨余垃圾用来喂养"垃圾猪"或炼制"地沟油"，造成"分类放置""全面禁止厨余物饲喂生猪"和"对泔水猪的管理"等有关规定失去了监督管理的作用。

7.7.4 下一步采取的措施

针对厨余垃圾存在的主要问题，应不断完善对厨余垃圾产生、收集、运输、处理全过程的监督管理，走"减量化、无害化、资源化和标准化"之路，使厨余垃圾处理更加规范。

（1）提高全民厨余垃圾危害及资源化意识

一是继续开展"光盘行动"。采取出台相关文件，大力整治浪费之风，坚决遏制浪费行为。二是做好咨询宣传工作。组织开展形式多样的厨余垃圾处理咨询、宣传活动，大力倡导垃圾分类。

（2）督促政府部门制定厨余垃圾处理的法规

目前我国对厨余垃圾分类管理的法律法规仍是空白。虽然国家对厨余垃圾无害化处理、资源化利用极为重视，出台了厨余垃圾处理的国家标准，即《厨余垃圾资源利用技术要求》，2010～2018年还出台了一系列通知、意见、规划、规范，并在全国遴选了北京、上海和武汉等33个大中城市搞第一批厨余垃圾处理试点，但是仅限于技术标准和质量标准的相关内容。

（3）建立完善的厨余垃圾管理机制

一是阻断厨余垃圾非正常流向。对餐饮企业的日常管理工作，按照餐饮企业规模大小界定市、区、街道三级的管理范围或餐饮企业所在道路等级来界定各个层级环卫管理部门的管理范围，防止出现弃管或者餐饮企业乱排乱倒的情况，确保源头上严格监管，明确各方管理责任。二是健全完善监督机制。做好上级对下级的监督，同时不断健全完善监督机制，坚持权责一致的原则，进一步细化市、区、街道三级环卫部门的管理职责与管理范围，避免两个层级的环卫部门管理同一个方面的事务。

（4）加大对餐饮企业的监管力度

一是做好教育培训工作。对餐饮单位主要负责人分批次进行厨余垃圾管理知识集中培训，明确其责任义务，宣讲环境卫生管理有关法规。二是实施行政处罚。对随意倾倒厨余垃圾，不按规定时间和地点排放厨余垃圾的餐饮企业实施行政处罚。在条件允许的情况下，对辖区内的餐饮企业建立动态电子档案，实现实时监控。

（5）加强厨余垃圾技术创新与行政管理

一是进行技术创新。创新对厨余垃圾进行综合利用的处理技术。譬如将收集到的厨余垃圾经过初步去除杂物后，利用离心或者压榨等处理技术得到有机质干渣和油水混合物。有机质干渣用来发酵或制作饲料添加剂，油水混合物再次分离后，油脂可用于生产生物柴油，最终剩下的水分富含高浓度盐分和丰富的有机质，可以进行发酵生产能源气体。二是加强行政管理。对具有许可证的收运单位加强管理及正确引导，进一步完善厨余垃圾收运管理制度，并制定厨余垃圾收运管理行业规范，为厨余垃圾的进一步资源化利用和无害化处理提供安全可靠的保障。对没有许可证的收运队伍从事厨余垃圾收运处理坚决取缔，对厨余垃圾非法回收处理窝点进行彻底查处，从源头上根治厨余垃圾的非法收集和运输。

7.7.5 厨余垃圾处理处置原则

随着社会经济的发展，人民生活水平的不断提高，厨余垃圾的产生量越来越大。传统的处置手段已不能满足环境保护和人体健康卫生的需要。为了确保厨余垃圾对人体健康和城市环境的影响降至最低限度，必须对厨余垃圾进行科学、合理的处置管理，最终建立健全规范有序的厨余垃圾处置管理系统。

除了经济发展的原因以外，人为因素也是厨余垃圾大量产生的重要原因之一。厨余垃圾的大量产生不仅造成严重的环境污染，而且浪费掉了大量的粮食资源。对于厨余垃圾的处理，环卫部门除了积极开展厨余垃圾回收利用的技术和政策研究，更重要的需要号召每一位市民都积极参与进来，人人讲节约，人人爱惜粮食，从源头上减少厨余垃圾的产生。

防止厨余垃圾对环境的污染，保障人体健康，对厨余垃圾的处理处置应遵循以下原则。

（1）统一管理的原则
专门管理部门应依法制定厨余垃圾管理规划、标准，进行协调、监督和统一管理。

（2）市场运作的原则
按照"谁产生，谁处理"的环保原则，产生厨余垃圾的单位负有处置责任，具体可采用以下几种办法：一是大型餐饮业自设生化处理机处理；二是餐饮业联合自行处置；三是相关企业参与收集、运输和处理。

（3）单独处理的原则
厨余垃圾作为一种特殊的生活垃圾，应单独收集、运输、处理、利用，譬如通过资源化技术，可制成饲料或有机肥料。

（4）依法监督的原则
政府部门应对厨余垃圾从倾倒、收集、运输、利用、处理等各个环节依法实行全过程的监督。

7.7.6 厨余垃圾处理方法

（1）粉碎直排法
目前很多国家都采用了在厨房配置厨余垃圾处理装置，将粉碎后的厨余垃圾直接排入市政下水管网的方法，与水混合后排放到城市污水处理系统进行无害化处理。此方法适用于产生厨余垃圾量较小的单位，但该方法往往会在城市下水道中滋生病菌、蚊蝇和导致疾病传播，同时可能造成排水管道堵塞，降低城市下水道的排水能力，加重了城市污水处理系统的负荷，也不可避免地会产生二次污染。

（2）肥料化处理法
肥料化处理方法包括好氧堆肥和厌氧消化两种。好氧堆肥过程是在有氧条件下，利用好氧微生物分泌的酶将有机物固体分解为可溶性有机物质，通过微生物的新陈代谢，实现整个堆肥过程。蚯蚓堆肥是近年来发展起来的一项新技术，其原理是利用蚯蚓吞食大量厨余垃圾，并将其与土壤混合，通过砂囊的机械研磨作用和肠道内的生物化学作用将有机物转化为自身或其他生物可以利用的营养物质。

（3）饲料化处理法
饲料化处理法的原理是利用厨余垃圾中含有的大量有机物，通过对其粉碎、脱水、发酵、软硬分离后，将厨余垃圾转变成高热量的动物饲料。目前我国厨余垃圾的饲料化处理技术已趋成熟，有多种类型的处理技术在上海、北京、武汉、济南等城市推广应用。

（4）能源化处理法
能源化处理法是在近几年迅速兴起的，主要包括焚烧法、热分解法等。焚烧法处理厨余垃圾效率较高。焚烧是在特制的焚烧炉中进行的，产生的热能可转换为蒸汽或者电能，从而实现能源的回收利用，但厨余垃圾的含水率高，热值较低，燃烧时需要添加辅助燃料，从而造成成本高的问题，同时对产生的尾气处理也是一个难题。

复习思考题

1. 什么是固体废物资源化？
2. 简述固体废物资源化的原则和基本途径。
3. 简述高炉渣的来源、分类、组成和加工利用的形式。

4. 高炉渣水淬方法有哪几种？试比较各自的优缺点。
5. 试述高炉渣综合利用的途径。
6. 试比较矿渣硅酸盐水泥与普通水泥的性能。
7. 简述钢渣的来源和组成。
8. 钢渣处理工艺有哪几种？试比较各自的优缺点。
9. 钢渣作烧结、高炉、化铁炉熔剂的理论依据是什么？
10. 目前生产的钢渣水泥有哪几种？其性能如何？
11. 试述钢渣综合利用的途径。
12. 简述粉煤灰的来源、分类和组成。
13. 利用粉煤灰可生产哪些建材产品？
14. 简述粉煤灰低温合成水泥的生产原理和生产工艺过程。
15. 粉煤灰作土壤改良剂的主要作用机理是什么？
16. 利用粉煤灰可回收利用哪几种工业原料？简述各自的回收方法。
17. 简述硫铁矿烧渣的来源和组成。
18. 简述硫铁矿烧渣采用高温氯化法回收有色金属的生产原理和生产工艺过程。
19. 国外硫铁矿烧渣综合利用有哪几种方法？试比较各自特点。
20. 简述铬渣的来源、组成及其危害。
21. 综述铬渣综合利用的途径。
22. 试比较碱渣水泥与普通硅酸盐水泥的经济效益和环境效益。
23. 碱渣生产钙镁肥的工艺控制条件是什么？
24. 简述煤矸石的来源和组成。
25. 目前采用煤矸石作燃料的工业生产主要有哪几个方面？
26. 用煤矸石代替黏土配料可烧制哪几种水泥？各种水泥的主要原料和特点是什么？
27. 采用煤矸石制砖，对煤矸石的化学成分和性能有何要求？其各种原料的参考配比为多少？
28. 从煤矸石中可生产哪几种化工产品？其各自生产原理是什么？
29. 什么是城市垃圾？中国城市垃圾的组成及特点是什么？
30. 城市垃圾的预处理方法主要有哪几种？城市垃圾的最终处理方法有哪几种？
31. 何种垃圾适于焚烧？焚烧法的优点是什么？
32. 简述废电池的种类及在其回收问题上应注意的事项。
33. 废旧干电池的回收处理方法有哪几种？
34. 什么是医疗废物？分为哪几类？
35. 医疗废物的处置方法有哪几种？其中消毒方式又有哪几种？
36. 中国对医疗废物管理尚存的问题是什么？
37. 放射性固体废物的主要来源有哪几个方面？
38. 放射性固体废物减容处理方法有哪几种？
39. 危险废物的性质有哪些？
40. 运输危险废物应采取哪些措施？
41. 什么是厨余垃圾？处理处置原则是什么？处理方法有哪几种？

8 固体废物的最终处置

知识目标

1. 掌握固体废物的处置类型和基本原则。
2. 掌握海洋倾倒、远洋焚烧的定义。
3. 掌握卫生土地填埋的定义、分类。
4. 掌握安全土地填埋的定义和设计原则。
5. 了解安全土地填埋场地的现场调查的内容。
6. 掌握安全土地填埋场地封场的目的和顶部覆盖系统的组成。
7. 了解浅地层埋藏处理的定义。

能力目标

1. 能清楚安全土地填埋的设计规划程序。
2. 能比较卫生土地填埋和安全土地填埋的区别。

素质目标

1. 培养学习者的生态环境意识。
2. 培养学习者的固体废物资源化意识。
3. 培养学习者的科学创新精神。

阅读材料

任何企业向海洋倾倒废弃物须获许可证

生态环境部发布了两个服务指南，强调今后企业必须持有申请许可证，才能倾倒海洋废弃物和向海中排放海洋石油勘探开发含油钻井泥浆及钻屑。

《海洋废弃物倾倒许可证核发服务指南（试行）》适用于全国海域疏浚物、渔业加工废料等废弃物海洋倾倒许可证事项的申请和办理。申请主体为废弃物所有者及疏浚工程单位，或与其有合同约定的倾废作业实施单位。批准条件有3方面：一是适宜开展废弃物倾倒的倾倒区；二是经废弃物特性和成分检验，向海洋倾倒废弃物符合法律法规和标准的相关要求；三是新建建设项目已立项，并

> 已获得环境影响评价批复文件。
> 《海洋石油勘探开发含油钻井泥浆和钻屑向海中排放审批服务指南（试行）》适用于海洋石油勘探开发含油钻井泥浆和钻屑向海中排放审批事项的申请和办理。申请主体为海洋石油勘探开发作业者。批准条件有 6 个方面：一是项目环境影响评价文件和溢油应急计划已经由主管部门批准或备案；二是申请排放量和排放方式符合项目环境影响评价文件要求；三是环保措施能够确保泥浆钻屑达标后排放；四是泥浆生物毒性经具有计量认证资质的技术机构检验，并符合国家标准；五是泥浆添加的重晶石中汞、镉含量经具有计量认证资质的技术机构检验，并符合国家标准；六是向海中排放泥浆和钻屑含油量符合要求。

8.1 概述

8.1.1 处置的定义及分类

（1）固体废物处置的定义

固体废物的处置是将固体废物焚烧和用其他改变固体废物的物理、化学、生物特性的方法，达到减少已产生的固体废物数量、缩小固体废物体积、减少或者清除其危险成分的活动，或者将固体废物最终置于符合环境保护规定要求的场所或者设施并不再回收的活动。

从处置的定义可以看出固体废物的处置实际包括处理和处置两部分。经过处理可大大降低废物的数量，回收其中存储的能源及有用的物质，同时也缓解了废物对环境污染造成的压力，即实现了固体废物的减量化、资源化，而要根本实现其无害化则需要对采用当前技术尚不能处理的有害废物进行妥善的安置，使其存在不影响人类的生存活动。

（2）处置的要求

固体废物的最终处置是为了使固体废物最大限度地与生物圈隔离而采取的措施，是解决固体废物的最终归宿问题，对于防治固体废物的污染起着十分关键的作用。固体废物处置的总的目标是确保废物中的有毒有害物质，无论现在和将来都不致对人类及环境造成不可接受的危害。处理的基本要求是废物的体积应尽量小。废物本身无较大危害性，处置场地适宜，设施结构合理，封场后要定期对场地进行维护及检测。

（3）处置方法分类

概括来说，固体废物的处置分为**海洋处置**和**陆地处置**两大类。海洋处置是海洋对固体废物进行处置的一种方法。海洋处置主要分为两大类：一类是传统的海洋倾倒；另一类是近年来发展起来的远洋焚烧。

陆地处置是基于陆地对固体废物进行处置。根据废物的种类及其处置的地层位置（地上、地表、地下和深地层），陆地处置可分为土地耕作、工程库或贮留池贮存、土地填埋（卫生土地填埋和安全土地填埋）、浅地层埋藏以及深井灌注处置等几种。

8.1.2 海洋处置

（1）概述

根据处置方式，海洋处置分海洋倾倒和远洋焚烧两类。**海洋倾倒**实际上是选择距离和深度适宜的处置场，把废物直接倒入海洋。如美国在 1899～1965 年就曾把建筑垃圾、污泥、废酸、有害废物倒入海洋处置场，海洋倾倒在 20 世纪 60 年代是美国高放射性物质的主要处置方法。

远洋焚烧是近些年发展起来的一项海洋处置方法。该法是用焚烧船在远海对废物进行焚烧破坏，主要用来处置卤化废物，冷凝液及焚烧残渣直接排入海中。如"火神"号焚烧船，曾成功地对含氯烃化合物进行过焚烧。

海洋处置具有填埋处置的显著优点而又不需要填埋覆盖。为此，美国、日本及欧洲经济共同体成员国都曾进行过海洋处置。目前，对此处置方法在国际上尚存在很大争议，我国基本上持否定态度。为了严格控制向海洋倾倒废物，我国制定了有关海洋倾废管理条例。

对于海洋处置目前存在两种看法：一种观点认为，海洋具有无限的容量，是处置多种工业废物的理想场所，处置场的海底越深，处置就越有效。另一种观点认为，这种状态持续下去会造成海洋污染、杀死鱼类、破坏海洋生态。由于生态问题是一个长期才显现变化的问题，虽然在短时期内对海洋处置所造成的污染很难得出确切结论，但也必须充分加以考虑。

对于海洋处置主要应考虑以下几方面的问题：对生态环境的影响如何；同其他处置方法相比是否经济可行；是否满足有关海洋法规的规定。

基于对环境问题的关注，为了加强对固体废物海洋处置的管理，许多工业发达国家都制定了有关法规，还签定了国际协议。如 1972 年美国颁布的《海洋保护、研究和保护区法》，79 个国家在英国伦敦通过的《防止倾倒废物及其他物质污染海洋的公约》，我国颁布的《中华人民共和国海洋倾废管理条例》，均对海洋处置申请程序、处置区的选择、倾倒废物的种类、倾倒区的封闭提出了明确规定。

（2）海洋倾倒

① **定义及处置对象** **海洋倾倒**是将固体废物直接投入海洋的一种处置方法。其法律定义是指利用船舶、航空器、平台及其他载运工具，向海洋倾倒废物或其他有害物质的行为。海洋倾倒的理论依据是，海洋是一个庞大的废物接受体，对污染物质有极大的稀释能力。对容器盛装的有害废物，即使容器破坏，污染物质浸出，也会由于海水的自然稀释和扩散作用，使海洋环境中污染物保持在容许水平的限度。

为防止海洋污染，需对海洋倾倒进行科学管理。根据废物的性质、有害物质含量和对海洋的环境影响，把废物分为三类：一类是禁止倾倒的废物；二类是需要获得特别许可证才能倾倒的废物；三类是获得普通许可证即可倾倒的废物。

一类禁止倾倒的废物包括：含有机卤素、汞、镉及其化合物；强放射性废物；原油、石油炼制品、残油及其废弃物；严重妨碍航行、捕鱼及其他活动或危害海洋生物的、能在海面漂浮的物质。

二类废物是需要严格控制的废物，这类废物污染物质含量高，主要包括含有砷、铅、铜、锌、镉、镍、钒等物质及化合物的废物；含有氰化物、氟化物及有机硅化物的废物；弱放射性废物；容易沉入海底，可能严重障碍捕鱼和航行的笨重的废弃物。

三类废物是指除上述两类废物之外的低毒或无毒的废物。

② **操作程序** 海洋倾倒的操作程序，一是根据有关法律规定选择处置场地；二是根据处置区的海洋学特性、海洋保护水质标准、废物的种类选择倾倒方式，进行技术可行性和经济分析；三是按设计的倾倒方案进行投弃。

根据海洋倾废管理条例，海洋倾倒由国家海洋局及其派出机构主管；海洋倾倒区由主管部门会同有关机构，按科学合理、安全经济的原则划定；需要向海洋倾倒废物的单位，应事先向主管部门提出申请,在获得倾倒许可证之后方能根据废物的种类、性质及数量进行倾倒。

对于放射性废物和重金属有害废物,需在海洋倾倒前进行水泥固化处理。固化方法有两种,一种是将废物按一定配比同水泥混合,搅匀注入容器,养护后进行处置;另一种方法是先将废物装入桶内,然后注入水泥浆,养护后注入或涂覆沥青,以降低固化体的浸出率。容器的结构也有两种:一种是单层钢制的桶,容积大约为200L;另一种是复合桶,该桶内有一层钢筋混凝土衬里,桶盖用金属或混凝土制成。固化体抗压强度为15MPa/cm^2,相对密度大于1.2,以防其投入后上浮或破裂。

装置废物的容器需有明显的标志。国际原子能机构规定,海洋倾倒的放射性容器,需标出国名、单位名称、重量和照射量率。对于 $5×10^{-4}$Sv/h 以下的容器,标记为无色;$(5-20)×10^{-4}$Sv/h 的容器,标记为黄色;$5×10^{-2}$Sv/h 以上的容器,标记为红色;盛装 15g 以上混合裂变产物的容器,标记为紫色。

(3) 远洋焚烧

① **定义**　**远洋焚烧**是利用焚烧船在远海对固体废物进行处置的一种方法。其法律定义是指以高温破坏为目的的而在海洋焚烧设施上有意地焚烧废物或其他物质的行为。海洋焚烧设施包括用于此目的的船舶、平台或其他人工构筑物。

远洋焚烧与陆上焚烧的区别在于,产生的氯化氢气体冷凝后可直接排入海中,焚烧残渣无需处理。也可直接排入海中。根据美国进行的焚烧鉴定试验,含氯有机物完全燃烧产生的水、二氧化碳、氯化氢以及氮氧化物,由于海水本身氯化物含量高,并不会因为吸收大量氯化氢而使其中的氯平衡发生变化。此外,由于海水中碳酸盐的缓冲作用,也不会因吸收氯化氢使海水的酸度发生变化。

② **操作**　同海洋倾倒管理程序一样,需要进行远洋焚烧的单位,首先要向主管部门提出申请,在其海洋焚烧设施通过检查、获得焚烧许可之后,方能在指定海域进行焚烧。远洋焚烧操作的基本要求如下:

a. 应控制焚烧系统的温度不低于 1250℃;

b. 燃烧效率至少为 99.95%±0.05%,

$$燃烧效率 = \frac{C_{CO_2} - C_{CO}}{C_{CO_2}} \times 100\% \tag{8-1}$$

式中　C_{CO_2}——燃气中二氧化碳的浓度;

C_{CO}——燃气中一氧化碳的浓度。

c. 炉台上不应有黑烟或火焰延露;

d. 焚烧过程随时对无线电呼叫作出反应。

远洋焚烧的优点是空气净化工艺较陆地焚烧简单,处理费用比陆地便宜,但比海洋倾倒贵,每吨处理费用为 50~80 美元。

近年来,一些国家也对海洋焚烧持谨慎态度。如美国环保局曾认为,与土地处置相比,远洋焚烧即便不是一种理想方法,也是一种可接受的方法。但因存在有关生态方面的争议问题,目前则认为尚需进一步研究。1986 年 5 月下旬,美国环保局否决了化学废物管理处关于在海上进行一次化学废物研究性焚烧的申请,并规定在包括远洋焚烧在内的管理条例颁布之前,不允许在海上进行任何类型的焚烧。

8.1.3 深井灌注处置

（1）定义

深井灌注处置是指把液状废物注入到地下与饮用水和矿脉层隔开的可渗透性的岩层中。在某些情况下，它是处置某些有害废物的安全处置方法。

深井灌注处置系统要求适宜的地层条件，并要求废物同建筑材料、岩层间的液体以及岩层本身具有相容性。在石灰岩或白云层处置，容纳废液的主要条件是岩层具有空穴型空隙，以及断裂层和裂缝。在砂石岩层处置，废液的容纳主要依靠在于穿过密实砂床的内部相连的间隙。

污泥处理处置新技术

一般废物和有害废物，都可采用深井灌注方法处置。适于深井灌注处置的废物可分为有机和无机两大类。它们可以是液体、气体或固体，在进行深井灌注时，将这些气体和固体都溶解在液体里，形成直溶液、乳浊液或液固混合体。深井灌注方法主要是用来处置那些实践证明难于破坏、不能采用其他方法处理处置或者采用其他方法处理处置费用昂贵的废物。

表 8-1 列出了美国工业废物深井处置的情况。从表中可以看出，深井灌注的最大使用者是化学、石油化工和制药工业，它们所拥有的井数占现有井数的 50%，其次是炼油厂和天然气厂，金属公司居第三位。此外，食品加工、造纸业也占有一定的比例，可见深井灌注法广泛的适应性。

表 8-1 美国工业废物深井灌注处置的情况

行业	井数	百分比/%	行业	井数	百分比/%
矿业			化学及有关产品	131	49.1
金属	2	0.7	石油炼制	51	19.1
煤	1	0.4	石料及混凝土	1	0.4
石油和天然气	17	6.4	金属精炼	16	6
非金属物质	5	1.9	金属冶炼	3	1.1
制造业			机械业（电子业除外）	1	0.4
食品	6	2.2	其他	30	11.2
造纸	3	1.1			

深井灌注处置系统的规划、设计、建造与操作主要分废物的预处理、场地的选择、井的钻探与施工以及环境监测等几个阶段。

（2）工作程序

① **场地选择** 深井灌注处置的关键是适于处置废物的地层，适于深井处置的地层应满足以下条件：处置区必须位于地下饮用水源之下；有不透水岩层把注入废物的地层隔开，使废物不致流到有用的地下水源和矿藏中去；有足够的容量，面积较大，厚度适宜，空隙率高，饱和度适宜；有足够的渗透性，且压力低，能以理想的速度和压力接受废液；地层结构及其原来含有的流体与注入的废物相溶，或者花少量的费用就可以把废物处理到相溶的程度。

在地质资料比较充分的条件下，可根据附近的钻井记录估计可能有的适宜地层位置。为了证实确定不透水层的位置、地下水水位以及可供注入废物地层的深度，一般需要钻勘探井，对注水层和封存水取样分析。同时进行注入实验，以选择确定理想的注入压力和注入速率，并根据井底的温度和压力进行废物和地层岩石本身的相溶性实验。

供深井灌注的地层一般是石灰岩或砂岩，不透水的地层可以是黏土、页岩、泥灰岩、结晶石灰岩、粉砂岩和不透水的砂岩以及石膏等。

② **钻探与施工** 深井灌注处置井的钻探与施工和石油、天然气井的钻探技术大体相同。值得注意的是深井的套管要多一层，外套管的下端必须处在饮用水基面之下，并且在紧靠外

套管表面足够深的地段内灌上水泥。深入到处置区内的保护套管，在靠表面处也要灌上水泥，以防止淡水层受到污染。图8-1是位于石灰岩或白云岩层的处置区的深井剖面图。在钻探过程中，还要采集岩芯样品，经过分析，进一步确定处置区对废物的容纳能力。凡与废物接触的器材，都应根据其与废物的相溶性来选择。井内灌注管道和保护管套之间的环形空间需采用杀菌剂和缓蚀剂进行保护处理。

③ **操作与监测** 处置操作分地上预处理和地下灌注两步。预处理主要是在地面设施进行，目的是防止处置区岩层堵塞、减少处置容量或损坏设备。在某些条件下，废物的组分会与岩层中的流体起反应形成沉淀，最终可能会堵塞岩层。例如，难溶的碱土金属碳酸盐、硫酸盐及氢氧化物沉淀，难溶的重金属碳酸盐、氢氧化物沉淀以及氧化还原反应的沉淀等。通常采用的预处理方法是化学处理或液固分离的方法，使上述组分除去或中和。

防止沉淀的另一种方法是向井里注入缓冲剂，把废液与岩层液体隔离开来。地下灌注是在有控制的压力下，以一定的速度向处置区灌注。灌注速度一般为 $300 \sim 400 L/min$。

深井灌注系统配备有连续记录检测装置，可以

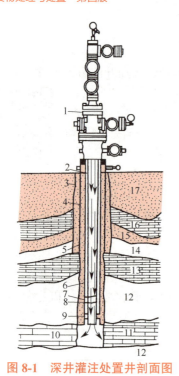

图 8-1 深井灌注处置井剖面图

1—井盖；2—充满生物杀伤剂和缓蚀剂的环形通道；
3—表面孔；4，7—水泥；5—表面套管；6—保护套管；
8—注入通道；9—油水；10—保护套管安装深度；
11—石灰石或白云岩处置；12—油页岩；
13，16—石灰石；14—油页岩；15—可饮用水；
17—砾石与饮用水

连续记录灌注压力和速度。在灌注管道和保护套管设置有压力检测器，以检测管道或套管是否发生泄露。如出现故障，应立即停止操作。深井处置的费用与生物处理的费用相近。

对某些工业废物来说，深井灌注处置可能是对环境影响最小的切实可行方法。目前美国每年大约有 $3 \times 10^7 t$ 液体废物采用深井灌注处置，其中11%为有害废物。

8.1.4 土地填埋处置

（1）定义

土地填埋处置是从传统的堆放和填地处置发展起来的一项最终处置技术，目前尚无统一的定义。同其他环境技术一样，它是一个涉及多种学科领域的技术。从固体废物全面管理的角度来看，土地填埋处置是为了保护环境，按照工程理论对固体废物进行有控管理的一种科学工程方法。无论从词语本身，还是从处置方法的演变来看，土地填埋处置都不是单纯的堆、填、埋，而是一种综合性土工处置技术。在填埋操作处置方式上，它已从堆、填、覆盖向包容、屏蔽隔离的工程贮存方向发展。土地填埋处置，首先需要进行科学的选址，在设计规划的基础上对场地进行防护处理，然后按严格的操作程序进行填埋操作和封场，要制定全面的管理制度，定期对场地进行维护和检测。

土地填埋处置具有工艺简单、成本较低、适于处置多种类型固体废物的优点。目前，土地填埋处置已成为固体废物最终处置的一种主要方法。土地填埋处置的主要问题是浸出液的收集控制问题。实践证明，以往的某些衬里系统是不适宜的，衬里一旦破坏很难维修。另一个问题是由于各项法律的颁布和污染控制标准的制定，对土地填埋的要求更加严格，致使处

置费用不断增加。因此,对土地填埋处置方法尚需进一步改进与完善。

(2) 分类

土地填埋处置的种类很多,采用的名称也不尽相同。按填埋场地形特征可分为山间填埋、峡谷填埋、平地填埋、废矿坑填埋;按填埋场地水文气象条件可分为干式填埋、湿式填埋和干湿式混合填埋;按填埋场的状态可分为厌氧性填埋、好氧性填埋、准好氧性填埋和保管型填埋;按固体废物污染防治法规,可分为一般固体废物填埋和工业固体废物填埋。在日本,工业固体废物填埋又分为遮断型、管理型和安定型三种。为便于管理,一般可根据所处置的废物种类以及有害物质释出所需控制水平进行分类。我国通常把废物分为四大类,因此土地填埋处置方法及场地也应分为四类。

① **惰性废物填埋** 惰性废物填埋是土地填埋处置的一种简单的方法。它实际上是把建筑废物等惰性废物直接埋入地下。埋藏方法分浅埋和深埋两种。

② **卫生土地填埋** 卫生土地填埋是一般固体废物,而不会对公众健康及环境安全造成危害的一种方法,主要用来处置垃圾。

③ **工业废物土地填埋** 工业废物土地填埋适于处置工业无害废物,因此场地的设计操作原则不如安全土地填埋那样严格,如场地下部土壤的渗透率仅要求为 10^{-5}cm/s。

④ **安全土地填埋** 安全土地填埋是一种改进的卫生土地填埋方法,还称为化学土地填埋或安全化学土地填埋。安全土地填埋主要用来处置有害废物,因此对场地的建造技术要求更为严格。如衬里的渗透系数要小于 10^{-8}cm/s,浸出液要加以收集和处理,地表径流要加以控制等。

此外,还有一种土地填埋处置方法,即浅地层埋藏方法,这种方法主要用来处置低放废物。

目前采用较多的是卫生土地填埋、安全土地填埋和浅地层埋藏法,有关三种处置方法的场地选择、设计、施工、操作、封场、检测等详见以下各节。

8.2 卫生土地填埋

8.2.1 概述

卫生土地填埋是将被处置的固体废物如城市垃圾、炉渣、建筑垃圾等进行土地填埋,以减少对公众健康及环境卫生的影响。其操作是把运到填埋场的废物在限定的区域内铺撒成 40～75cm 的薄层,然后压实以减少废物的体积,每天操作之后用一层 15～30cm 厚的土壤覆盖并压实。由此就构成了一个填筑单元。同样高度的一系列互相衔接的填筑单元构成一个升层。完整的卫生土地填埋场是由一个或多个升层组成的。当填埋达到最终设计高度之后,再最后覆盖一层 90～120cm 厚的土壤压实就形成了一个完整的卫生填埋场。卫生土地填埋场剖面图示见图 8-2。

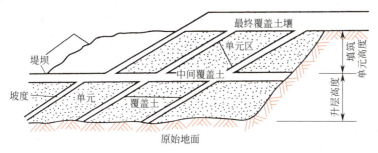

图 8-2 卫生土地填埋场剖面图

卫生土地填埋主要分厌氧、好氧和准好氧三种。**好氧填埋**实际上类似高温堆肥，**优点**是能够减少填埋过程中由于垃圾降解所产生的水分，进而可以部分减少由于浸出液积聚过多所造成的地下水污染；另外是好氧细菌分解的速度快，并且能够产生高温，这对消灭大肠杆菌等致病细菌是十分有利的。**缺点**是结构复杂、施工困难、造价高，不便推广应用。

对于准好氧填埋，也同样存在类似的问题，只不过准好氧填埋的造价比好氧填埋低。

目前，世界上广泛采用的是厌氧填埋，原因是厌氧填埋的结构简单、操作方便施工费用低，同时还可回收甲烷气体。

为了防止地下水的污染，目前卫生土地填埋已从以往的依靠土壤过滤自净的扩散型结构发展为密封型结构。所谓密封型结构，就是在填埋场的底部和四周设置人工衬里，使垃圾同环境完全屏蔽隔离，防止地下水的浸入和浸出液的释出。

防止浸出液的渗漏、降解气体的释出控制、臭味和病菌的消除、场地的开发和利用是卫生土地填埋场地的选择、设计、建造、操作和封场过程应着重考虑的几个问题。卫生土地填埋场的设计规划程序及环境影响评价同安全土地填埋大体相同，将在下节中一并讨论。

8.2.2 场地的选择

场地的选择是卫生土地填埋场全面设计规划的第一步，通常要遵循两项原则：一是场地能满足防止污染的需要，二是经济合理。场地选择主要分预选、初选和定点三个步骤来完成，一般要考虑以下诸方面的因素。

① **垃圾**：依据垃圾的来源、种类、性质和数量确定场地的规模；
② **地形**：要便于施工，避开洼地，泄水能力要强，可处置至少20年填埋的废物量；
③ **水文**：地下水位应尽量低，距最下层填埋物至少1.5m；
④ **气候**：要蒸发大于降水，避开高寒区；
⑤ **噪音**：要使运输及操作设备噪声不影响附近居民的工作和休息；
⑥ **交通**：要方便，具有能够在各种气候下运输的全天候公路；
⑦ **距离与方位**：要运输距离适宜，位于城市的下风向；
⑧ **土地征用**：要容易征得，且比较经济；
⑨ **开发**：要便于开发利用。

8.2.3 场地的设计

卫生土地填埋场地的设计包括场地的面积和容量确定、地下水的保护措施及降解气体的控制等。

（1）场地的面积和容积

卫生土地填埋场地的面积和容量与城市的人口的数量、垃圾的产率、废物填埋的高度、垃圾与覆盖材料之比以及填埋后的压实密度有关。通常，覆土和填埋垃圾之比为1∶4或1∶3，填埋后废物的压实密度为500～700kg/m³，场地的容量至少供使用20年。每年填埋的废物体积可按下式计算。

$$V = 365 \times \frac{WP}{D} + C \tag{8-2}$$

式中　V——年填埋的垃圾体积，m³；
　　　W——垃圾的产率，kg/（人·d）；

P——城市的人口数，人；

D——填埋后废物的压实密度，kg/m^3；

C——覆土体积，m^3。

如已知填埋高度为 H，则每年所需土地面积为

$$A=V/H \tag{8-3}$$

【例】一个5万人口的城市，平均每人每天产生垃圾2.0kg，如果采用卫生土地法处置，覆土与垃圾之比为1：4，填埋后废物压实密度为600kg/m^3，试求一年填埋废物的体积。

解：$V = \dfrac{365 \times 2.0 \times 50000}{600} + \dfrac{365 \times 2.0 \times 50000}{600 \times 4}$

$= 60833 + 15208$

$= 76041$（m^3）

如果填埋的高度为7.5m，则每年占地面积为

$A = 76041/7.5 = 10138.8$（m^2）

如果场地运营20年，则填埋场面积为

$A_{20} = 10138.8 \times 20 = 202776$（$m^2$）

运营20年场地的总容量为

$V_{20} = 76041 \times 20 = 1.5 \times 10^6$（$m^3$）

土地填埋场地的实际占地面积确定之后，还要考虑场地周围土地的使用，要注意保留适当的缓冲区，并根据有关标准确定场地的边界。填埋场地的容量也要根据当地的发展规划，留有充分的余地。

（2）地下水保护系统

① **浸出液的生成** 卫生土地填埋场内会产生一定数量的浸出液，其数量及性质与许多因素有关。浸出液的主要来源如下。

a. **降水**：降水包括降雨和降雪，它是浸出液产生的主要来源。影响浸出液产生数量的降雨量、降雨强度、降雨频率、降雨持续时间等。降雪和浸出液生成量的关系受降雪量、升华量、融雪量等影响。在积雪地带，还受融雪时期或融雪速度的影响。一般，降雪量的十分之一相当于等量的降雨量。确切数量可根据当地的气象资料确定。

b. **地表径流**：地表径流是指来自场地表面上坡方向的径流水，对浸出液的产生数量也影响较大。具体数量取决于填埋场地周围的地势、覆土材料的种类及渗透性能、场地的植被情况及有无排水设施等。

c. **地下水**：如果填埋场地的底部在地下水位以下，地下水就可能渗入填埋场内，浸出液的数量和性质与地下水同垃圾的接触量、接触时间及流动方向有关。如果在设计施工中采取防渗措施，即可避免地下水的渗入。

d. **垃圾含水**：除垃圾自身含水外，垃圾中的有机组分在填埋场内经厌氧分解会产生水分，其产生量与垃圾的组成、pH、温度和菌种等因素有关。

此外，浸出液量还与填埋操作方式有关。例如与污泥混合填埋时，不管污泥的种类及保水能力如何，通过一定程度的压实，污泥中总有相当量的水分变成浸出液而流出。

浸出液的产生量可根据填埋场水的收支平衡关系来确定。图8-3为土地填埋场水的平衡示意图。由图可以看出，作为输入的流入水有降雨、地表径流流入水、地下涌出水及废物含水的分解水；作为输出的流出水有地表径流流出水、蒸发散失水、地下渗出水和浸出液。

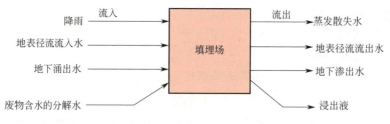

图 8-3 土地填埋场水的平衡示意

地表径流流出水为从场地流出的地表径流水，其数量取决于场地的地势、植被、植被面积、坡度等封场条件。地下渗出水为从填埋场渗入到地下的水分，其中包括通过衬里释入地下的水量。

蒸发散失水为由填埋表面蒸发和植物蒸散作用而散发逸出的水分。土壤表面蒸发与土壤的种类、温度、湿度、风速、大气压等因素有关。影响植物蒸发的因素是植物的种类和植被率。蒸发量受季节、温度、日照量、相对湿度、风速、土壤等环境条件制约。例如：季节不同，树叶的温度也有差异，95%的蒸发发生在日出和日落之间。

确切估算浸出液的产生量是比较困难的，因此，一般采用经验公式计算，比较方便的计算公式为

$$Q=10^{-3}ICA \tag{8-3}$$

式中　Q——日平均浸出液量，m^3/d；
　　　C——流出系数，%；
　　　I——平均降雨量，mm/d；
　　　A——填埋场集水面积，m^2。

流出系数 C 与填埋场表面特性、植被、坡度等因素有关，一般为 0.2～0.8。

② **浸出液的性质**　卫生土地填埋的性质与垃圾的种类、性质及填埋方式等许多因素有关。据报道，在填埋初期，浸出液中有机酸浓度较高，挥发性有机酸约占1%；随着时间的推移，挥发性有机酸的比例将增加，浸出液中有机物降低的速度，好氧填埋比厌氧填埋快。对于普遍采用的厌氧填埋，浸出液的性质一般为：

a. **色味**：呈淡茶色或暗褐色，色度在 2000～4000 之间，有较浓的腐败臭味。

b. **pH 值**：填埋初期 pH 值为 6～7，呈弱酸性；随着时间的推移，pH 可提高到 7～8，呈弱碱性。

c. **BOD_5**：随着时间和微生物活动的增加，浸出液中的 BOD_5 也逐渐增加。一般填埋 6 个月至 2.5 年，达到最高峰值，此时 BOD_5 多以溶解为主，随后 BOD_5 开始下降，到 6～15 年填埋场安定化为止。

d. **COD**：填埋初期 COD 略高于 BOD_5。浸出液中生化反应的能力可用 BOD_5/COD 之比来反映；当 $BOD_5/COD=0.5$ 时，则认为浸出液较易生物降解；当 $BOD_5/COD<0.1$ 时，则认为浸出液难于降解。

e. **TOC**：浓度一般为 265～2800mg/L。BOD_5/TOC 可反映浸出液中有机碳氧化状态。填埋初期，BOD_5/COD 值高；随着时间推移，填埋场趋于稳定化，浸出液中的有机碳以氧化态存在，则 BOD_5/TOC 值降低。

f. **溶解总固体**：浸出液中溶解固体总量随填埋时间推移而变化。填埋初期，溶解性盐的浓度可达 10000mg/L，同时具有相当高的钠、钙氯化物、硫酸盐和铁。填埋 6～24 个月达

到峰值，此后随时间的增长无机物浓度降低。

g. **SS**：一般多在 300mg/L 以下。

h. **氮化物**：氮化物浓度较高，以氨态为主，一般为 0.4mg/L 左右，有时高达 1mg/L，有机氮占总氮的 10%。

i. **磷**：浸出液中几乎不含磷，但生物处理时，必须添加与 BOD_5 相当的磷。

j. **重金属**：生活垃圾单独填埋时，重金属含量很低，不会超过环保标准。但与工业废物或污泥混埋时，重金属含量会增加，可能超标。

表 8-2 为几个典型国家和地区垃圾填埋浸出液化学组成的比较。由于浸出液的产生和性质多受多种因素的影响，因此不同的国家、不同的地区的卫生填埋浸出液的性质不完全一样。但是，总的看来，浸出液是一种高浓度的有机废水，一旦浸出就会污染地下水，因此必须严格控制，加以治理。

表 8-2 垃圾填埋浸出液化学组成的比较

项目	德国	美国	荷兰	日本	英国
pH	6.1	6	5.7	6.0～6.5	—
COD	22000	18490	639000	500～50000	23800
BOD_5	13000	11886	—	10～50000	11900
NH_4-N	741	758	1410	1～1000	790
有机 N	592	—	390	—	—
总 P	5.7	—	—	—	—
As	0.126	—	—	—	—
Pb	0.087	0.74	—	—	8.4
Cd	0.0052	0.08	—	—	—
Cr	0.275	0.26	—	—	—
Cu	0.065	0.40	—	—	—
Ni	0.166	1.76	—	—	0.6
Fe	925	333	1590	—	540
Hg	—	0.006	—	—	—
Zn	5.6	19.5	—	—	21.5
Cl	—	—	3950	—	—
SO_2	—	—	1740	—	—

注：除 pH 外，其他项目单位为 mg/L

③ **地下水保护措施** 地下水保护措施很多，除按照场地选择标准合理选址外，还可以从设计、施工方案以及填埋方法上采取措施来实现。

a. **设置防渗衬里**：衬里分人造和天然衬里两类，人造有机衬里有沥青、橡胶和塑料等；天然衬里主要是黏土，渗透系数小于 10^{-7} cm/s，厚度至少为 1m。填埋场内所积聚的浸出液要及时排出处理。

b. **设置导流渠或导流坝**，减少地表径流进入场地。

c. **选择合适的覆盖材料**，防止雨水渗入。

有关衬里材料的选择标准、衬里的设置方式、覆盖材料的选择及封场要求见安全土地填埋场的设计。

（3）气体的产生及控制

① **气体的生成** 垃圾填埋后，由于微生物的生化降解作用，会产生气体。垃圾的分解为好氧和厌氧两个阶段。填埋初期，垃圾中的有机物进行好氧分解，时间可持续整天，此阶

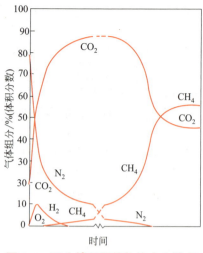

图 8-4 卫生填埋场的气体产生情况

段的气体特征产物是二氧化碳、水和氨;当填埋区内氧被耗尽时,垃圾中的有机物生化反应进入厌氧阶段。有机物厌氧分解生成的气体中含甲烷、二氧化碳、氨和水,此时的气体中的甲烷占30%～70%,二氧化碳占15%～30%。

卫生填埋场的气体产生情况见图 8-4。

卫生土地填埋气体的产生量和产生速度与处置的垃圾种类有关。气体的产生量可采用经验公式推算或通过现场实际测量得出。气体的产生量虽然因垃圾中的有机物种类而有所差异,但主要与有机物中可能分解的有机碳成比例。因此,通常可采用下式推算气体产生量。

$$G = 1.866 C_g / C \tag{8-5}$$

式中　G——气体产生量,L;
　　　C_g——可能分解的有机碳量,g;
　　　C——有机物中的碳量,g。

一般来说,每立方米的垃圾可产生 1.5cm³ 的气体。如果按此产率计算,一座容量为 $5 \times 10^6 m^3$ 的中型卫生土地填埋场,可产生 $7.5 \times 10^6 m^3$ 的气体,数量是比较可观的。

卫生土地填埋所产生的气体主要含甲烷和二氧化碳,此外还可能含硫化氢,或其他有害或具有恶臭味的气体。众所周知,当有氧存在时,甲烷的浓度达到 5%～15% 就可能发生爆炸。而另一种气体二氧化碳,由于其密度较大,大约为空气的 1.5 倍,为甲烷的 2.8 倍,因此会逐步向填埋场下部迁移,使填埋场地势较低的区域二氧化碳的浓度增高,进而通过填埋场基础薄弱环节释出,且沿地层下移而与地下水接触。由于二氧化碳较易溶于水,不仅会使 pH 值降低,而且会使地下水的硬度及矿物质含量增加。因此,必须对填埋场产生的气体加以收集控制,或排出烧掉,或作为能源加以利用。

② **气体控制**　对于卫生土地填埋场产生的气体控制,除在选择场地时要考虑场地的位置以及土壤的渗透性能外,主要在工程设计上采取适当的措施。常用的方法有可渗透性排气和不可渗透性排气两种。

可渗透性排气是控制土地填埋场产生气体水平方向运动的一个有效的方法。典型的方法是在填埋场内利用比周围土壤容易透气的砾石物质作为填料建造排气孔道,排气孔道的间隔与填筑单元的宽度有关,一般为 20cm 以上,砾石层的厚度为 30～40cm,这样即使发生沉降也能维持通畅排气。控制气体水平运动的渗透性排气系统如图 8-5 所示。

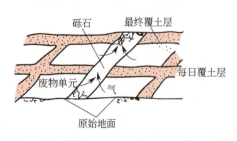

图 8-5　控制气体水平运动的渗透性排气系统

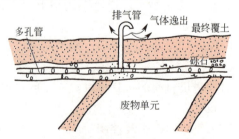

图 8-6　阻挡排气层系统

阻挡排气层是在不透气的顶部覆盖层中安装排气管,如图 8-6 所示。排气管与设置在浅层砾石排气通道或设置在填埋废物顶部的多孔集气支管相连接,还可用竖管燃烧甲烷。如果填埋场与住宅相距较近,竖管要高出建筑物。

8.2.4 填埋方法

卫生土地填埋方法主要有三种:一是沟槽法,二是地面法,三是斜坡法。

(1) 沟槽法

沟槽法是把废物铺撒在预先挖掘的沟槽内,然后压实,把挖出的土作为覆盖材料撒在废物上并压实,即构成基础的填筑单元结构。沟槽的大小要根据场地水文地质条件来确定。通常沟的长度为 30~40m,深度为 0.9~1.8m,宽度为 4.5~7.5m。图 8-7 为典型的沟槽法填埋废物示意图。

图 8-7 沟槽法填埋废物示意

(2) 地面法

地面法是把废物直接铺撒在地面表面上,压实后用薄土层覆盖,然后压实。地面法可在坡度平缓的土地上采用,但开始要建筑一个人工土坝,作为初始建筑单元的屏蔽。因此最好是在采石场、露天矿、峡谷、盆地或其他类型的洼地采用。图 8-8 为地面法填埋废物示意图。

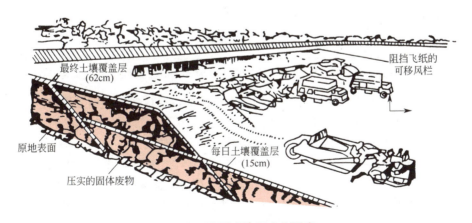

图 8-8 地面法填埋废物示意

(3) 斜坡法

斜坡法是把废弃物直接铺撒在斜坡上,压实后工作面前直接得到的土壤加以覆盖,然后再压实。图 8-9 为斜坡法填埋废物示意图。斜坡法实际是沟槽法和地面法的结合。该法的优点是只需进行少量的挖掘工作，即可满足第二天覆盖废物对土壤的需要，由于不需要从场外运进覆盖材料，而且废物堆积在初始表面下，因此斜坡法比地面法能更有效地利用处置场地。

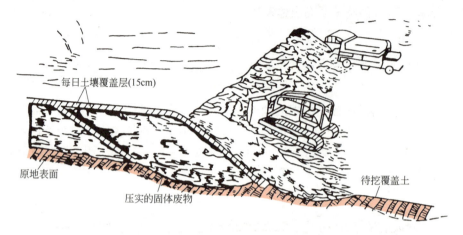

图 8-9 斜坡法填埋废物示意

8.2.5 填埋操作

设备的选择对于土地填埋操作十分重要。它既关系到土地填埋的质量，又关系到土地填埋的处置费用。常用的填埋设备有履带式和轮胎式推土机、铲运机、压实机。常用的土地填埋设备的性能列于表 8-3。

表 8-3 土地填埋设备的性能特点

设备	固体废物		覆盖材料			
	铺撒	压实	挖掘	铺撒	压实	运输
履带式推土机	E	G	E	E	G	NA
履带式装卸机	G	G	E	G	G	NA
轮胎推土机	E	G	E	E	G	NA
轮胎装卸机	G	G	F	G	G	NA
填筑压实机	E	E	P	G	E	NA
铲运机	NA	NA	G	E	NA	E
拉铲挖土机	NA	NA	E	F	NA	NA

注：E 优；G 良；F 中；P 差；NA 不适用。评价依据为容易操作的土壤和覆盖材料，运输距离大于 333m。

填埋操作时，通常把垃圾从卡车直接卸到工作面上，沿自然坡面铺撒压实。每层填埋的厚度以 2m 左右为宜，厚度过大难以压实。每天操作之后至少铺撒 15cm 厚的覆盖土壤，并且压实。这样可以防止垃圾裸露引起风蚀或造成火灾，同时减少鸟类和啮齿动物光顾。

填埋作业方式可根据场地的地形特点来确定。对于平坦地区，土地填埋操作可以由下向上进行垂直填埋，也可以从一端向另一端进行水平填埋。图 8-10 为这两种填埋作业方式的断面图。垂直填埋其优点是填埋向高度发展，在较短时间内就可使填埋的垃圾达到最终填埋高度，既可以减少垃圾的暴露时间，又有助于减少浸出液的数量，因而被广泛采用。

对于地处斜坡或峡谷地区的土地填埋可以从上到下或从下往上进行。一般采用从上到下的顺流填埋方法，因为这样既不会积蓄地表水，又可减少浸出液。

图 8-11 为丘陵、峡谷地区填埋作业方式示意图。卫生土地填埋场地的封场、维护、监

测可参阅安全土地填埋的技术规定。

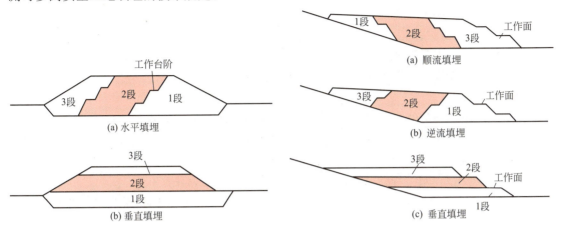

图 8-10 平坦地区的填埋操作　　图 8-11 丘陵、峡谷地区填埋作业方式示意

卫生土地填埋法，工艺简单，操作方便，处置量大，费用较低。在我国目前城市垃圾无机成分高、处理利用率低、经费紧张的情况下，卫生土地填埋是一种较为可行的处置方法。它既处置了垃圾，又可根据城市的地形地貌特点将填埋场开发利用。封场后可以植树绿化、建造假山公园。

8.3 安全土地填埋

8.3.1 概述

（1）定义

安全土地填埋实际上是一种改进的卫生土地填埋。一般认为满足下面四个条件的土地填埋称为安全土地填埋：土地填埋场必须设置人造或天然衬里，下层土壤或土壤同衬里相结合渗透率小于 10^{-8}cm/s；最下层的土地填埋物要位于地下水位之上；要采取适当的措施控制和引出地表水；要配备浸出液收集、处理及监测系统。图 8-12 为典型的安全土地填埋场示意图。

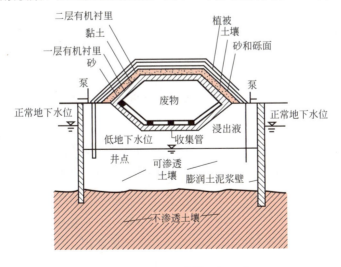

图 8-12 安全土地填埋场示意

(2) 适于处置的废物

从理论上讲，如果处置前对废物进行稳态化与处理，则安全土地填埋可以处置一切有害和无害的废物。但在实际上，除特殊情况外，土地填埋场地不应处置易燃性废物、反应性废物、挥发性废物和大多数液体、半固体和污泥；土地填埋场也不应处置互不相容的废物，以免混合以后发生爆炸，产生或释放有毒、有害气体或烟雾。

(3) 设计原则

安全土地填埋场是处置有害废物的环境保护工程。为了防止有毒有害物质释出，减少对环境的污染，土地填埋场地的设计、建造及操作必须符合有关的技术规范。土地填埋场地的规划设计原则如下。

① 处置系统应该是一种辅助性设施，不应妨碍工厂的正常生产；
② 处置场的容量应足够大，至少能容纳一个地区或工厂产生的全部废物，并应考虑到将来场地的发展和利用；
③ 要有容量波动和平衡措施，以适应生产和工艺变化所造成的废物性质和数量的变化；
④ 满足全天候操作要求；
⑤ 处置场地所在地区的地质结构合理，环境适宜，可以长期使用；
⑥ 处置系统符合现行法律和制度上的规定，满足有害废物土地填埋处置标准。

(4) 基本构成

安全土地填埋场的功能是接收、处理和处置有害废物。一个完整的安全土地填埋场地主要由填埋场、辅助设施和未利用的空地组成，各部分设施如图 8-13 所示。为确保填埋场对有害废物进行安全处置，场地的设计和规划应注意的主要问题是：废物处置前的预处理，浸出液的收集及处理；地下水保护；场地及其周围地表径流水的控制管理等。

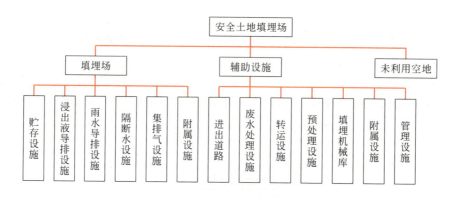

图 8-13 安全土地填埋场设施构成示意

(5) 设计规划和管理程序

安全土地填埋场地设计规划程序示于图 8-14，主要包括场地的选择与勘察、环境影响评价、场地的设计、场地的建造与施工、土地填埋操作、封场、场地的维护与监测等。

8.3.2 场地的选择与勘察

(1) 场地的选择

① **选择标准** 影响场地选择的因素很多，主要应从工程、环境、经济以及法律社会等四个方面来考虑。场地选择的一般要求列于表 8-4。

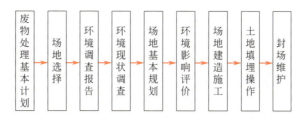

图 8-14 安全土地填埋场地设计规划程序

表 8-4 场地选择要求

因素	要 素
工程	尽可能靠近生产厂；容量足够大；进路是全天候公路；尽可能利用天然地形；避开地震区、断层区、矿藏区；填埋物与地下水位之间至少有 1.5m 厚的土壤。渗透率小于等于 10^{-7}cm/s
环境	在 100 年一遇洪泛区之外；避开地下水层；降水量低、蒸发率高；避开居民区和风景区；避开动植物保护区；避开文物古迹；减少设备噪声
经济	容易征得土地；场地及道路施工容易；距离短
法律社会	符合有关法律规定；取得地方主管部门的允许；注意社会影响

② **选择原则** 主要遵循两条原则，一是从防止污染的角度考虑的安全原则，二是从经济方面考虑的经济合理原则。

安全土地填埋场是有害废物的"坟墓"，目的是使废物与生物圈隔离，以消除污染、保护环境。因此，安全原则是场地选择要遵循的基本原则。维护场地的安全性，要防止场地对大气的污染、地表水的污染，尤其是要防止浸出液的释出对地下水的污染。因此，地下水是场地选择时考虑的重点。

同卫生土地填埋场选择一样，经济原则对国外商业性填埋处置场比较突出，尤其是当运营收入少于场地造价和运输费用时，很有可能导致场地关闭。对国家投资的场地来说，有害废物的处置是以环境效益和社会效益为主，但经济问题也应予以考虑。场地的经济问题是一个比较复杂的问题，它与场地的规模、容量、征地费用、施工费用、运输费、操作费等多种因素有关。合理的选址可充分利用场地的天然地形条件，尽可能减少挖掘土方量，降低场地施工造价。

（2）场地的勘察

场地的勘察包括现场调查和实地勘测两个方面，勘察的步骤为：根据现有资料对场地所在地区进行初步调查；在初步调查的基础上进行实地考察；通过钻探或挖掘技术进行场地水文地质勘测；勘测资料整理，绘制较详细的处置场地地图。

在进行场地选择时，首先要进行现场调查。这个阶段的主要工作是文献资料调研和现场实地考察，以了解场地的地形、地貌、水文、地质、工业布局、人口分布情况，同时进行初步分析，判断该地区是否适合建造填埋场地。现场调查的内容包括：①地区性质。人口密度、工业布局、地区开发前景；②废物。来源、性质、数量；③气象。年降水量和月降水量、风力、气温、日照量；④自然灾害。地震、滑坡、山崩；⑤地形地质。地形图、地下水位、流速、流向；⑥水系。地表河流的流量、水质、走向、开发利用情况；⑦交通运输。运输方法、路线及交通量；⑧场地容量；⑨生态。重要的植物群体、稀有动物生息情况；⑩文物古迹；有关的环境保护法律及标准。

在现场调查的基础上，还要通过测量和钻探技术对场地进行实地勘测。测量的目的是要搞清场地的实际面积。对于山谷和洼地地区，要测量出实际宽度、高度、坡度等，此外还要

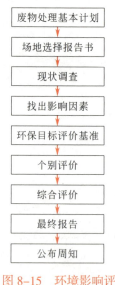

图 8-15　环境影响评价程序

测定通往场地道路的距离、走向及距其他特定设施的距离。

实地勘测的主要工作是通过钻探对场地的水文地质情况进行研究。目的是要了解场地的地质结构、地层岩性、地下水的埋藏深度、分布情况及走向、隔水层性质及厚度等。钻孔的深度一般要钻到第二含水层，要分层采集土样和水样。通过土壤实验测量土壤的岩性、孔隙度、渗透系数等，以便绘制底层柱状图、地质剖面图和岩石颗粒级配图。同时对取得的地下水样进行分析，测定地下水的本地值。钻孔的数目、深度及位置可根据场地的条件确定。

8.3.3　环境影响评价

（1）程序

环境影响评价是安全土地填埋场地规划的重要组成部分，只有进行全面细致的环境影响评价，才能合理选址，制订技术可行的土地填埋方案，并征得环保部门的同意。

环境影响评价程序如图 8-15 所示。从图 8-15 可以看出，进行环境影响评价时，首先要结合场地的选择进行广泛深入的调查，然后根据场地的初步规划出环境要素及土地填埋场施工及操作时的影响因素，最后根据环保标准进行个别评价和综合评价。

（2）内容

评价的内容主要包括：场地的选择是否合理；浸出液对环境的影响；噪声及振动问题；恶臭。

① **场地的选择是否合理**　场地的选择评价是填埋场地环境影响评价的基本内容，如果场地本身不符合要求，对其他项目也就再没有评价的必要。场地的选择评价主要是看场地是否符合土地填埋场地选址标准，因此，应结合场地的本底研究，针对场地的选址标准逐项进行。评价的重点是场地的水文地质，评价的项目包括地盘稳定性、土壤的自净能力等。为了确定上述参数，可在调查研究的基础上，通过科学实验，进行环境影响预测研究。如地盘稳定性评价，可根据场地的地质构造，预测由于场地的挖掘施工、填埋操作、地表径流控制等活动是否会对场地的稳定性产生影响，地盘是否会下沉，如果下沉，填埋场的结构是否会发生破坏等。

② **浸出液对环境的影响**

a. 浸出液的来源及数量：根据土地填埋场地的水平衡关系，浸出液主要来自废物本身含水、地下涌出水、降水及地表径流的渗入。如果废物本身含水很少，特别是在处置前进行脱水或稳态化预处理，则废物的自身含水可以不予考虑。如果场地的选址合理，填埋场底部远在地下水位之上，同时设置防渗衬里，则地下水渗入问题可以忽略。因此，浸出液的主要来源是降水和地表径流水。

浸出液的环境影响预测的关键是浸出液产生数量的估算。浸出液产生量估算方法很多，有理论法、实测法和经验公式法。实测法信度较高，但工作量比较大，实现起来比较困难。

b. 浸出液体对环境的影响评价：浸出液体对环境的影响主要包括两个方面：一是浸出液正常排放对环境的影响；二是衬里破裂事故条件下浸出液大量泄漏对环境的影响。二者均要同场地的水文地质条件结合起来评价。

评价时,首先要根据浸出液的产生数量和所处置废物的数量确定浸出试验的液固比,然后按标准浸出方法进行浸出试验,以确定浸出液中污染物质的浓度。对于浸出液的正常排放,主要评价浸出液经处理达到排放标准后,排放是否会污染环境,是否会污染地表水,环境容量是否允许。对于浸出液泄漏事故评价,主要评价衬里破裂后浸出液释出在土壤中的渗透速度、运移方向、迁移距离、土壤的自净化效果及对地下水的影响;还要评价衬里一旦破坏应采取什么样补救措施,以及补救的效果如何。

③ **噪声及振动问题** 噪声及振动问题评价主要是评价废物运输、场地施工、废物填埋操作、封场各阶段由于机械的振动或噪声对环境的影响。评价时首先要搞清噪音生源及分类。根据土地填埋场的特点,噪声的来源主要为运输车辆、施工机械、填埋机械及预处理设备。因此,噪声主要包括交通噪音和建筑施工噪声。在噪声源调查的基础上,可根据各种机械的特点进行噪声声压级预测,看其是否满足噪声控制标准,对附近居民的影响如何,应采取什么减振防噪措施,以及实施后的效果怎样。

④ **恶臭** 对于安全土地填埋场,由于处理的是经过稳态化处理的废物,不相容的废物分开处置,因此释气问题不像卫生土地填埋场地那么突出,但也必须予以考虑,填埋场也必须配备排气系统。对于工业废物和生活垃圾共同处理的填埋场地,必须评价释气及恶臭对环境的影响。释气评价要根据处置废物的种类确定气体的产率、产生量、气体的成分;要参照排气系统的结构,评价排气系统的可靠性、排气利用的可能性以及排气对环境的影响。恶臭评价主要是评价运输、填埋操作过程及封场后的影响。恶臭的测试方法有浓度试验、官能试验和定性试验。现场调查时可连续或间歇测定臭氧的种类及平均浓度。评价时要根据废物的种类预测各阶段臭氧的产生位置、种类、浓度及其对环境的影响,同时提出相应的防臭措施。

8.3.4 填埋场的结构

根据场地的地形条件、水文地质条件以及填埋的特点,土地填埋场的结构可主要分为人造托盘式、天然洼地式和斜坡式三种。

(1) 人造托盘式

典型的人造托盘式土地填埋见图 8-16。该方案的特点是场地位于平原地区,表面土壤较厚。具有天然黏土衬里或人造有机合成衬里,衬里垂直地嵌入天然存在的不透水地层。形成托盘形的壳体结构,从而防止了废物同地下水的接触。为了增大场地的处置容量,此类填埋场一般都设置在地下。

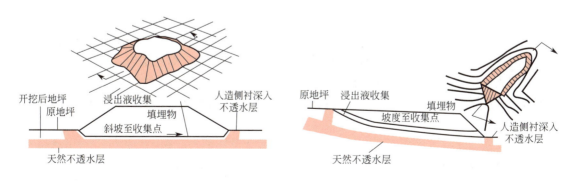

图 8-16 人造托盘式土地填埋　　　　　图 8-17 天然洼地式土地填埋

(2) 天然洼地式

天然洼地式土地填埋结构见图 8-17。此种结构的特点是利用天然峡谷构成盆地状容器的三个边。天然洼地式土地填埋的优点是充分利用天然地形，挖掘工作量小，处置容量大。其缺点是填埋场地的准备工作较复杂，地表水和地下水的控制比较困难。主要预防措施是使地表水绕过填埋场地并把地下水引走。采石场坑、露天矿坑、山谷、凹地或其他类型的洼地都可采用这种填埋结构。

(3) 斜坡式

斜坡式安全土地填埋结构，同卫生土地填埋中的斜坡法相似。其特点是依山建厂，山坡为容器结构的一个边。地处丘陵地带的典型斜坡式土地填埋如图 8-18 所示。

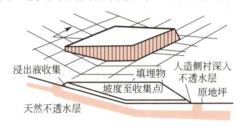

图 8-18 斜坡式土地填埋

8.3.5 填埋场地面积的确定

土地填埋场地面积的确定是土地填埋设计规划的一部分，它不但是初步设计的需要。填埋所需实际占地面积同卫生土地填埋场所需土地面积计算方法相同。

土地填埋场地实际占地面积确定之后，还要考虑场地周围土地的使用，如预处理等。要注意保留适当的缓冲区，以便根据相应的标准确定场地的边界。确定边界的原则如下：一是场地边界距饮用水井的距离必须大于 150m；二是土地填埋场地同边界至少保留 15m 的距离；三是除边界缓冲区外，还要保留 5%～10% 的辅助操作面积；四是确定所需面积的同时，还要考虑废物现场暂存的容量。

8.3.6 地下水保护系统

地下水保护措施很多。除按照场地选择标准进行合理选择之外，还可以从设计、施工方案以及填埋方法上来实现。采用防渗的衬里、建立浸出液收集监测处理系统是从设计施工方面保护地下水的方法。

(1) 衬里材料的选择

适于做土地填埋场的衬里材料主要分两大类：一类是无机材料，另一类是有机材料。常用的无机材料有黏土、水泥等；常用的有机材料有沥青、橡胶、聚乙烯等。衬里材料的选择与许多因素有关，如待处置废物的性质、场地的水文地质条件、场地的运营期限等。无论选择那种衬里材料，预先都必须做与废物相容性试验、渗透性试验、抗压强度试验及密度试验等。

① **天然黏土衬里的选择标准**　天然黏土衬里的选择标准为：黏土与预计的浸出液相容；渗透系数小于等于 10^{-7}cm/s；30% 土粒能通过 200 号筛子；液性限度大于 30%；塑性限度大于 15；pH 大于等于 7。

② **人工合成有机衬里的选择标准**　人工合成有机衬里的选择标准为：与废物的浸出液相

容；渗透系数小于 10^{-12}cm/s；厚度不小于 0.5mm；便于施工；抗臭氧、紫外线、土壤细菌的侵蚀；具有适当的耐候性；具有足够的机械强度；厚度均匀，无薄点、裂缝、磨损、起泡和外来的颗粒；便于维修；应为同一厂家的同种产品；价格便宜。

（2）衬里系统的设计

地下水保护系统目前主要是具有浸出液收集衬里系统。根据衬里的构成材料，衬里系统的结构主要有三种：天然黏土衬里；人工合成有机衬里；由天然黏土和人工合成有机材料构成的复合双衬里。通常浸出液收集系统和衬里的设计原则为：

① 衬里和其他结构材料必须满足有关标准；
② 设置天然黏土单衬里时，衬里的厚度至少为 1.5m；
③ 设置双层复合衬里时，主衬里和备用衬里必须选择不同的材料；
④ 必须设置收集浸出液的积水坑，积水坑的容量至少能容纳预计三个月的浸出液；
⑤ 衬里应具有适度的坡度，以使浸出液流入积水坑；
⑥ 衬里之上应设置保护层，保护层可选用适当厚度的砾石，也可选用专用的高密度聚乙烯网和无纺布；
⑦ 在可渗透保护层内也可设置多孔浸出液收集管，使浸出液通过收集管汇集到积水坑中；
⑧ 积水坑设有浸出液监测装置；
⑨ 设置浸出液排除系统，定期抽出浸出液处理，以减少衬里的水力压力；
⑩ 设置备用抽水系统，以便当泵或立管出现故障时抽出浸出液。

图 8-19 为具有浸出液收集系统的双衬里结构示意图。这种设计是当处置场地不能满足低渗透设计要求时，为避免浸出液释出而采取的安全措施。该衬里为高密度聚乙烯，辅助衬里为人工合成有机薄膜和黏土构成的复合衬里。主衬里浸出液收集系统为砂或砾石层，内铺多孔浸出液收集及排水管；上面为铺有无纺布的过滤层；在侧面及顶边的过滤层上还铺有一层保护土壤。浸出液通过集排水管汇集到积水坑中，定期泵送到废水处理厂处理。

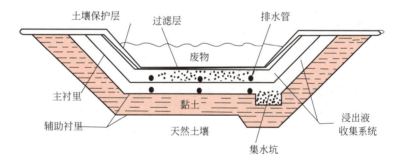

图 8-19 双衬里系统示意图

8.3.7 地表径流控制

地表径流控制的目的是把可能进入场地的水引走，防止场地排水进入填埋区内，以及接受来自填埋区的排水。通常采用的方法有导流渠、导流坝、地表稳态化和地下排水四种。

（1）导流渠

导流渠一般环绕整个场地挖掘，这样使地表径流汇集到导流渠中，并经土地填埋场地下坡方向的天然水道排走。导流渠的尺寸、构造形式及结构材料根据场地的特点来确定。导流渠起码能积聚排除正常条件下的地表径流水。常用的结构材料有植草的天然土壤、碎石混凝土等。

（2）导流坝

导流坝是在场地四周修筑堤坝，以拦截地表径流，把其从场地引出流入排水口。导流坝一般用土壤修筑，用机械压实。

（3）地表稳态化

地表稳态化是用压得很密实的细粒土壤作为覆盖材料，以控制地表径流的速度，减少天然降水的渗入，减少表面覆盖层的冲刷侵蚀。地表稳态化土壤的选择环绕施工要结合封地统一考虑。

（4）地下排水

地下排水是在填埋物之上覆盖层之下铺设一层排水层或一系列多孔管，使以渗透过表面覆盖层进入收集系统排走。

8.3.8 填埋操作

安全土地填埋操作计划、填埋设备的选择以及填埋操作程序类似于卫生土地填埋。

对于平坦地区，土地填埋操作可以采用水平填埋或垂直填埋的方式；对于斜坡或峡谷地区，则可采用顺流填埋、逆流填埋或垂直填埋。

对于干废物，可以像城市垃圾卫生土地填埋那样处置，同时要注意防尘；对于湿废物，则需进行脱水预处理，或者添加吸附干燥剂，或者分区轮换操作。

对于有毒有害废物，需要进行稳态化预处理，然后填埋处置；对于化学上互不相容的废物，则应远离分开放置，并做详细记录。

8.3.9 封场

（1）封场的目的

封场是土地填埋设计操作的最后一环。封场是指在填埋的废物之上建造一个与下部填埋场结构配套的顶部覆盖系统，以实现对处置废物的封隔。封场的目的是：使废物同环境隔离；调节场地表面地表排水，减少降水的渗入；减少场地表面的侵蚀。因此封场要同场地基础结构、地表径流控制、浸出液的收集、气体的控制措施等结合起来考虑。

（2）顶部覆盖系统

根据安全土地填埋场设计要求，顶部覆盖系统要和填埋场的底部及四周的防渗衬里配套设计及建造。顶部防渗覆盖层材料的选择及设计施工要同防渗衬里一致。如果衬里为天然黏土单衬里系统，则在填埋的废物之上也要铺设一层同样厚度的黏土防渗覆盖层；如果衬里系统是天然黏土和人工合成有机衬里构成的复合衬里，则防渗覆盖层要采取相应的结构。这样使填埋场形成一个完整的封闭式结构，把填埋的废物同环境完全屏蔽隔离，进而减少了污染环境的可能性。

图 8-20 为典型的安全土地填埋场顶部覆盖系统结构示意图。该覆盖系统由五部分组成。填埋的废物之上为有黏土和高密度聚乙烯构成的顶部防渗覆盖层，黏土厚度为 60cm，高密度聚乙烯膜厚 0.5mm；防渗覆盖层之上为由砂和砾石构成的排水层，厚度为 30cm；排水之上为无纺布过滤层；过滤层

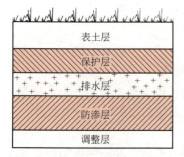

图 8-20 顶部覆盖系统示意

之上为 60cm 厚的顶部土壤；最上部为植被。

按上述要求建造的顶部覆盖系统工艺比较复杂，造价也比较高。如果建厂资金有限，也可根据填埋场的特点简化设计要求，但至少应采取以下封地措施：在填埋的废物之上覆盖一层渗透系数小于等于 10^{-7}cm/s 的 15cm 厚的土壤防渗覆盖层；在顶部防渗覆盖层之上覆盖一层 45cm 厚的天然土壤；如果种植植被，在两层土壤之上再铺设一层 15～100cm 厚的表面土壤；表面土壤覆盖层要修筑一定的坡度，坡度一般不超过 30%；在坡度超过 10% 的地方要建造水平台阶；坡度小于 20% 时，标高每升高 3m 建造一个台阶；坡度大于 20% 时，标高每升高 2m 建造一个台阶；台阶应具有足够的宽度和高度，要能经受暴雨的冲刷。

封地用植被的作用是减少降水的渗入、防止土壤的侵蚀、美化场地的环境。植被的种类可根据覆盖土壤的厚度确定，对于一般场地，宜于植草。

据报道，国外有关安全土地填埋设计标准规定，在封地 20 年内要保持土地填埋场地的标准。对于处置放射性废物及有害废物的场地，封场后场地不得开发建造公共设施。

8.3.10 辅助设施

为了保证土地填埋操作的顺利进行，安全土地填埋场地还必须建造配套的辅助设施，辅助设施的规模可根据场地的特点及现有条件确定。辅助设施一般包括进出道路、预处理车间、废水处理车间、公共设施、磅房及围墙等。

进出道路是场地进出的交通命脉，因此，安全土地填埋场地应建造全天候道路系统。从公路系统到场地入口，从入口到工作现场要建造永久性公路。由于填埋操作工作面总是变化的，因此还要铺设简易的临时公路。

某些废物不能直接进行填埋处置，处置前需要在现场进行预处理。预处理的工艺及规模可根据废物的性质及数量确定。一般包括含水废物的脱水、酸水废物的中和、有毒有害废物的解毒及固化处理。

安全土地填埋场内所产生的浸出液成分复杂，污染物浓度较高，必须加以处理。如果填埋场附近没有废水处理厂，必须自行建造废水处理车间。浸出液的处理方法同其他来源的废水处理方法大体相同。

土地填埋场地必须建造车库、设备维修车间、办公室和卫生设施。这些公用设施可根据使用周期确定建造的方式。如果使用周期较短，可建造临时性的，最好是活动式的，这样既便于使用，又可节省投资。土地填埋场还要配备动力、水、电供应及通信系统。

土地填埋场地要设置磅站，以便统计场地接受处置的废物数量，这样便有助于填埋操作的控制和场地的计划管理。

为了保证场地的安全，土地填埋场地四周要设置篱笆围墙或其他屏障，要设置永久标志，标明警戒线。

8.3.11 场地监测

场地监测是土地填埋场地设计操作管理规划的一个重要部分，是确保场地正常运营及进行环境评价的重要手段。场地监测主要是通过各种监测系统进行取样分析。场地监测主要由浸出液监测、地下水监测、地表水监测及气体监测组成。

（1）浸出液监测

浸出液监测包括两个方面：一是填埋场内浸出液监测；二是处理后浸出液排放监测。填埋场内浸出液监测是指随时监测填埋场内浸出液的液位，定期采集进行分析。采样方法因浸出液收集系统结构而异。如果积水坑设置在场内，则通过浸出液泵出系统采样；如果积水井在场外，则可在积水井通过常规方法采样。对处理后的浸出液进行检查分析的目的是看其是否达到排放标准。

（2）地下水监测

根据土地填埋场的结构特点，场地的衬里系统一旦破坏，浸出液就会释出污染地下水。因此地下水监测是场地监测的重点。地下水监测包括充气区监测和饱和区监测两个方面。

充气区监测是指对地下方的充气区进行监测，其目的是尽早发现浸出液是否泄漏释出。所谓充气区是指土地表面和地下水之间的土壤层，该区土壤空隙为部分空气和部分水所充满，因此也称为未饱和区。浸出液一旦释出，必须通过它进入地下水。

充气区监测井一般沿填埋场四周设置，最好是直接设置在土地填埋场的陈列结构的下部。为便于取样，确定反应浸出液的迁移位置，有时要在同一监测井垂直设置几个渗水器。

饱和区监测是指对场地周围地下水的监测，目的是提供场地运营前后的地下水水质情况。饱和区监测地下水网点一般设置在填埋场地的水力上坡区和水力下坡区。监测井的数量、位置可根据场地的规模、场地的水文地质条件来确定。最简单的地下水监测系统由四口井组成，井的位置分布见图 8-21，1 号井为本底监测井，位于场地的水力上坡区，与场地的距离不超过 3km，用于测定未受土地填埋场运营操作影响的地下水水质，并以此作为确定有害物质是否从场地释出并影响环境的基准。2 号井和 3 号井位于靠近场地边缘的水力下坡区，用于提供直接受场地影响的地下水数据。4 号井位于远离场地的水力下坡区，用于提高浸出液释出、迁移距离的数据。为了节约开支，监测井的设置可同场地选择时地质勘测井结合起来进行。

地下水监测的深度可根据场地的水文地质条件来确定。为适应地下水位的波动变化，井深一般应深至地下水位之下 3m，以便随时采集水样。如果有多层地下水，可对多层地下水监测。本底井一般要监测两层。典型的地下水监测井结构剖面图示于图 8-22。

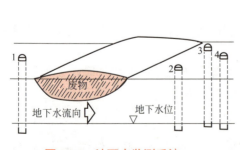

图 8-21　地下水监测系统

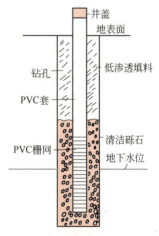

图 8-22　地下水监测井结构剖面图

（3）地表水监测

地表水监测是指对场地附近的地表水进行监测，目的是监测地表水体是否受到浸出液的污染。地表水监测方法比较简单，主要是在取样池和靠近场地的河流、湖泊取样。

（4）气体监测

气体监测的目的是为了解填埋场地的气体释出情况和大气的质量情况。气体监测包括填埋场排气监测和填埋场附近大气监测。

填埋场排气监测是指对气体控制系统排出的气体进行监测，以便根据测量结果确定填埋场内有机物质的降解情况。

大气监测是指对填埋场地周围及以上的大气进行监测，以便根据测量结果确定填埋场气体排放对大气的影响。大气监测网点的布置同常规大气监测。

8.4 浅地层埋藏处置

8.4.1 概述

① 定义　**浅地层埋藏处置**是指地表或地下的、具有防护覆盖的、有工程屏障或没有工程屏障的浅埋处置，埋藏深度一般在地面下 50m 以内。浅地层埋藏处置场由壕沟之类的处置单元及周围缓冲区构成。通常将废物容器置于处置单元之中，容器间的空隙用沙子或其他适宜的土壤回填，压实后再覆盖多层土壤，形成完整的填埋结构。这种处置方法借助上部土壤覆盖层，既可屏蔽来自填埋废物的射线，又可防止天然降水渗入。

浅地层埋藏适于处置中低放固体废物。由于其投资较少，容易实施，在国外应用较广。

② 处置废物的种类及要求　浅地层埋藏处置主要用于处置容器盛装的中低放固体废物。根据处置技术规定，适于浅地层处置的废物所含核素及其物理性质、化学性质和包装必须满足以下条件：含半衰期大于 5 年、小于或等于 30 年放射性核素的废物，比活度不限；在 300～500 年内，比活度能降到放射性固体废物水平的其他废物，废物应是固体形态，其中游离液体不得超过废物体积的 1%；废物应具有足够的化学、生物、热和辐射稳定性；比表面积小，弥散性低，且放射性核素的浸出率低；废物不得产生有毒有害气体；废物包装体必须具有足够的机械强度，以满足运输和处置操作要求；包装体表面的剂量当量率应小于 2mSv/h；废物不得含有易燃、易爆、易生物降解及病菌等物质。

为使处置的废物满足上述条件，必须根据废物的性质在处置前进行预处理。预处理方法有去污、包装、切割、压缩、焚烧、固化等。

③ 设计原则　浅地层埋藏处置场所处置的是中低放废物，其目的是在废物可能对人类造成不可接受的危险时间范围内。因此，处置场的设计，除要考虑废物处置前的预处理、浸出液的收集、地表径流的控制外，还要考虑辐射屏蔽防护问题。处置场的设计原则为：处置场的设计必须保证在正常操作和事故情况性，对操作人员和公众的辐射防护符合辐射防护规定的要求；要避免处置场关闭后返修补救；尽可能减少水的渗入；充分排出地表径流水；尽量减少填埋废物容器之间的空隙；合理布置处置单元；废物之上要覆盖 2cm 以上的土壤。

8.4.2 场地选择

（1）步骤

场地的选择是一个连续、反复的评价过程。在此期间要不断排除不适宜的场址，并对可能的场址进行深入调查。在选出可使用的场址后，应作详细评价工作，以论证所作的结论是否确切，场地的选择一般分区域调查、场址初选和场址确定三步进行。

区域调查的任务是确定若干可能建立处置场的地区，并对这些地区的稳定性、地质构造、工程地质、水文地质、气象条件和社会经济因素进行初步评价。

场址初选是在区域调查的基础上进行现场勘测，通过对勘测资料的分析研究，确定3～4个候选场址。

场址确定是对候选场址进行详细的技术可行性研究和代价利益分析，以论证场址的适宜性，并向国家主管部门提出详细的选址报告，最终批准确定一个正式场地。

（2）要求

同安全土地填埋场地选择一样，浅地层埋藏处置场地的选择也要遵循安全、经济两条原则，场地选择要求如下：

① 处置场应选择在地震烈度低及长期地质稳定的地区；
② 场地应具有相对简单的地质构造；
③ 处置层岩性均匀、面积广、厚度大、渗透率低；
④ 处置层的岩土具有较高的离子交换和吸附能力；
⑤ 场地应选择在工程地质状况稳定、建造费用低和能保证正常运行的地区；
⑥ 场地的水文地质条件比较简单，最高地下水位距处置单元底部应有一定的距离；
⑦ 场地边界与露天水源的距离不少于500m；
⑧ 场地宜选择在无矿藏资源地区；
⑨ 场地应选择在土地贫瘠，对工业、家业以及旅游、文物、考古等使用价值不大的地区；
⑩ 场地应选择在人口密度低的地区，与城市有适当的距离；

场地应远离飞机场、军事试验场地和易燃易爆等危险品仓库。

8.4.3 场地的设计

（1）场地的总体布置

浅地层埋藏处置场的规模根据待处置废物的数量来确定。各处置单元的设计则按全场的总体规划来安排。场地总体设计时要特别注意入口和通道的布置。

处置场由处置设施和辅助设施组成。处置设施由不同结构及规模的处置单元构成。辅助设施包括卸料分类设施、废物预处理设施、去污设施、分区控制设施、一般服务设施等，此外还有进出口和安全防护围墙。通常，根据辐射防护要求把处置场分为两个区：一是限制进入的限制区，二是非限制进入的行政管理区。

限制区由处置区和缓冲带组成。处置区内有可供安放废物的沟或其他处置单元。缓冲带介于处置单元和围墙之间。卸料分类设施、预处理设施和去污设施等均设置在限制区域内。限制区和行政管理区之间由围墙隔开。图8-23为典型浅地层埋藏处置场。

为确保周围居民的安全，处置设施周围要设置一缓冲区，场地四周应修筑围墙，以防无关人员进入场地。

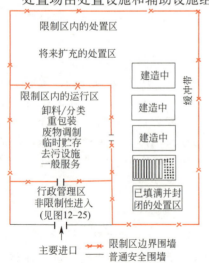

图8-23 浅地层埋藏处置场总体布局示意

（2）处置单元设计

如前所述，处置单元主要有沟槽式和混凝土结构式两种。设计时可根据场地的特性和对不同类型废物的处置要求来选择。同安全土地填埋一样，防水和排水是处置单元设计考虑的重点，处置单元的设计参见沟槽式和混凝土结构式浅地层埋藏处置方法。

8.4.4 沟槽式浅地层埋藏

沟槽浅地层埋藏处置同卫生土地填埋的沟槽法相似。沟槽分细长沟和一般沟两种。细长沟适于处置比活度较高、表面剂量大的废物。细长沟一般宽1m，深6m，长75～150m。一般沟宽30m，深6m，长300m。具体尺寸可根据场地的规模和水文地质条件确定。沟的底部应具有适当坡度，倾向沟的长度方向。在沟底低的一侧设置盲沟，盲沟内填充碎砖或砾石，盲沟也有0.3%的坡度。沟的底部还要铺设60～90cm厚的砂层，使沟平坦。沟槽内如有积水，集水井的数量及位置根据沟的长度确定。沟槽内如有积水，可通过盲沟流入集水井，再通过立管抽出。废物填埋完后用砂回填，然后用土覆盖封场。覆盖土一般分三层，下部为90cm厚的土层，压实后至少再覆盖一层60cm厚的黏土，黏土之上再铺设15-45cm的顶部土壤，并进行植被。完成填埋作业的沟槽，在其四角要埋设石碑标志，详细记载所处置废物的种类、数量、照射量率和埋藏日期等。

沟槽式浅地层埋藏法处置量大、投资少，容易实施，适用于大型处置场。

美国的低放废物主要采用浅地层埋藏处置。图8-24为美国巴恩维尔处置场的一般沟槽结构示意图。

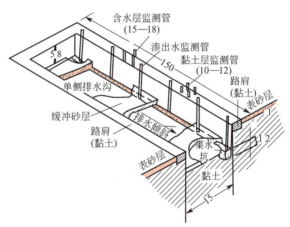

图8-24 美国巴恩维尔处置场的一般沟槽结构示意

复习思考题

1. 固体废物最终处置的概念是什么？
2. 固体废物的处置类型有哪些？
3. 简述固体废物处置的基本原则。
4. 土地填埋处置的类型有哪些？
5. 海洋倾倒、远洋焚烧的定义是什么？
6. 简述深井灌注处置的定义和工作程序。
7. 简述卫生土地填埋的定义、分类、地下水保护措施。
8. 简述卫生土地填埋的气体控制方法、填埋方法、填埋操作方式。

9. 简述安全土地填埋的定义和设计原则。
10. 简述安全土地填埋的基本构成和设计规划程序。
11. 简述安全土地填埋场地的现场调查的内容。
12. 简述安全土地填埋环境影响评价的程序和主要内容。
13. 简述安全土地填埋场地的结构和地表径流控制的方法。
14. 简述安全土地填埋场地封场的目的和顶部覆盖系统的组成。
15. 简述安全土地填埋场地监测的内容。
16. 浅地层埋藏处理的定义是什么？

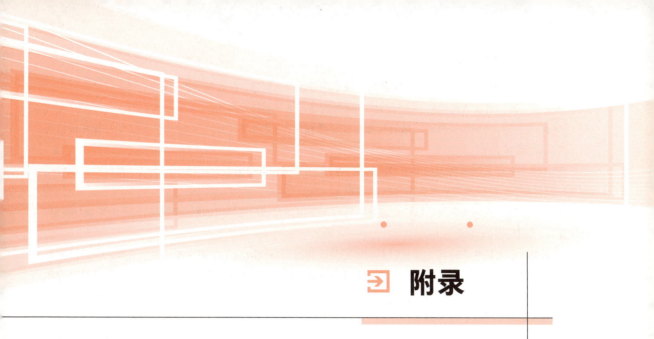

附录

附录一　中华人民共和国固体废物污染环境防治法

（2020年版）

数字"固废法"

《中华人民共和国固体废物污染环境防治法》是为了防治固体废物污染环境，保障人体健康，维护生态安全，促进经济社会可持续发展而制定的法规。1995年10月30日第八届全国人民代表大会常务委员会第十六次会议通过，1995年10月30日中华人民共和国主席令第58号公布，自1996年4月1日施行。2016年11月7日第十二届全国人大代表常务委员会第二十四次会议通过对《中华人民共和国固体废物污染环境防治法》第四十四条第二款和第五十九条第一款等两款做出修改。2019年6月5日，国务院常务会议通过《中华人民共和国固体废物污染环境防治法（修订草案）》。

2020年4月29日，《中华人民共和国固体废物污染环境防治法》已由中华人民共和国第十三届全国人民代表大会常务委员会第十七次会议修订通过，自2020年9月1日起施行。

第一章　总则

第一条　为了保护和改善生态环境，防治固体废物污染环境，保障公众健康，维护生态安全，推进生态文明建设，促进经济社会可持续发展，制定本法。

第二条　固体废物污染环境的防治适用本法。

固体废物污染海洋环境的防治和放射性固体废物污染环境的防治不适用本法。

第三条　国家推行绿色发展方式，促进清洁生产和循环经济发展。

国家倡导简约适度、绿色低碳的生活方式，引导公众积极参与固体废物污染环境防治。

第四条　固体废物污染环境防治坚持减量化、资源化和无害化的原则。

任何单位和个人都应当采取措施，减少固体废物的产生量，促进固体废物的综合利用，降低固体废物的危害性。

第五条　固体废物污染环境防治坚持污染担责的原则。

产生、收集、贮存、运输、利用、处置固体废物的单位和个人，应当采取措施，防止或者减少固体废物对环境的污染，对所造成的环境污染依法承担责任。

第六条　国家推行生活垃圾分类制度。

生活垃圾分类坚持政府推动、全民参与、城乡统筹、因地制宜、简便易行的原则。

第七条 地方各级人民政府对本行政区域固体废物污染环境防治负责。

国家实行固体废物污染环境防治目标责任制和考核评价制度，将固体废物污染环境防治目标完成情况纳入考核评价的内容。

第八条 各级人民政府应当加强对固体废物污染环境防治工作的领导，组织、协调、督促有关部门依法履行固体废物污染环境防治监督管理职责。

省、自治区、直辖市之间可以协商建立跨行政区域固体废物污染环境的联防联控机制，统筹规划制定、设施建设、固体废物转移等工作。

第九条 国务院生态环境主管部门对全国固体废物污染环境防治工作实施统一监督管理。国务院发展改革、工业和信息化、自然资源、住房城乡建设、交通运输、农业农村、商务、卫生健康、海关等主管部门在各自职责范围内负责固体废物污染环境防治的监督管理工作。

地方人民政府生态环境主管部门对本行政区域固体废物污染环境防治工作实施统一监督管理。地方人民政府发展改革、工业和信息化、自然资源、住房城乡建设、交通运输、农业农村、商务、卫生健康等主管部门在各自职责范围内负责固体废物污染环境防治的监督管理工作。

第十条 国家鼓励、支持固体废物污染环境防治的科学研究、技术开发、先进技术推广和科学普及，加强固体废物污染环境防治科技支撑。

第十一条 国家机关、社会团体、企业事业单位、基层群众性自治组织和新闻媒体应当加强固体废物污染环境防治宣传教育和科学普及，增强公众固体废物污染环境防治意识。

学校应当开展生活垃圾分类以及其他固体废物污染环境防治知识普及和教育。

第十二条 各级人民政府对在固体废物污染环境防治工作以及相关的综合利用活动中做出显著成绩的单位和个人，按照国家有关规定给予表彰、奖励。

第二章　监督管理

第十三条 县级以上人民政府应当将固体废物污染环境防治工作纳入国民经济和社会发展规划、生态环境保护规划，并采取有效措施减少固体废物的产生量、促进固体废物的综合利用、降低固体废物的危害性，最大限度降低固体废物填埋量。

第十四条 国务院生态环境主管部门应当会同国务院有关部门根据国家环境质量标准和国家经济、技术条件，制定固体废物鉴别标准、鉴别程序和国家固体废物污染环境防治技术标准。

第十五条 国务院标准化主管部门应当会同国务院发展改革、工业和信息化、生态环境、农业农村等主管部门，制定固体废物综合利用标准。

综合利用固体废物应当遵守生态环境法律法规，符合固体废物污染环境防治技术标准。使用固体废物综合利用产物应当符合国家规定的用途、标准。

第十六条 国务院生态环境主管部门应当会同国务院有关部门建立全国危险废物等固体废物污染环境防治信息平台，推进固体废物收集、转移、处置等全过程监控和信息化追溯。

第十七条 建设产生、贮存、利用、处置固体废物的项目，应当依法进行环境影响评价，并遵守国家有关建设项目环境保护管理的规定。

第十八条 建设项目的环境影响评价文件确定需要配套建设的固体废物污染环境防治设施，应当与主体工程同时设计、同时施工、同时投入使用。建设项目的初步设计，应当按照环境保护设计规范的要求，将固体废物污染环境防治内容纳入环境影响评价文件，落实防治固体废物污染环境和破坏生态的措施以及固体废物污染环境防治设施投资概算。

建设单位应当依照有关法律法规的规定，对配套建设的固体废物污染环境防治设施进行验收，编制验收报告，并向社会公开。

第十九条　收集、贮存、运输、利用、处置固体废物的单位和其他生产经营者，应当加强对相关设施、设备和场所的管理和维护，保证其正常运行和使用。

第二十条　产生、收集、贮存、运输、利用、处置固体废物的单位和其他生产经营者，应当采取防扬散、防流失、防渗漏或者其他防止污染环境的措施，不得擅自倾倒、堆放、丢弃、遗撒固体废物。

禁止任何单位或者个人向江河、湖泊、运河、渠道、水库及其最高水位线以下的滩地和岸坡以及法律法规规定的其他地点倾倒、堆放、贮存固体废物。

第二十一条　在生态保护红线区域、永久基本农田集中区域和其他需要特别保护的区域内，禁止建设工业固体废物、危险废物集中贮存、利用、处置的设施、场所和生活垃圾填埋场。

第二十二条　转移固体废物出省、自治区、直辖市行政区域贮存、处置的，应当向固体废物移出地的省、自治区、直辖市人民政府生态环境主管部门提出申请。移出地的省、自治区、直辖市人民政府生态环境主管部门应当及时商经接受地的省、自治区、直辖市人民政府生态环境主管部门同意后，在规定期限内批准转移该固体废物出省、自治区、直辖市行政区域。未经批准的，不得转移。

转移固体废物出省、自治区、直辖市行政区域利用的，应当报固体废物移出地的省、自治区、直辖市人民政府生态环境主管部门备案。移出地的省、自治区、直辖市人民政府生态环境主管部门应当将备案信息通报接受地的省、自治区、直辖市人民政府生态环境主管部门。

第二十三条　禁止中华人民共和国境外的固体废物进境倾倒、堆放、处置。

第二十四条　国家逐步实现固体废物零进口，由国务院生态环境主管部门会同国务院商务、发展改革、海关等主管部门组织实施。

第二十五条　海关发现进口货物疑似固体废物的，可以委托专业机构开展属性鉴别，并根据鉴别结论依法管理。

第二十六条　生态环境主管部门及其环境执法机构和其他负有固体废物污染环境防治监督管理职责的部门，在各自职责范围内有权对从事产生、收集、贮存、运输、利用、处置固体废物等活动的单位和其他生产经营者进行现场检查。被检查者应当如实反映情况，并提供必要的资料。

实施现场检查，可以采取现场监测、采集样品、查阅或者复制与固体废物污染环境防治相关的资料等措施。检查人员进行现场检查，应当出示证件。对现场检查中知悉的商业秘密应当保密。

第二十七条　有下列情形之一，生态环境主管部门和其他负有固体废物污染环境防治监督管理职责的部门，可以对违法收集、贮存、运输、利用、处置的固体废物及设施、设备、场所、工具、物品予以查封、扣押：

（一）可能造成证据灭失、被隐匿或者非法转移的；

（二）造成或者可能造成严重环境污染的。

第二十八条　生态环境主管部门应当会同有关部门建立产生、收集、贮存、运输、利用、处置固体废物的单位和其他生产经营者信用记录制度，将相关信用记录纳入全国信用信息共享平台。

第二十九条　设区的市级人民政府生态环境主管部门应当会同住房城乡建设、农业农村、卫生健康等主管部门，定期向社会发布固体废物的种类、产生量、处置能力、利用处置状况等信息。

产生、收集、贮存、运输、利用、处置固体废物的单位，应当依法及时公开固体废物污染环境防治信息，主动接受社会监督。

利用、处置固体废物的单位，应当依法向公众开放设施、场所，提高公众环境保护意识和参与程度。

第三十条　县级以上人民政府应当将工业固体废物、生活垃圾、危险废物等固体废物污染环境防治情况纳入环境状况和环境保护目标完成情况年度报告，向本级人民代表大会或者人民代表大会常务委员会报告。

第三十一条 任何单位和个人都有权对造成固体废物污染环境的单位和个人进行举报。

生态环境主管部门和其他负有固体废物污染环境防治监督管理职责的部门应当将固体废物污染环境防治举报方式向社会公布，方便公众举报。

接到举报的部门应当及时处理并对举报人的相关信息予以保密；对实名举报并查证属实的，给予奖励。

举报人举报所在单位的，该单位不得以解除、变更劳动合同或者其他方式对举报人进行打击报复。

第三章　工业固体废物

第三十二条 国务院生态环境主管部门应当会同国务院发展改革、工业和信息化等主管部门对工业固体废物对公众健康、生态环境的危害和影响程度等作出界定，制定防治工业固体废物污染环境的技术政策，组织推广先进的防治工业固体废物污染环境的生产工艺和设备。

第三十三条 国务院工业和信息化主管部门应当会同国务院有关部门组织研究开发、推广减少工业固体废物产生量和降低工业固体废物危害性的生产工艺和设备，公布限期淘汰产生严重污染环境的工业固体废物的落后生产工艺、设备的名录。

生产者、销售者、进口者、使用者应当在国务院工业和信息化主管部门会同国务院有关部门规定的期限内分别停止生产、销售、进口或者使用列入前款规定名录中的设备。生产工艺的采用者应当在国务院工业和信息化主管部门会同国务院有关部门规定的期限内停止采用列入前款规定名录中的工艺。

列入限期淘汰名录被淘汰的设备，不得转让给他人使用。

第三十四条 国务院工业和信息化主管部门应当会同国务院发展改革、生态环境等主管部门，定期发布工业固体废物综合利用技术、工艺、设备和产品导向目录，组织开展工业固体废物资源综合利用评价，推动工业固体废物综合利用。

第三十五条 县级以上地方人民政府应当制定工业固体废物污染环境防治工作规划，组织建设工业固体废物集中处置等设施，推动工业固体废物污染环境防治工作。

第三十六条 产生工业固体废物的单位应当建立健全工业固体废物产生、收集、贮存、运输、利用、处置全过程的污染环境防治责任制度，建立工业固体废物管理台账，如实记录产生工业固体废物的种类、数量、流向、贮存、利用、处置等信息，实现工业固体废物可追溯、可查询，并采取防治工业固体废物污染环境的措施。

禁止向生活垃圾收集设施中投放工业固体废物。

第三十七条 产生工业固体废物的单位委托他人运输、利用、处置工业固体废物的，应当对受托方的主体资格和技术能力进行核实，依法签订书面合同，在合同中约定污染防治要求。

受托方运输、利用、处置工业固体废物，应当依照有关法律法规的规定和合同约定履行污染防治要求，并将运输、利用、处置情况告知产生工业固体废物的单位。

产生工业固体废物的单位违反本条第一款规定的，除依照有关法律法规的规定予以处罚外，还应当与造成环境污染和生态破坏的受托方承担连带责任。

第三十八条 产生工业固体废物的单位应当依法实施清洁生产审核，合理选择和利用原材料、能源和其他资源，采用先进的生产工艺和设备，减少工业固体废物的产生量，降低工业固体废物的危害性。

第三十九条 产生工业固体废物的单位应当取得排污许可证。排污许可的具体办法和实施步骤由国务院规定。

产生工业固体废物的单位应当向所在地生态环境主管部门提供工业固体废物的种类、数量、流向、贮存、利用、处置等有关资料，以及减少工业固体废物产生、促进综合利用的具体措施，并执行排污许可管理制度的相关规定。

第四十条 产生工业固体废物的单位应当根据经济、技术条件对工业固体废物加以利用；对暂时不利用或者不能利用的，应当按照国务院生态环境等主管部门的规定建设贮存设施、场所，安全分类存放，或者采取无害化处置措施。贮存工业固体废物应当采取符合国家环境保护标准的防护措施。

建设工业固体废物贮存、处置的设施、场所，应当符合国家环境保护标准。

第四十一条 产生工业固体废物的单位终止的，应当在终止前对工业固体废物的贮存、处置的设施、场所采取污染防治措施，并对未处置的工业固体废物作出妥善处置，防止污染环境。

产生工业固体废物的单位发生变更的，变更后的单位应当按照国家有关环境保护的规定对未处置的工业固体废物及其贮存、处置的设施、场所进行安全处置或者采取有效措施保证该设施、场所安全运行。变更前当事人对工业固体废物及其贮存、处置的设施、场所的污染防治责任另有约定的，从其约定；但是，不得免除当事人的污染防治义务。

对2005年4月1日前已经终止的单位未处置的工业固体废物及其贮存、处置的设施、场所进行安全处置的费用，由有关人民政府承担；但是，该单位享有的土地使用权依法转让的，应当由土地使用权受让人承担处置费用。当事人另有约定的，从其约定；但是，不得免除当事人的污染防治义务。

第四十二条 矿山企业应当采取科学的开采方法和选矿工艺，减少尾矿、煤矸石、废石等矿业固体废物的产生量和贮存量。

国家鼓励采取先进工艺对尾矿、煤矸石、废石等矿业固体废物进行综合利用。

尾矿、煤矸石、废石等矿业固体废物贮存设施停止使用后，矿山企业应当按照国家有关环境保护等规定进行封场，防止造成环境污染和生态破坏。

第四章 生活垃圾

第四十三条 县级以上地方人民政府应当加快建立分类投放、分类收集、分类运输、分类处理的生活垃圾管理系统，实现生活垃圾分类制度有效覆盖。

县级以上地方人民政府应当建立生活垃圾分类工作协调机制，加强和统筹生活垃圾分类管理能力建设。

各级人民政府及其有关部门应当组织开展生活垃圾分类宣传，教育引导公众养成生活垃圾分类习惯，督促和指导生活垃圾分类工作。

第四十四条 县级以上地方人民政府应当有计划地改进燃料结构，发展清洁能源，减少燃料废渣等固体废物的产生量。

县级以上地方人民政府有关部门应当加强产品生产和流通过程管理，避免过度包装，组织净菜上市，减少生活垃圾的产生量。

第四十五条 县级以上人民政府应当统筹安排建设城乡生活垃圾收集、运输、处理设施，确定设施厂址，提高生活垃圾的综合利用和无害化处置水平，促进生活垃圾收集、处理的产业化发展，逐步建立和完善生活垃圾污染环境防治的社会服务体系。

县级以上地方人民政府有关部门应当统筹规划，合理安排回收、分拣、打包网点，促进生活垃圾的回收利用工作。

第四十六条 地方各级人民政府应当加强农村生活垃圾污染环境的防治，保护和改善农村人居环境。

国家鼓励农村生活垃圾源头减量。城乡接合部、人口密集的农村地区和其他有条件的地方，应当建立城乡一体的生活垃圾管理系统；其他农村地区应当积极探索生活垃圾管理模式，因地制宜，就近就地利用或者妥善处理生活垃圾。

第四十七条 设区的市级以上人民政府环境卫生主管部门应当制定生活垃圾清扫、收集、贮存、运输和处理设施、场所建设运行规范，发布生活垃圾分类指导目录，加强监督管理。

第四十八条 县级以上地方人民政府环境卫生等主管部门应当组织对城乡生活垃圾进行清扫、收集、运输和处理，可以通过招标等方式选择具备条件的单位从事生活垃圾的清扫、收集、运输和处理。

第四十九条 产生生活垃圾的单位、家庭和个人应当依法履行生活垃圾源头减量和分类投放义务，承担生活垃圾产生者责任。

任何单位和个人都应当依法在指定的地点分类投放生活垃圾。禁止随意倾倒、抛撒、堆放或者焚烧生活垃圾。

机关、事业单位等应当在生活垃圾分类工作中起示范带头作用。

已经分类投放的生活垃圾，应当按照规定分类收集、分类运输、分类处理。

第五十条 清扫、收集、运输、处理城乡生活垃圾，应当遵守国家有关环境保护和环境卫生管理的规定，防止污染环境。

从生活垃圾中分类并集中收集的有害垃圾，属于危险废物的，应当按照危险废物管理。

第五十一条 从事公共交通运输的经营单位，应当及时清扫、收集运输过程中产生的生活垃圾。

第五十二条 农贸市场、农产品批发市场等应当加强环境卫生管理，保持环境卫生清洁，对所产生的垃圾及时清扫、分类收集、妥善处理。

第五十三条 从事城市新区开发、旧区改建和住宅小区开发建设、村镇建设的单位，以及机场、码头、车站、公园、商场、体育场馆等公共设施、场所的经营管理单位，应当按照国家有关环境卫生的规定，配套建设生活垃圾收集设施。

县级以上地方人民政府应当统筹生活垃圾公共转运、处理设施与前款规定的收集设施的有效衔接，并加强生活垃圾分类收运体系和再生资源回收体系在规划、建设、运营等方面的融合。

第五十四条 从生活垃圾中回收的物质应当按照国家规定的用途、标准使用，不得用于生产可能危害人体健康的产品。

第五十五条 建设生活垃圾处理设施、场所，应当符合国务院生态环境主管部门和国务院、住房和城乡建设主管部门规定的环境保护和环境卫生标准。

鼓励相邻地区统筹生活垃圾处理设施建设，促进生活垃圾处理设施跨行政区域共建共享。

禁止擅自关闭、闲置或者拆除生活垃圾处理设施、场所；确有必要关闭、闲置或者拆除的，应当经所在地的市、县级人民政府环境卫生主管部门商所在地生态环境主管部门同意后核准，并采取防止污染环境的措施。

第五十六条 生活垃圾处理单位应当按照国家有关规定，安装使用监测设备，实时监测污染物的排放情况，将污染排放数据实时公开。监测设备应当与所在地生态环境主管部门的监控设备联网。

第五十七条 县级以上地方人民政府环境卫生主管部门负责组织开展厨余垃圾资源化、无害化处理工作。

产生、收集厨余垃圾的单位和其他生产经营者，应当将厨余垃圾交由具备相应资质条件的单位进行无害化处理。

禁止畜禽养殖场、养殖小区利用未经无害化处理的厨余垃圾饲喂畜禽。

第五十八条 县级以上地方人民政府应当按照产生者付费原则，建立生活垃圾处理收费制度。

县级以上地方人民政府制定生活垃圾处理收费标准，应当根据本地实际，结合生活垃圾分类情况，体现分类计价、计量收费等差别化管理，并充分征求公众意见。生活垃圾处理收费标准应当向社会公布。

生活垃圾处理费应当专项用于生活垃圾的收集、运输和处理等，不得挪作他用。

第五十九条 省、自治区、直辖市和设区的市、自治州可以结合实际，制定本地方生活垃圾具体管理办法。

第五章 建筑垃圾、农业固体废物等

第六十条 县级以上地方人民政府应当加强建筑垃圾污染环境的防治，建立建筑垃圾分类处理制度。

县级以上地方人民政府应当制定包括源头减量、分类处理、消纳设施和场所布局及建设等在内的建筑垃圾污染环境防治工作规划。

第六十一条 国家鼓励采用先进技术、工艺、设备和管理措施，推进建筑垃圾源头减量，建立建筑垃圾回收利用体系。

县级以上地方人民政府应当推动建筑垃圾综合利用产品应用。

第六十二条 县级以上地方人民政府环境卫生主管部门负责建筑垃圾污染环境防治工作，建立建筑垃圾全过程管理制度，规范建筑垃圾产生、收集、贮存、运输、利用、处置行为，推进综合利用，加强建筑垃圾处置设施、场所建设，保障处置安全，防止污染环境。

第六十三条 工程施工单位应当编制建筑垃圾处理方案，采取污染防治措施，并报县级以上地方人民政府环境卫生主管部门备案。

工程施工单位应当及时清运工程施工过程中产生的建筑垃圾等固体废物，并按照环境卫生主管部门的规定进行利用或者处置。

工程施工单位不得擅自倾倒、抛撒或者堆放工程施工过程中产生的建筑垃圾。

第六十四条 县级以上人民政府农业农村主管部门负责指导农业固体废物回收利用体系建设，鼓励和引导有关单位和其他生产经营者依法收集、贮存、运输、利用、处置农业固体废物，加强监督管理，防止污染环境。

第六十五条 产生秸秆、废弃农用薄膜、农药包装废弃物等农业固体废物的单位和其他生产经营者，应当采取回收利用和其他防止污染环境的措施。

从事畜禽规模养殖应当及时收集、贮存、利用或者处置养殖过程中产生的畜禽粪污等固体废物，避免造成环境污染。

禁止在人口集中地区、机场周围、交通干线附近以及当地人民政府划定的其他区域露天焚烧秸秆。

国家鼓励研究开发、生产、销售、使用在环境中可降解且无害的农用薄膜。

第六十六条 国家建立电器电子、铅蓄电池、车用动力电池等产品的生产者责任延伸制度。

电器电子、铅蓄电池、车用动力电池等产品的生产者应当按照规定以自建或者委托等方式建立与产品销售量相匹配的废旧产品回收体系，并向社会公开，实现有效回收和利用。

国家鼓励产品的生产者开展生态设计，促进资源回收利用。

第六十七条 国家对废弃电器电子产品等实行多渠道回收和集中处理制度。

禁止将废弃机动车船等交由不符合规定条件的企业或者个人回收、拆解。

拆解、利用、处置废弃电器电子产品、废弃机动车船等，应当遵守有关法律法规的规定，采取防止污染环境的措施。

第六十八条 产品和包装物的设计、制造，应当遵守国家有关清洁生产的规定。国务院标准化主管部门应当根据国家经济和技术条件、固体废物污染环境防治状况以及产品的技术要求，组织制定有关标准，防止过度包装造成环境污染。

生产经营者应当遵守限制商品过度包装的强制性标准，避免过度包装。县级以上地方人民政府市场监督管理部门和有关部门应当按照各自职责，加强对过度包装的监督管理。

生产、销售、进口依法被列入强制回收目录的产品和包装物的企业，应当按照国家有关规定对该产品

和包装物进行回收。

电子商务、快递、外卖等行业应当优先采用可重复使用、易回收利用的包装物，优化物品包装，减少包装物的使用，并积极回收利用包装物。县级以上地方人民政府商务、邮政等主管部门应当加强监督管理。

国家鼓励和引导消费者使用绿色包装和减量包装。

第六十九条 国家依法禁止、限制生产、销售和使用不可降解塑料袋等一次性塑料制品。

商品零售场所开办单位、电子商务平台企业和快递企业、外卖企业应当按照国家有关规定向商务、邮政等主管部门报告塑料袋等一次性塑料制品的使用、回收情况。

国家鼓励和引导减少使用、积极回收塑料袋等一次性塑料制品，推广应用可循环、易回收、可降解的替代产品。

第七十条 旅游、住宿等行业应当按照国家有关规定推行不主动提供一次性用品。

机关、企业事业单位等的办公场所应当使用有利于保护环境的产品、设备和设施，减少使用一次性办公用品。

第七十一条 城镇污水处理设施维护运营单位或者污泥处理单位应当安全处理污泥，保证处理后的污泥符合国家有关标准，对污泥的流向、用途、用量等进行跟踪、记录，并报告城镇排水主管部门、生态环境主管部门。

县级以上人民政府城镇排水主管部门应当将污泥处理设施纳入城镇排水与污水处理规划，推动同步建设污泥处理设施与污水处理设施，鼓励协同处理，污水处理费征收标准和补偿范围应当覆盖污泥处理成本和污水处理设施正常运营成本。

第七十二条 禁止擅自倾倒、堆放、丢弃、遗撒城镇污水处理设施产生的污泥和处理后的污泥。

禁止重金属或者其他有毒有害物质含量超标的污泥进入农用地。

从事水体清淤疏浚应当按照国家有关规定处理清淤疏浚过程中产生的底泥，防止污染环境。

第七十三条 各级各类实验室及其设立单位应当加强对实验室产生的固体废物的管理，依法收集、贮存、运输、利用、处置实验室固体废物。实验室固体废物属于危险废物的，应当按照危险废物管理。

第六章 危险废物

第七十四条 危险废物污染环境的防治，适用本章规定；本章未作规定的，适用本法其他有关规定。

第七十五条 国务院生态环境主管部门应当会同国务院有关部门制定国家危险废物名录，规定统一的危险废物鉴别标准、鉴别方法、识别标志和鉴别单位管理要求。国家危险废物名录应当动态调整。

国务院生态环境主管部门根据危险废物的危害特性和产生数量，科学评估其环境风险，实施分级分类管理，建立信息化监管体系，并通过信息化手段管理、共享危险废物转移数据和信息。

第七十六条 省、自治区、直辖市人民政府应当组织有关部门编制危险废物集中处置设施、场所的建设规划，科学评估危险废物处置需求，合理布局危险废物集中处置设施、场所，确保本行政区域的危险废物得到妥善处置。

编制危险废物集中处置设施、场所的建设规划，应当征求有关行业协会、企业事业单位、专家和公众等方面的意见。

相邻省、自治区、直辖市之间可以开展区域合作，统筹建设区域性危险废物集中处置设施、场所。

第七十七条 对危险废物的容器和包装物以及收集、贮存、运输、利用、处置危险废物的设施、场所，应当按照规定设置危险废物识别标志。

第七十八条 产生危险废物的单位，应当按照国家有关规定制定危险废物管理计划；建立危险废物管理台账，如实记录有关信息，并通过国家危险废物信息管理系统向所在地生态环境主管部门申报危险废物的种类、产生量、流向、贮存、处置等有关资料。

前款所称危险废物管理计划应当包括减少危险废物产生量和降低危险废物危害性的措施以及危险废物贮存、利用、处置措施。危险废物管理计划应当报产生危险废物的单位所在地生态环境主管部门备案。

产生危险废物的单位已经取得排污许可证的，执行排污许可管理制度的规定。

第七十九条 产生危险废物的单位，应当按照国家有关规定和环境保护标准要求贮存、利用、处置危险废物，不得擅自倾倒、堆放。

第八十条 从事收集、贮存、利用、处置危险废物经营活动的单位，应当按照国家有关规定申请取得许可证。许可证的具体管理办法由国务院制定。

禁止无许可证或者未按照许可证规定从事危险废物收集、贮存、利用、处置的经营活动。

禁止将危险废物提供或者委托给无许可证的单位或者其他生产经营者从事收集、贮存、利用、处置活动。

第八十一条 收集、贮存危险废物，应当按照危险废物特性分类进行。禁止混合收集、贮存、运输、处置性质不相容而未经安全性处置的危险废物。

贮存危险废物应当采取符合国家环境保护标准的防护措施。禁止将危险废物混入非危险废物中贮存。

从事收集、贮存、利用、处置危险废物经营活动的单位，贮存危险废物不得超过一年；确需延长期限的，应当报经颁发许可证的生态环境主管部门批准；法律、行政法规另有规定的除外。

第八十二条 转移危险废物的，应当按照国家有关规定填写、运行危险废物电子或者纸质转移联单。

跨省、自治区、直辖市转移危险废物的，应当向危险废物移出地省、自治区、直辖市人民政府生态环境主管部门申请。移出地省、自治区、直辖市人民政府生态环境主管部门应当及时商经接受地省、自治区、直辖市人民政府生态环境主管部门同意后，在规定期限内批准转移该危险废物，并将批准信息通报相关省、自治区、直辖市人民政府生态环境主管部门和交通运输主管部门。未经批准的，不得转移。

危险废物转移管理应当全程管控、提高效率，具体办法由国务院生态环境主管部门会同国务院交通运输主管部门和公安部门制定。

第八十三条 运输危险废物，应当采取防止污染环境的措施，并遵守国家有关危险货物运输管理的规定。

禁止将危险废物与旅客在同一运输工具上载运。

第八十四条 收集、贮存、运输、利用、处置危险废物的场所、设施、设备和容器、包装物及其他物品转作他用时，应当按照国家有关规定经过消除污染处理，方可使用。

第八十五条 产生、收集、贮存、运输、利用、处置危险废物的单位，应当依法制定意外事故的防范措施和应急预案，并向所在地生态环境主管部门和其他负有固体废物污染环境防治监督管理职责的部门备案；生态环境主管部门和其他负有固体废物污染环境防治监督管理职责的部门应当进行检查。

第八十六条 因发生事故或者其他突发性事件，造成危险废物严重污染环境的单位，应当立即采取有效措施消除或者减轻对环境的污染危害，及时通报可能受到污染危害的单位和居民，并向所在地生态环境主管部门和有关部门报告，接受调查处理。

第八十七条 在发生或者有证据证明可能发生危险废物严重污染环境、威胁居民生命财产安全时，生态环境主管部门或者其他负有固体废物污染环境防治监督管理职责的部门应当立即向本级人民政府和上一级人民政府有关部门报告，由人民政府采取防止或者减轻危害的有效措施。有关人民政府可以根据需要责令停止导致或者可能导致环境污染事故的作业。

第八十八条 重点危险废物集中处置设施、场所退役前，运营单位应当按照国家有关规定对设施、场所采取污染防治措施。退役的费用应当预提，列入投资概算或者生产成本，专门用于重点危险废物集中处置设施、场所的退役。具体提取和管理办法，由国务院财政部门、价格主管部门会同国务院生态环境主管部门规定。

第八十九条 禁止经中华人民共和国过境转移危险废物。

第九十条 医疗废物按照国家危险废物名录管理。县级以上地方人民政府应当加强医疗废物集中处置能力建设。

县级以上人民政府卫生健康、生态环境等主管部门应当在各自职责范围内加强对医疗废物收集、贮存、运输、处置的监督管理，防止危害公众健康、污染环境。

医疗卫生机构应当依法分类收集本单位产生的医疗废物，交由医疗废物集中处置单位处置。医疗废物集中处置单位应当及时收集、运输和处置医疗废物。

医疗卫生机构和医疗废物集中处置单位，应当采取有效措施，防止医疗废物流失、泄漏、渗漏、扩散。

第九十一条 重大传染病疫情等突发事件发生时，县级以上人民政府应当统筹协调医疗废物等危险废物收集、贮存、运输、处置等工作，保障所需的车辆、场地、处置设施和防护物资。卫生健康、生态环境、环境卫生、交通运输等主管部门应当协同配合，依法履行应急处置职责。

第七章 保障措施

第九十二条 国务院有关部门、县级以上地方人民政府及其有关部门在编制国土空间规划和相关专项规划时，应当统筹生活垃圾、建筑垃圾、危险废物等固体废物转运、集中处置等设施建设需求，保障转运、集中处置等设施用地。

第九十三条 国家采取有利于固体废物污染环境防治的经济、技术政策和措施，鼓励、支持有关方面采取有利于固体废物污染环境防治的措施，加强对从事固体废物污染环境防治工作人员的培训和指导，促进固体废物污染环境防治产业专业化、规模化发展。

第九十四条 国家鼓励和支持科研单位、固体废物产生单位、固体废物利用单位、固体废物处置单位等联合攻关，研究开发固体废物综合利用、集中处置等的新技术，推动固体废物污染环境防治技术进步。

第九十五条 各级人民政府应当加强固体废物污染环境的防治，按照事权划分的原则安排必要的资金用于下列事项：

（一）固体废物污染环境防治的科学研究、技术开发；

（二）生活垃圾分类；

（三）固体废物集中处置设施建设；

（四）重大传染病疫情等突发事件产生的医疗废物等危险废物应急处置；

（五）涉及固体废物污染环境防治的其他事项。

使用资金应当加强绩效管理和审计监督，确保资金使用效益。

第九十六条 国家鼓励和支持社会力量参与固体废物污染环境防治工作，并按照国家有关规定给予政策扶持。

第九十七条 国家发展绿色金融，鼓励金融机构加大对固体废物污染环境防治项目的信贷投放。

第九十八条 从事固体废物综合利用等固体废物污染环境防治工作的，依照法律、行政法规的规定，享受税收优惠。

国家鼓励并提倡社会各界为防治固体废物污染环境捐赠财产，并依照法律、行政法规的规定，给予税收优惠。

第九十九条 收集、贮存、运输、利用、处置危险废物的单位，应当按照国家有关规定，投保环境污染责任保险。

第一百条 国家鼓励单位和个人购买、使用综合利用产品和可重复使用产品。

县级以上人民政府及其有关部门在政府采购过程中,应当优先采购综合利用产品和可重复使用产品。

第八章 法律责任

第一百零一条 生态环境主管部门或者其他负有固体废物污染环境防治监督管理职责的部门违反本法规定,有下列行为之一,由本级人民政府或者上级人民政府有关部门责令改正,对直接负责的主管人员和其他直接责任人员依法给予处分:

(一)未依法作出行政许可或者办理批准文件的;

(二)对违法行为进行包庇的;

(三)未依法查封、扣押的;

(四)发现违法行为或者接到对违法行为的举报后未予查处的;

(五)有其他滥用职权、玩忽职守、徇私舞弊等违法行为的。

依照本法规定应当作出行政处罚决定而未作出的,上级主管部门可以直接作出行政处罚决定。

第一百零二条 违反本法规定,有下列行为之一,由生态环境主管部门责令改正,处以罚款,没收违法所得;情节严重的,报经有批准权的人民政府批准,可以责令停业或者关闭:

(一)产生、收集、贮存、运输、利用、处置固体废物的单位未依法及时公开固体废物污染环境防治信息的;

(二)生活垃圾处理单位未按照国家有关规定安装使用监测设备、实时监测污染物的排放情况并公开污染排放数据的;

(三)将列入限期淘汰名录被淘汰的设备转让给他人使用的;

(四)在生态保护红线区域、永久基本农田集中区域和其他需要特别保护的区域内,建设工业固体废物、危险废物集中贮存、利用、处置的设施、场所和生活垃圾填埋场的;

(五)转移固体废物出省、自治区、直辖市行政区域贮存、处置未经批准的;

(六)转移固体废物出省、自治区、直辖市行政区域利用未报备案的;

(七)擅自倾倒、堆放、丢弃、遗撒工业固体废物,或者未采取相应防范措施,造成工业固体废物扬散、流失、渗漏或者其他环境污染的;

(八)产生工业固体废物的单位未建立固体废物管理台账并如实记录的;

(九)产生工业固体废物的单位违反本法规定委托他人运输、利用、处置工业固体废物的;

(十)贮存工业固体废物未采取符合国家环境保护标准的防护措施的;

(十一)单位和其他生产经营者违反固体废物管理其他要求,污染环境、破坏生态的。

有前款第一项、第八项行为之一,处五万元以上二十万元以下的罚款;有前款第二项、第三项、第四项、第五项、第六项、第九项、第十项、第十一项行为之一,处十万元以上一百万元以下的罚款;有前款第七项行为,处所需处置费用一倍以上三倍以下的罚款,所需处置费用不足十万元的,按十万元计算。对前款第十一项行为的处罚,有关法律、行政法规另有规定的,适用其规定。

第一百零三条 违反本法规定,以拖延、围堵、滞留执法人员等方式拒绝、阻挠监督检查,或者在接受监督检查时弄虚作假的,由生态环境主管部门或者其他负有固体废物污染环境防治监督管理职责的部门责令改正,处五万元以上二十万元以下的罚款;对直接负责的主管人员和其他直接责任人员,处二万元以上十万元以下的罚款。

第一百零四条 违反本法规定,未依法取得排污许可证产生工业固体废物的,由生态环境主管部门责令改正或者限制生产、停产整治，处十万元以上一百万元以下的罚款；情节严重的，报经有批准权的人民政府批准，责令停业或者关闭。

第一百零五条 违反本法规定，生产经营者未遵守限制商品过度包装的强制性标准的，由县级以上地方人民政府市场监督管理部门或者有关部门责令改正；拒不改正的，处二千元以上二万元以下的罚款；情节严重的，处二万元以上十万元以下的罚款。

第一百零六条 违反本法规定，未遵守国家有关禁止、限制使用不可降解塑料袋等一次性塑料制品的规定，或者未按照国家有关规定报告塑料袋等一次性塑料制品的使用情况的，由县级以上地方人民政府商务、邮政等主管部门责令改正，处一万元以上十万元以下的罚款。

第一百零七条 从事畜禽规模养殖未及时收集、贮存、利用或者处置养殖过程中产生的畜禽粪污等固体废物的，由生态环境主管部门责令改正，可以处十万元以下的罚款；情节严重的，报经有批准权的人民政府批准，责令停业或者关闭。

第一百零八条 违反本法规定，城镇污水处理设施维护运营单位或者污泥处理单位对污泥流向、用途、用量等未进行跟踪、记录，或者处理后的污泥不符合国家有关标准的，由城镇排水主管部门责令改正，给予警告；造成严重后果的，处十万元以上二十万元以下的罚款；拒不改正的，城镇排水主管部门可以指定有治理能力的单位代为治理，所需费用由违法者承担。

违反本法规定，擅自倾倒、堆放、丢弃、遗撒城镇污水处理设施产生的污泥和处理后的污泥的，由城镇排水主管部门责令改正，处二十万元以上二百万元以下的罚款，对直接负责的主管人员和其他直接责任人员处二万元以上十万元以下的罚款；造成严重后果的，处二百万元以上五百万元以下的罚款，对直接负责的主管人员和其他直接责任人员处五万元以上五十万元以下的罚款；拒不改正的，城镇排水主管部门可以指定有治理能力的单位代为治理，所需费用由违法者承担。

第一百零九条 违反本法规定，生产、销售、进口或者使用淘汰的设备，或者采用淘汰的生产工艺的，由县级以上地方人民政府指定的部门责令改正，处十万元以上一百万元以下的罚款，没收违法所得；情节严重的，由县级以上地方人民政府指定的部门提出意见，报经有批准权的人民政府批准，责令停业或者关闭。

第一百一十条 尾矿、煤矸石、废石等矿业固体废物贮存设施停止使用后，未按照国家有关环境保护规定进行封场的，由生态环境主管部门责令改正，处二十万元以上一百万元以下的罚款。

第一百一十一条 违反本法规定，有下列行为之一，由县级以上地方人民政府环境卫生主管部门责令改正，处以罚款，没收违法所得：

（一）随意倾倒、抛撒、堆放或者焚烧生活垃圾的；

（二）擅自关闭、闲置或者拆除生活垃圾处理设施、场所的；

（三）工程施工单位未编制建筑垃圾处理方案报备案，或者未及时清运施工过程中产生的固体废物的；

（四）工程施工单位擅自倾倒、抛撒或者堆放工程施工过程中产生的建筑垃圾，或者未按照规定对施工过程中产生的固体废物进行利用或者处置的；

（五）产生、收集厨余垃圾的单位和其他生产经营者未将厨余垃圾交由具备相应资质条件的单位进行无害化处理的；

（六）畜禽养殖场、养殖小区利用未经无害化处理的厨余垃圾饲喂畜禽的；

（七）在运输过程中沿途丢弃、遗撒生活垃圾的。

单位有前款第一项、第七项行为之一，处五万元以上五十万元以下的罚款；单位有前款第二项、第三项、第四项、第五项、第六项行为之一，处十万元以上一百万元以下的罚款；个人有前款第一项、第五项、第七项行为之一，处一百元以上五百元以下的罚款。

违反本法规定，未在指定的地点分类投放生活垃圾的，由县级以上地方人民政府环境卫生主管部门责令改正；情节严重的，对单位处五万元以上五十万元以下的罚款，对个人依法处以罚款。

第一百一十二条 违反本法规定，有下列行为之一，由生态环境主管部门责令改正，处以罚款，没收违法所得；情节严重的，报经有批准权的人民政府批准，可以责令停业或者关闭：

（一）未按照规定设置危险废物识别标志的；
（二）未按照国家有关规定制定危险废物管理计划或者申报危险废物有关资料的；
（三）擅自倾倒、堆放危险废物的；
（四）将危险废物提供或者委托给无许可证的单位或者其他生产经营者从事经营活动的；
（五）未按照国家有关规定填写、运行危险废物转移联单或者未经批准擅自转移危险废物的；
（六）未按照国家环境保护标准贮存、利用、处置危险废物或者将危险废物混入非危险废物中贮存的；
（七）未经安全性处置，混合收集、贮存、运输、处置具有不相容性质的危险废物的；
（八）将危险废物与旅客在同一运输工具上载运的；
（九）未经消除污染处理，将收集、贮存、运输、处置危险废物的场所、设施、设备和容器、包装物及其他物品转作他用的；
（十）未采取相应防范措施，造成危险废物扬散、流失、渗漏或者其他环境污染的；
（十一）在运输过程中沿途丢弃、遗撒危险废物的；
（十二）未制定危险废物意外事故防范措施和应急预案的；
（十三）未按照国家有关规定建立危险废物管理台账并如实记录的。

有前款第一项、第二项、第五项、第六项、第七项、第八项、第九项、第十二项、第十三项行为之一，处十万元以上一百万元以下的罚款；有前款第三项、第四项、第十项、第十一项行为之一，处所需处置费用三倍以上五倍以下的罚款，所需处置费用不足二十万元的，按二十万元计算。

第一百一十三条 违反本法规定，危险废物产生者未按照规定处置其产生的危险废物被责令改正后拒不改正的，由生态环境主管部门组织代为处置，处置费用由危险废物产生者承担；拒不承担代为处置费用的，处代为处置费用一倍以上三倍以下的罚款。

第一百一十四条 无许可证从事收集、贮存、利用、处置危险废物经营活动的，由生态环境主管部门责令改正，处一百万元以上五百万元以下的罚款，并报经有批准权的人民政府批准，责令停业或者关闭；对法定代表人、主要负责人、直接负责的主管人员和其他责任人员，处十万元以上一百万元以下的罚款。

未按照许可证规定从事收集、贮存、利用、处置危险废物经营活动的，由生态环境主管部门责令改正，限制生产、停产整治，处五十万元以上二百万元以下的罚款；对法定代表人、主要负责人、直接负责的主管人员和其他责任人员，处五万元以上五十万元以下的罚款；情节严重的，报经有批准权的人民政府批准，责令停业或者关闭，还可以由发证机关吊销许可证。

第一百一十五条 违反本法规定，将中华人民共和国境外的固体废物输入境内的，由海关责令退运该固体废物，处五十万元以上五百万元以下的罚款。

承运人对前款规定的固体废物的退运、处置，与进口者承担连带责任。

第一百一十六条 违反本法规定，经中华人民共和国过境转移危险废物的，由海关责令退运该危险废物，处五十万元以上五百万元以下的罚款。

第一百一十七条 对已经非法入境的固体废物，由省级以上人民政府生态环境主管部门依法向海关提出处理意见，海关应当依照本法第一百一十五条的规定作出处罚决定；已经造成环境污染的，由省级以上人民政府生态环境主管部门责令进口者消除污染。

第一百一十八条 违反本法规定,造成固体废物污染环境事故的,除依法承担赔偿责任外,由生态环境主管部门依照本条第二款的规定处以罚款,责令限期采取治理措施;造成重大或者特大固体废物污染环境事故的,还可以报经有批准权的人民政府批准,责令关闭。

造成一般或者较大固体废物污染环境事故的,按照事故造成的直接经济损失的一倍以上三倍以下计算罚款;造成重大或者特大固体废物污染环境事故的,按照事故造成的直接经济损失的三倍以上五倍以下计算罚款,并对法定代表人、主要负责人、直接负责的主管人员和其他责任人员处上一年度从本单位取得的收入百分之五十以下的罚款。

第一百一十九条 单位和其他生产经营者违反本法规定排放固体废物,受到罚款处罚,被责令改正的,依法作出处罚决定的行政机关应当组织复查,发现其继续实施该违法行为的,依照《中华人民共和国环境保护法》的规定按日连续处罚。

第一百二十条 违反本法规定,有下列行为之一,尚不构成犯罪的,由公安机关对法定代表人、主要负责人、直接负责的主管人员和其他责任人员处十日以上十五日以下的拘留;情节较轻的,处五日以上十日以下的拘留:

(一)擅自倾倒、堆放、丢弃、遗撒固体废物,造成严重后果的;

(二)在生态保护红线区域、永久基本农田集中区域和其他需要特别保护的区域内,建设工业固体废物、危险废物集中贮存、利用、处置的设施、场所和生活垃圾填埋场的;

(三)将危险废物提供或者委托给无许可证的单位或者其他生产经营者堆放、利用、处置的;

(四)无许可证或者未按照许可证规定从事收集、贮存、利用、处置危险废物经营活动的;

(五)未经批准擅自转移危险废物的;

(六)未采取防范措施,造成危险废物扬散、流失、渗漏或者其他严重后果的。

第一百二十一条 固体废物污染环境、破坏生态,损害国家利益、社会公共利益的,有关机关和组织可以依照《中华人民共和国环境保护法》《中华人民共和国民事诉讼法》《中华人民共和国行政诉讼法》等法律的规定向人民法院提起诉讼。

第一百二十二条 固体废物污染环境、破坏生态给国家造成重大损失的,由设区的市级以上地方人民政府或者其指定的部门、机构组织与造成环境污染和生态破坏的单位和其他生产经营者进行磋商,要求其承担损害赔偿责任;磋商未达成一致的,可以向人民法院提起诉讼。

对于执法过程中查获的无法确定责任人或者无法退运的固体废物,由所在地县级以上地方人民政府组织处理。

第一百二十三条 违反本法规定,构成违反治安管理行为的,由公安机关依法给予治安管理处罚;构成犯罪的,依法追究刑事责任;造成人身、财产损害的,依法承担民事责任。

第九章 附则

第一百二十四条 本法下列用语的含义:

(一)固体废物,是指在生产、生活和其他活动中产生的丧失原有利用价值或者虽未丧失利用价值但被抛弃或者放弃的固态、半固态和置于容器中的气态的物品、物质以及法律、行政法规规定纳入固体废物管理的物品、物质。经无害化加工处理,并且符合强制性国家产品质量标准,不会危害公众健康和生态安全,或者根据固体废物鉴别标准和鉴别程序认定为不属于固体废物的除外。

(二)工业固体废物,是指在工业生产活动中产生的固体废物。

(三)生活垃圾,是指在日常生活中或者为日常生活提供服务的活动中产生的固体废物,以及法律、行政法规规定视为生活垃圾的固体废物。

（四）建筑垃圾，是指建设单位、施工单位新建、改建、扩建和拆除各类建筑物、构筑物、管网等，以及居民装饰装修房屋过程中产生的弃土、弃料和其他固体废物。

（五）农业固体废物，是指在农业生产活动中产生的固体废物。

（六）危险废物，是指列入国家危险废物名录或者根据国家规定的危险废物鉴别标准和鉴别方法认定的具有危险特性的固体废物。

（七）贮存，是指将固体废物临时置于特定设施或者场所中的活动。

（八）利用，是指从固体废物中提取物质作为原材料或者燃料的活动。

（九）处置，是指将固体废物焚烧和用其他改变固体废物的物理、化学、生物特性的方法，达到减少已产生的固体废物数量、缩小固体废物体积、减少或者消除其危险成分的活动，或者将固体废物最终置于符合环境保护规定要求的填埋场的活动。

第一百二十五条　液态废物的污染防治，适用本法；但是，排入水体的废水的污染防治适用有关法律，不适用本法。

第一百二十六条　本法自 2020 年 9 月 1 日起施行。

附录二　危险废物鉴别标准

（一）危险废物鉴别标准—腐蚀性鉴别（GB 5085.1—2007）

1　范围

本标准规定了腐蚀性危险废物的鉴别标准。

本标准适用于任何生产、生活和其他活动中产生的固体废物的腐蚀性鉴别。

2　规范性引用文件

下列文件中的条款通过 GB 5085 的本部分的引用而成为本标准的条款。凡是不注日期的引用文件，其最新版本适用于本标准。

GB/T 699	优质碳素结构钢
GB/T 15555.12	固体废物腐蚀性测定—玻璃电极法
HJ/T 298	危险废物鉴别技术规范
JB/T 7901	金属材料实验室均匀腐蚀全浸试验方法

3　鉴别标准

符合下列条件之一的固体废物，属于危险废物。

3.1　按照 GB/T 15555.12 制备的浸出液，pH 值 $\geq$ 12.5，或者 $\leq$ 2.0。

3.2　在 55℃条件下，对 GB/T 699 中规定的 20 号钢材的腐蚀速率 $\geq$ 6.35mm/a。

4　实验方法

4.1　采样点和采样方法按照 HJ/T 298 进行。

4.2　第 3.1 条所列的 pH 值测定按照 GB/T 15555.12 进行。

4.3　第 3.2 条所列的腐蚀速率测定按照 JB/T 7901 进行。

5　标准实施

本标准由县级以上人民政府环境保护行政主管部门负责监督实施。

（二）危险废物鉴别标准—急性毒性初筛（GB 5085.2—2007）

1　范围

本标准规定了急性毒性危险废物的初筛标准。

本标准适用于任何生产、生活和其他活动中产生的固体废物的急性毒性鉴别。

2　规范性引用文件

下列文件中的条款通过 GB 5085 的本部分的引用而成为本标准的条款。凡是不注日期的引用文件，其最新版本适用于本标准。

HJ/T 153　　　　　　化学品测试导则

HJ/T 298　　　　　　危险废物鉴别技术规范

3　术语和定义

下列术语和定义适用于本标准。

3.1　口服毒性半数致死量 LD_{50}　LD_{50}（median lethal dose）for acute oral toxicity

是经过统计学方法得出的一种物质的单一计量，可使青年白鼠口服后，在 14 天内死亡一半的物质剂量。

3.2　皮肤接触毒性半数致死量 LD_{50}　LD_{50} for acute dermal toxicity

是使白兔的裸露皮肤持续接触 24 小时，最可能引起这些试验动物在 14 天内死亡一半的物质剂量。

3.3　吸入毒性半数致死浓度 LC_{50}　LC_{50} for acute toxicity on inhalation

是使雌雄青年白鼠连续吸入 1 小时，最可能引起这些试验动物在 14 天内死亡一半的蒸气、烟雾或粉尘的浓度。

4　鉴别标准

符合下列条件之一的固体废物，属于危险废物。

4.1　经口摄取：固体 $LD_{50} \leqslant 200mg/kg$，液体 $LD_{50} \leqslant 500mg/kg$。

4.2　经皮肤接触：$LD_{50} \leqslant 1000mg/kg$。

4.3　蒸气、烟雾或粉尘吸入：$LC_{50} \leqslant 10mg/L$。

5　实验方法

5.1　采样点和采样方法按照 HJ/T 298 进行。

5.2　经口 LD_{50}、经皮 LD_{50} 和吸入 LC_{50} 的测定按照 HJ/T 153 中指定的方法进行。

6　标准实施

本标准由县级以上人民政府环境保护行政主管部门负责监督实施。

（三）危险废物鉴别标准—浸出毒性鉴别（GB 5085.3—2007）

1　范围

本标准规定了以浸出毒性为特征的危险废物鉴别标准。

本标准适用于任何生产、生活和其他活动中产生固体废物的浸出毒性鉴别。

2　规范性引用文件

下列文件中的条款通过 GB 5085 的本部分的引用而成为本标准的条款。凡是不注日期的引用文件，其最新版本适用于本标准。

HJ/T 299　　　　　　固体废物　浸出毒性浸出方法　硫酸硝酸法

HJ/T 298　　　　　　危险废物鉴别技术规范

3　鉴别标准

按照 HJ/T 299 制备的固体废物浸出液中任何一种危害成分含量超过表 1 中所列的浓度限值，则判定该固体废物是具有浸出毒性特征的危险废物。

表 1 浸出毒性鉴别标准值

序号	危害成分项目	浸出液中危害成分浓度限值/(mg/L)	分析方法
无机元素及化合物			
1	铜（以总铜计）	100	附录 A、B、C、D
2	锌（以总锌计）	100	附录 A、B、C、D
3	镉（以总镉计）	1	附录 A、B、C、D
4	铅（以总铅计）	5	附录 A、B、C、D
5	总铬	15	附录 A、B、C、D
6	铬（六价）	5	GB/T 15555.4—1995
7	烷基汞	不得检出	GB/T 14204—93
8	汞（以总汞计）	0.1	附录 B
9	铍（以总铍计）	0.02	附录 A、B、C、D
10	钡（以总钡计）	100	附录 A、B、C、D
11	镍（以总镍计）	5	附录 A、B、C、D
12	总银	5	附录 A、B、C、D
13	砷（以总砷计）	5	附录 C、E
14	硒（以总硒计）	1	附录 B、C、E
15	无机氟化物（不包括氟化钙）	100	附录 F
16	氰化物（以 CN$^-$ 计）	5	附录 G
有机农药类			
17	滴滴涕	0.1	附录 H
18	六六六	0.5	附录 H
19	乐果	8	附录 I
20	对硫磷	0.3	附录 I
21	甲基对硫磷	0.2	附录 I
22	马拉硫磷	5	附录 I
23	氯丹	2	附录 H
24	六氯苯	5	附录 H
25	毒杀芬	3	附录 H
26	灭蚁灵	0.05	附录 H
非挥发性有机化合物			
27	硝基苯	20	附录 J
28	二硝基苯	20	附录 K
29	对硝基氯苯	5	附录 L
30	2,4-二硝基氯苯	5	附录 L

续表

序号	危害成分项目	浸出液中危害成分浓度限值/(mg/L)	分析方法
31	五氯酚及五氯酚钠（以五氯酚计）	50	附录 L
32	苯酚	3	附录 K
33	2,4-二氯苯酚	6	附录 K
34	2,4,6-三氯苯酚	6	附录 K
35	苯并[a]芘	0.0003	附录 K、M
36	邻苯二甲酸二丁酯	2	附录 K
37	邻苯二甲酸二辛酯	3	附录 L
38	多氯联苯	0.002	附录 N
挥发性有机化合物			
39	苯	1	附录 O、P、Q
40	甲苯	1	附录 O、P、Q
41	乙苯	4	附录 P
42	二甲苯	4	附录 O、P
43	氯苯	2	附录 O、P
挥发性有机化合物			
44	1,2-二氯苯	4	附录 K、O、P、R
45	1,4-二氯苯	4	附录 K、O、P、R
46	丙烯腈	20	附录 O
47	三氯甲烷	3	附录 Q
48	四氯化碳	0.3	附录 Q
49	三氯乙烯	3	附录 Q
50	四氯乙烯	1	附录 Q

注："不得检出"指甲基汞 <10ng/L，乙基汞 <20ng/L。

4 实验方法

4.1 采样点和采样方法按照 HJ/T 298 进行。

4.2 无机元素及其化合物的样品（除六价铬、无机氟化物、氰化物外）的前处理方法参照附录 S；六价铬及其化合物的样品的前处理方法参照附录 T。

4.3 有机样品的前处理方法参照附录 U、V、W。

4.4 各危害成分项目的测定，除执行规定的标准分析方法外，暂按附录中规定的方法执行；待适用于测定特定危害成分项目的国家环境保护标准发布后，按标准的规定执行。

5 标准实施

本标准由县级以上人民政府环境保护行政主管部门负责监督实施。

附录三　固体废物产生源及可能产生的废物提示表

废物产生行业	可能产生的废物（废物名称和类别编号）
机械加工及电镀	废矿物油（08）、废乳化油（09）、废油漆（12）、表面处理废物（17）、含铬废物（21）、含铜废物（22）、含锌废物（23）、含镉废物（26）、含汞废物（29）、含铅废物（31）、无机氰化废物（33）、废碱（35）、石棉废物（36）、含镍废物（51）、含钙废物（53）、金属氧化废物（57）、无机废水污泥（58）、锅炉渣（72）、粉煤灰（71）、有色金属废物（82）、工业粉尘（85）、其他废物（99）
金属冶炼、铸造及热处理	含氰热处理废物（07）、废矿物油（08）、废乳化油（09）、含铬废物（21）、含铜废物（22）、含锌废物（23）、含镉废物（26）、含锑废物（27）、含汞废物（29）、含铊废物（30）、含铅废物（31）、废酸（34）、废碱（35）、石棉废物（36）、含镍废物（51）、含钡废物（52）、赤泥（55）、金属氧化物废物（57）、高炉渣（73）、铜渣（74）、冶炼废物（84）、无机废水污泥（58）、工业粉尘（85）、其他废物（99）
塑料、橡胶、树脂、油脂生产及加工	废乳化液（09）、精（蒸）馏残渣（11）、有机树脂类废物（13）、新化学品废物（14）、感光材料废物（16）、焚烧处理残渣（18）、含酸废物（39）、含醚废物（40）、废卤化有机溶剂（41）、废有机溶剂（42）、含有机卤化物废物（45）、有机废水污泥（61）、废塑料（65）、废橡胶（66）、其他废物（99）
建材生产及建材使用	含木材防腐剂废物（05）、废矿物油（08）、废乳化液（09）、废油漆（12）、有机树脂类废物（13）、废酸（34）、废碱（35）、石棉废物（36）、含钙废物（53）、粉煤灰（71）、锅炉渣（72）、工业粉尘（85）、其他废物（99）
食品加工业	有机废水污泥（61）、动物残物（62）、粮食及食品加工废物（63）
印刷纸浆生产及纸加工	废乳化油（09）、废油漆（12）、废酸（34）、废碱（35）、含钙废物（53）、有机废水污泥（61）、动物残物（62）、锅炉渣（72）、其他废物（99）
纺织印染及皮革加工	废乳化油（09）、废油漆（12）、含铬废物（21）、废酸（34）、废碱（35）、含钙废物（53）、无机废水污泥（58）、动物残物（62）、有机废水污泥（61）、锅炉渣（72）、其他废物（99）
化工原料及石油产品生产	含有木材防腐废物（05）、含有机溶剂废物（06）、废矿物油（08）、废乳化液（09）、含多氯联苯废物（10）、精（蒸）馏残渣（11）、废油漆（12）、有机树脂类废物（13）、易爆性废物（15）、感光材料废物（16）、含铍废物（10）、含铬废物（21）、含铜废物（22）、含锌废物（23）、含砷废物（24）、含硒废物（25）、含镉废物（26）、含锑废物（27）、含汞废物（29）、含铊废物（30）、含铅废物（31）、无机氰化物废物（33）、无机氟化物废物（32）、废酸（34）、废碱（35）、石棉废物（36）、有机磷化物（37）、含醚类废物（40）、废卤化有机溶剂（41）、废有机溶剂（42）、含有多氯苯并呋喃类废物（43）、多氯联苯并二噁英类废物（44）、有机卤化物废物（45）、含镍废物（51）、含钡废物（52）、含钙废物（53）、硼泥（54）、赤泥（55）、盐泥（56）、金属氧化物废物（57）、无机废水污泥（58）、有机废水污泥（61）、其他废物（99）
电力、煤气厂、自来水及废水处理	废乳化液（09）、多氯联苯废物（10）、精（蒸）馏残渣（11）、废油漆（12）、焚化处理残渣（18）、粉煤灰（71）、锅炉渣（72）、无机废水污泥（58）、有机废水污泥（61）、其他废物（99）
医药及农药生产	医药废物（02）、废药品（03）、农药及除草剂废物（04）、废乳化液（09）、精（蒸）馏残渣（11）、新化学品废物（14）、废酸（34）、废碱（35）、有机磷化物废物（37）、有机氯化物废物（38）、含酚废物（39）、含醚类废物（40）、废卤化有机溶剂（41）、废有机溶剂（42）、含有机卤化物废物（45）、有机废水污泥（61）、中药残渣（67）、其他废物（99）
医疗部门	医院废物（01）、医药废物（02）、废药品（03）、中药残渣（67）、其他废物（99）
科研试验部门（略）	

附录四　主要工业行业固体废物排放系数参照表

行业	产品（工序）	废物名称	产品废渣排放系数
冶金	选矿/t	尾矿渣	0.5～1.0t
	焦炭/t	尘（煤） 焦油	1.4～5kg 0.3～2kg
	高炉生铁/t	冲水渣 废渣	6～10t 0.3～0.9t（依品位定），我国平均 0.7t

续表

行业	产品（工序）	废物名称	产品废渣排放系数
冶金	吹氧转炉炼钢/t	钢渣 萤石渣	0.2～0.3t 0.1t
	电炉炼钢/t	废渣 尘	0.1～0.2t 8～12kg
	平炉炼钢/t	废渣 尘	0.25～0.35t 0.8～1.2kg，最大可达3.6kg
	酸洗钢材/t	酸洗液	约70kg，硫酸11%
	冲天炉生铁铸造/t	化铁炉渣	60～100kg
	硅铁合金/t	废渣	2.5～3.5t
	钨铁合金/t	废渣	0.5～0.7t
	硅锰铁/t	废渣	2～2.5t
	钒铁合金/t	废渣	3～4t（湿法排渣）
	钨钼合金/t	废渣	1.5～1.8t
	硅/t	废渣	20t，含砷0.2～0.3t
	铜反射炉熔炼/t（原料）	废渣	0.65～0.8t，含铜0.3%～0.5%
	铜电解/t	废酸液	硫酸约10%
	铅熔炼/t（原料）	废渣 尘	0.37t，含铅2.9%～6.7% 33～35kg
	锌蒸馏/t	废渣	约0.43t
	镍冶炼/t（原料）	废渣	40t
	镍反射炉硫化阴极熔炼/t	废渣	0.3t
	铜镍矿电炉熔炼/t（原料）	废渣	1～1.2t，密度2.7～2.9t/m³
	铝电解/t	尘 废渣	20～100kg，含氟6～8kg 2～3t
	高炉（沸腾炉）炼汞/t（原料）	废渣	500～700t，含汞0.002%～0.005%
	重、浮选水冶法炼汞/t（精矿）	废渣	6～13t，含汞0.05%～0.1%
	重、浮选蒸馏法炼汞/t（精矿）	废渣	3～12t，含汞0.004%～0.01%
	氧化铝/t	废渣（赤泥）	1.0～1.8t，密度2.7～2.9t/m³，容重0.8～1.0t/m³
	铀矿水冶炼/t	废渣	0.97～0.99t
无机化工	硫酸/t	废渣	0.5t矿渣，含铁45%～50%，硫2%。用石膏作原料为0.5t
	硝酸/t	废渣	57t，含HNO_3 50～100mg/kg
	氢氟酸/t	氟硅尘	13.6kg
	氢氧化钠/t	盐泥	盐泥是盐水量的1%～5%，或160kg，含汞为耗量的80%～90%；处理后的盐泥排量55～64kg，汞8.6～14g
	纯碱/t	碱渣	0.3t，含纯碱58%
	硫化碱/t	尘 废渣	6kg 0.6t
	盐酸/t	废液	23～41kg稀硫酸废液
	合成氨/t	废渣	以煤、焦炭为原料时，煤渣500～750kg
	硝酸铵/t	硝酸铵尘	18.27kg

续表

行业	产品（工序）	废物名称	产品废渣排放系数
无机化工	尿素 /t	碳酸盐	0.05kg
	黄磷 /t	磷泥 炉渣	0.1～0.15t 8t（含氟化钙）
	红矾钠（钾）/t	铬渣	3～4t，含 Cr^{6+} 40kg
有机化工	乙酸 /t	酸渣	0.5～1.2kg，含乙酸锰 11%
	乙炔（电石法）/t	电石渣	1.2t
	乙醛 /t	滤饼渣	0.03～0.06kg
	乙炔水合法 /t	废渣 废汞液	0.6～0.8t，含汞 20%～80% 15～20t，含汞 5～10mg/L
	环氧乙烷 /t	皂化液 残液	40～70t（钙法 70～120t），含 NaCl、NaOH、乙二醇、氯乙醇等，pH 为 12～13 约 0.1t，主要含乙醛缩醛物呈红棕色
	环氧丙烷 /t	釜残液	3.2t，含环氧丙烷 15300mg/L，二氯丙烷 14200mg/L，二氯异丙醚 5900mg/L 等
	丁二烯 /t	糠醛渣	糠醛聚合物 4kg
	苯酚 /t	废碱液 酸化液 废渣	0.6～1t，含 NaOH 50～70g/L，Na_2SO_3 20～30g/L，苯 100～200mg/L 0.2t，含 Na_2SO_3 25% 0.1t，含苯酚 20%～40%，苯磺酸钠 5%～8%
	苯乙烯 /t	有机渣	13.6～32kg（低浓度乙烯为原料，产生有机渣 22.7～43kg）
	异丙苯法 /t	碱液 丙酮废液 酚钠废液 废催化剂 废树脂	30～50kg，NaOH 3%～5% 含苯 0.2t，含丙酮 1000～5000mg/L，NaOH 8% 0.1t，含酚钠 20% 30kg 0.2kg
	氯乙烯（乙炔法）/t	酸液 碱液 汞催化剂渣	3～4t，盐酸 1%～3%，汞 2～10mg/L 60～80kg，NaOH 5% 1.5～2kg，含 $HgCl_2$ 2%～6%
	丙烯腈 /t	废催化渣 污泥焚烧渣	0.2g 0.1kg
	氯丁橡胶 /t	高聚物渣 电石渣	20kg 3.2t（干基）
	顺丁橡胶 /t	催化剂粉末 污泥（沉渣）	69kg 约 20t
	合成洗涤剂 /t	油碱渣	
	肥皂（香皂）/t	皂化黑液 碱渣 酸渣	57kg 16～20kg 3～4kg
有机化工	六六六 /t	三氯苯渣	
造纸工业	造纸（硫酸法）/t	废渣	0.6t（年产万吨以下单位废渣约 0.3t）

附录五 固体废物管理相关标准清单

一、污染控制标准

1.《医疗废物处理处置污染控制标准》（GB 39707—2020）

2.《危险废物焚烧污染控制标准》（GB 18484—2020）

3.《一般工业固体废物贮存和填埋污染控制标准》（GB 18599—2020）

4.《低、中水平放射性固体废物近地表处置安全规定》（GB 9132—2018）

5.《含多氯联苯废物污染控制标准》（GB 13015—2017）

6. 《生活垃圾焚烧污染控制标准》(GB 18485—2014)
7. 《水泥窑协同处置固体废物污染控制标准》(GB 30485—2013)
8. 《生活垃圾填埋场污染控制标准》(GB 16889—2008)
9. 《医疗废物集中处置技术规范（试行）》(环发［2003］206号)
10. 《医疗废物焚烧炉技术要求（试行）》(GB 19218—2003)
11. 《医疗废物转运车技术要求（试行）》(GB 19217—2003)
12. 《危险废物贮存污染控制标准》(GB 18597—2001)
13. 《一般工业固体废物贮存、处置场污染控制标准》(GB 18599—2001)

二、危险废物鉴别方法标准

1. 《危险废物鉴别技术规范》(HJ 298—2019)
2. 《危险废物鉴别标准 通则》(GB 5085.7—2019)
3. 《危险废物填埋污染控制标准》(GB 18598—2019)
4. 《固体废物鉴别标准 通则》(GB 34330—2017)
5. 《危险废物鉴别标准 毒性物质含量鉴别》(GB 5085.6—2007)
6. 《危险废物鉴别标准 反应性鉴别》(GB 5085.5—2007)
7. 《危险废物鉴别标准 易燃性鉴别》(GB 5085.4—2007)
8. 《危险废物鉴别标准 浸出毒性鉴别》(GB 5085.3—2007)
9. 《危险废物鉴别标准 急性毒性初筛》(GB 5085.2—2007)
10. 《危险废物鉴别标准 腐蚀性鉴别》(GB 5085.1—2007)

三、其他相关标准

1. 《优先评估化学物质筛选技术导则》(HJ 1229—2021)
2. 《废锂离子动力蓄电池处理污染控制技术规范（试行）》(HJ 1186—2021)
3. 《废铅蓄电池处理污染控制技术规范》(HJ 519—2020)
4. 《水泥窑协同处置固体废物环境保护技术规范》(HJ 662—2013)
5. 《固体废物处理处置工程技术导则》(HJ 2035—2013)
6. 《危险废物（含医疗废物）焚烧处置设施性能测试技术规范》(HJ 561—2010)
7. 《地震灾区活动板房拆解处置环境保护技术指南》(公告 2009年 第52号)
8. 《医疗废物专用包装袋、容器和警示标志标准》(HJ 421—2008)
9. 《新化学物质申报类名编制导则》(HJ/T 420—2008)
10. 《废塑料回收与再生利用污染控制技术规范（试行）》(HJ/T 364—2007)
11. 《铬渣污染治理环境保护技术规范（暂行）》(HJ/T 301—2007)
12. 《报废机动车拆解环境保护技术规范》(HJ 348—2007)
13. 《固体废物鉴别导则（试行）》(公告 2006年 第11号)
14. 《废弃机电产品集中拆解利用处置区环境保护技术规范（试行）》(HJ/T 181－2005)
15. 《长江三峡水库库底固体废物清理技术规范》(HJ 85—2005)
16. 《医疗废物集中焚烧处置工程技术规范》(HJ/T 177—2005)
17. 《危险废物集中焚烧处置工程建设技术规范》(HJ/T 176—2005)
18. 《化学品测试合格实验室导则》(HJ/T 155—2004)
19. 《新化学物质危害评估导则》(HJ/T 154—2004)

20. 《化学品测试导则》（HJ/T 153—2004）

21. 《环境镉污染健康危害区判定标准》（GB/T 17221—1998）

22. 《工业固体废物采样制样技术规范》（HJ/T 20—1998）

23. 《船舶散装运输液体化学品危害性评价规范 危害性评价程序与污染分类方法》（GB/T 16310.5—1996）

24. 《船舶散装运输液体化学品危害性评价规范 水生生物急性毒性试验方法》（GB/T 16310.1—1996）

25. 《船舶散装运输液体化学品危害性评价规范 水生生物积累性试验方法》（GB/T 16310.2—1996）

26. 《船舶散装运输液体化学品危害性评价规范 水生生物沾染试验方法》（GB/T 16310.3—1996）

27. 《船舶散装运输液体化学品危害性评价规范 哺乳动物毒性试验方法》（GB/T 16310.4—1996）

28. 《环境保护图形标志 固体废物贮存（处置）场》（GB 15562.2—1995）

参考文献

[1] 庄伟强.固体废物处理与利用.北京：化学工业出版社，2001.
[2] 赵由才等.危险废物处理技术.北京：化学工业出版社，2003.
[3] 化学工业部环境保护设计技术中心站.化工环境保护设计手册.北京：化学工业出版社，1998.
[4] 化学工业部人事教育司等.三废处理与环境保护.北京：化学工业出版社，1997.
[5] 张小平.固体废物污染控制工程.北京：化学工业出版社，2004.
[6] 徐惠忠.固体废物资源化技术.北京：化学工业出版社，2004.
[7] 赵由才.生活垃圾资源化原理与技术.北京：化学工业出版社，2002.
[8] 庄伟强.固体废物处理与利用.2版.北京：化学工业出版社，2008.
[9] 庄伟强.固体废物处理与处置.北京：化学工业出版社，2004.
[10] 聂永丰.三废处理工程技术手册.固体废物卷.北京：化学工业出版社，2000.
[11] 汪群慧.固体废物处理及资源化.北京：化学工业出版社，2004.
[12] 庄伟强.固体废物处理与处置.2版.北京：化学工业出版社，2009.
[13] 杨慧芬.固体废物资源化.北京：化学工业出版社，2004.
[14] 姚向君.生物质能资源清洁转化利用技术.北京：化学工业出版社，2005.
[15] 蒋建国.固体废物处理处置工程.北京：化学工业出版社，2005.
[16] 庄伟强.固体废物处理与处置.3版.北京：化学工业出版社，2014.